# ClimAtoloGia
## noções básicas e climas do Brasil

Francisco Mendonça
Inês Moresco Danni-Oliveira

# ClimAtoloGia

## noções básicas e climas do Brasil

coleção **geografia** organização Francisco Mendonça

oficina de textos

© Copyright 2007 Oficina de Textos
1ª reimpressão – 2009 | 2ª reimpressão – 2011
3ª reimpressão – 2016 | 4ª reimpressão – 2019 | 5ª reimpressão – 2024

Grafia atualizada conforme o Acordo Ortográfico da Língua Portuguesa de 1990, em vigor no Brasil desde 2009.

CONSELHO EDITORIAL Arthur Pinto Chaves; Cylon Gonçalves da Silva; Doris C. C. K. Kowaltowski; José Galizia Tundisi; Luis Enrique Sánchez; Paulo Helene; Rozely Ferreira dos Santos; Teresa Gallotti Florenzano

CAPA, DIAGRAMAÇÃO e PROJETO GRÁFICO Malu Vallim
DESENHOS Rodrigo Lacerda Marques e Eduardo Vedor de Paula
PREPARAÇÃO DE FIGURAS Laura Martinez Moreira
PREPARAÇÃO DE TEXTO Ana Paula Ribeiro
REVISÃO TÉCNICA Manoel Alonso Gan
REVISÃO DE TEXTOS Mariana Castilho Marcoantonio e Maurício Katayama

Dados Internacionais de Catalogação na Publicação (CIP)
(Câmara Brasileira do Livro, SP, Brasil)

---

Mendonça, Francisco
Climatologia : noções básicas e climas do Brasil / Francisco Mendonça, Inês Moresco Danni-Oliveira
São Paulo : Oficina de Textos, 2007

Bibliografia.
ISBN 978-85-86238-54-3

1. Brasil – Clima 2. Climatologia
I. Danni-Oliveira, Inês Moresco. II. Título

07-1076     CDD-551.6981

---

Índices para catálogo sistemático:
1. Brasil : Clima : Estudos : Ciências da terra
   5516981
2. Clima : Estudos : Brasil : Ciências da terra
   5516981

Todos os direitos reservados à **Oficina de Textos**
Rua Cubatão, 798
CEP 04013-003 São Paulo SP Brasil
tel. (11) 3085 7933
www.ofitexto.com.br
atendimento@ofitexto.com.br

*Para*
*Ana Maria Brandão,*
*com quem partilhamos, de maneira mais direta,*
*a ideia deste livro.*

# Apresentação

Esta obra resulta de uma incessante preocupação com a melhoria do ensino e da pesquisa em Climatologia no Brasil. Seu enfoque principal é condizente com a Climatologia analítico-descritiva, na qual a abordagem qualitativa tem maior destaque.

Nossa experiência em Climatologia, no âmbito do ensino superior e da pesquisa no Brasil, revelou-nos a carência de uma obra escrita por pesquisador brasileiro e que tivesse maior enfoque nas características da atmosfera do País, em sua interação com a superfície. Assim, decidimos escrever este livro devido à explícita necessidade de colegas, estudantes e pesquisadores de uma obra que trouxesse tanto os conceitos básicos de Meteorologia e de Climatologia quanto as particularidades dos contextos sul-americano e brasileiro.

As publicações sobre Climatologia brasileira resumem-se, principalmente, a capítulos de livros, artigos científicos em periódicos ou publicações isoladas de algumas instituições. Os compêndios de Climatologia utilizados em âmbito nacional são, em sua totalidade, estrangeiros, e os que foram traduzidos para o português quase não apresentam exemplos das especificidades brasileiras.

Esta edição preenche essas inúmeras lacunas e concepções, que podem, com a apreciação crítica dos colegas e o tempo, ser melhoradas e aprofundadas. Das lacunas, de antemão percebidas, sobressai a ausência de uma importante parte que diz respeito às aplicabilidades do conhecimento climatológico. Estamos cientes de que seria muito importante acrescentar aqui os capítulos referentes ao clima urbano, à agroclimatologia, ao clima industrial, às interações clima-saúde e clima-turismo, aos métodos e técnicas, ao ensino da Climatologia etc., tantas possibilidades que certamente tornariam esta obra mais rica e mais completa. Todavia, esses temas são um desafio à construção de outras obras.

Colegas, amigos e familiares estiveram presentes no fazer desta obra. Muitos deles são merecedores de nossa gratidão, mas destacamos a colaboração fundamental de Ana Maria Brandão, no tratamento dos dados do Cap. 6, e de Eduardo Vedor de Paula e Felipe Vanhoni, na elaboração do Cap. 5.

Estamos certos de que, ao apreciar as críticas recebidas, as edições posteriores serão mais completas do que a presente.

*Os autores*

# Sumário

**1 – Climatologia: concepções científicas e escalas de abordagem**   11
   1.1 O conhecimento climático   11
   1.2 Climatologia e Meteorologia: conceitos e abordagens   13
   1.3 A Climatologia brasileira   16
   1.4 Escalas de estudo em Climatologia   21

**2 – A atmosfera terrestre**   27
   2.1 Características físico-químicas da atmosfera   27
   2.2 O balanço de radiação   32
   2.3 O processo de radiação   33

**3 – A interação dos elementos do clima com os fatores da atmosfera geográfica**   41
   3.1 O campo térmico: a temperatura do ar   49
   3.2 O campo higrométrico: a água na atmosfera   58
   3.3 O campo barométrico: o movimento do ar   73

**4 – Circulação e dinâmica atmosférica**   83
   4.1 Circulação geral da atmosfera   83
   4.2 Centros de ação   95
   4.3 As massas de ar   99
   4.4 Frentes   102
   4.5 As massas de ar da América do Sul e sua dinâmica   107

**5 – Classificações climáticas: os tipos climáticos da Terra**   113
   5.1 Abordagens aplicadas à classificação climática   115
   5.2 Modelos analíticos de classificação climática   117
   5.3 Modelos genéticos de classificação climática   124
   5.4 Os grandes domínios climáticos do mundo   126

**6 – Brasil: aspectos termopluviométricos e tipos climáticos**   139
   6.1 Dinâmica atmosférica   139
   6.2 Variabilidade temporoespacial da temperatura do ar   140
   6.3 Variabilidade temporoespacial das chuvas   146
   6.4 Os climas   149

**7 – Tópicos especiais em Climatologia**   183
   7.1 A intensificação do efeito estufa planetário   183
   7.2 El Niño e La Niña   189
   7.3 O processo de desertificação   194

**Bibliografia**   203

# 1 – CLIMATOLOGIA: CONCEPÇÕES CIENTÍFICAS E ESCALAS DE ABORDAGEM

## 1.1 O conhecimento climático

Conhecer a atmosfera do planeta Terra é uma das aspirações perseguidas pela humanidade desde os tempos mais remotos. A partir do momento em que o homem tomou consciência da interdependência das condições climáticas e daquelas resultantes de sua deliberada intervenção no meio natural, como necessidade para o desenvolvimento social, ele passou a produzir e registrar o conhecimento sobre os componentes da natureza.

Desvendar a dinâmica dos fenômenos naturais, entre eles, o comportamento da atmosfera, foi necessário para que os grupos sociais superassem a condição de meros indivíduos sujeitos às intempéries naturais e atingissem não somente a compreensão do funcionamento de alguns fenômenos, mas também a condição de utilizadores e de manipuladores desses fenômenos em diferentes escalas.

Nos primórdios da humanidade, o conhecimento da atmosfera era muito pobre, assim como, de maneira geral, todo o conhecimento humano da realidade, devido à fraca capacidade de abstração do homem naquela época. Assim, atribuía-se a alguns fenômenos a condição de deuses. Por milhares de anos, o raio, o trovão, a chuva torrencial, a intensa seca etc. foram reverenciados como entidades mitológicas ou a elas ligados.

O conhecimento humano que conseguiu se desenvolver e apresentar explicações lógicas para aqueles fenômenos naturais formou, então, as bases iniciais para a origem do estudo científico da atmosfera. Bem antes da era cristã, no Ocidente, o conhecimento da camada de gases que envolve a Terra já era produzido e registrado de várias maneiras. O regime de cheias e vazantes do rio Nilo, por exemplo, levou os egípcios a refletir sobre os elementos do ar dos quais derivavam a umidade e a consequente fertilidade dos solos de várzeas do rio, recurso natural responsável pelo abastecimento alimentar daquele povo.

Entretanto, foram os gregos os primeiros a produzir e registrar de forma mais direta suas reflexões sobre o comportamento da atmosfera, decorrentes das observações acerca da diferenciação dos lugares e em navegações pelo mar Mediterrâneo. Anaxímenes, por exemplo, acreditava que a origem da vida estava ligada ao ar; Hipócrates escreveu a obra intitulada *Ares, Águas e Lugares* (em 400 a.C.) e Aristóteles, *Meteorológica* (em 350 a.C). Muitos dos princípios que regem o atual conhecimento sobre a atmosfera surgiram entre os pensadores gregos de então, que elaboraram conceitos válidos para a Terra como um todo. A divisão do planeta em zonas Tórrida, Temperada e Fria vem dessa época.

O domínio do mundo grego pelo Império Romano provocou uma queda considerável da produção intelectual no período, pois os romanos, diferentemente dos gregos, estavam mais preocupados com o expansionismo do Império do que com o aprofundamento das reflexões sobre o comportamento dos fenômenos da natureza. Após a instituição do cristianismo como religião ocidental e sua difusão pelo mundo, observa-se uma quase completa negação em compreender a natureza em si mesma, pois a posição metafísica do clero somente permitia a leitura da realidade a partir de uma filosofia teológica. O obscurantismo religioso medieval estagnou a ciência durante aproximadamente mil anos.

Foi a partir de movimentos como o Renascimento que as preocupações com a atmosfera foram retomadas, no sentido de desvendar seu funcionamento. Alguns resultados daquelas preocupações podem ser identificados na invenção do termômetro por Galileu Galilei, em 1593, e na invenção do barômetro, por Torricelli, em 1643. Após esse período, os saltos foram cada vez mais rápidos e mais intensos, pois o conhecimento sistemático e detalhado da natureza era imperativo ante a necessidade de expansão capitalista europeia.

Como os produtos comercializáveis nos mercados ou alimentadores das indústrias eram originários sobretudo do campo, o conhecimento do clima fazia-se necessário para garantir maior produtividade e melhor circulação das mercadorias em geral. O aprimoramento desse conhecimento foi mais marcante durante as duas Guerras Mundiais, no século XX, pois era fundamental o monitoramento da dinâmica atmosférica para a preparação de ataque e defesa das tropas em um ou outro lugar.

O desenvolvimento técnico-científico da sociedade no período pós-guerra permitiu a invenção de inúmeros aparelhos para mensuração dos elementos atmosféricos com maior confiabilidade. O lançamento de satélites meteorológicos, a partir da década de 1960, permitiu a análise e o monitoramento, minuto a minuto, das condições atmosféricas em escala regional e planetária.

A fundação da Organização Meteorológica Mundial (OMM), em 1950, dando sequência à Organização Meteorológica Internacional (OMI), de 1873, estabeleceu uma rede mundial de informações meteorológicas que, desde então, desenvolve tanto pesquisas quanto o monitoramento atmosférico contínuo da Terra. A criação dessa entidade aprofundou o estudo da camada de ar que envolve o Planeta e consolidou a importância de tal conhecimento para o progresso da sociedade humana.

Na atualidade, com o aumento da velocidade do sistema de comunicação planetário possibilitado pela Internet, inaugurou-se um período de intensa circulação de informações, o que facilitou sobremaneira a difusão de dados meteorológicos e climáticos. O fácil acesso a essas informações possibilitou um melhor conhecimento da dinâmica atmosférica planetária e regional, contribuiu para a elaboração de pesquisas e popularizou a Climatologia.

### 1.2 Climatologia e Meteorologia: conceitos e abordagens

A Meteorologia e a Climatologia permaneceram, por um longo período da história do homem, como parte de um só ramo do conhecimento no estudo da atmosfera terrestre. Desde os gregos (século VI a.C.) até por volta do século XVIII d.C., as características atmosféricas eram observadas e estudadas tanto em fenômenos específicos quanto na espacialidade e temporalidade desses fenômenos.

A sistematização do conhecimento científico, produzido segundo princípios de lógica e método, deu-se no contexto europeu dos séculos XVIII e XIX. As contingências positivistas da época possibilitaram a divisão do conhecimento em ramos específicos, dando origem à ciência moderna, o que produziu a apreensão individualizada dos elementos formadores da realidade e, muitas vezes, de um mesmo elemento segundo diferentes abordagens.

Dessa maneira, o estudo da atmosfera pela Meteorologia passou a pertencer ao campo das ciências naturais (ao ramo da Física), sendo de sua competência o estudo dos fenômenos isolados da atmosfera e do tempo atmosférico (*weather, temps*).

O tempo atmosférico é o estado momentâneo da atmosfera em um dado instante e lugar. Entende-se por estado da atmosfera o conjunto de atributos que a caracterizam naquele momento, tais como radiação (insolação), temperatura, umidade (precipitação, nebulosidade etc.) e pressão (ventos etc.).

A Meteorologia trata da dimensão física da atmosfera. Em sua especificidade, aborda fenômenos meteorológicos como raios, trovões, descargas elétricas, nuvens, composição físico-química do ar, previsão do tempo, entre outros. Dado à sua característica de ciência física, a Meteorologia trabalha também com instrumentos para a mensuração dos elementos e fenômenos atmosféricos, o que possibilita o registro desses fenômenos e cria uma fonte de dados de fundamental importância para o desenvolvimento dos estudos de Climatologia.

O surgimento da Climatologia como um campo do conhecimento científico com identidade própria deu-se algum tempo depois da sistematização da Meteorologia. Voltada ao estudo da espacialização dos elementos e fenômenos atmosféricos e de sua evolução, a Climatologia integra-se como uma subdivisão da Meteorologia e da Geografia. Esta compõe o campo das ciências humanas e estuda o espaço geográfico a partir da interação da sociedade com a natureza.

Na sua particularidade geográfica, a Climatologia situa-se entre as ciências humanas (Geografia, particularmente a Geografia Física) e as ciências naturais (Meteorologia – Física), e está mais relacionada à primeira do que à segunda (Fig. 1.1).

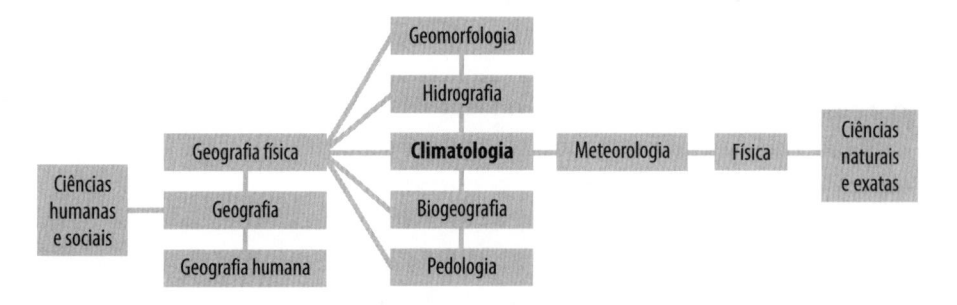

**Fig. 1.1** *Posição da Climatologia no campo do conhecimento científico*

Os clássicos conceitos de clima (*climate, climat*) revelam a preocupação com a apreensão do que seja a característica do clima em termos do comportamento médio dos elementos atmosféricos, tais como a média térmica, pluviométrica e de pressão. Formulados conforme as prerrogativas da OMM, alguns conceitos internalizam também a determinação temporal cronológica para a definição de tipos climáticos, de onde as médias estatísticas devem ser estabelecidas a partir de uma série de dados de um período de 30 anos.

O conceito elaborado por Julius Hann, no final do século XIX, enquadra-se no conceito clássico de clima, considerando-o "o conjunto dos fenômenos meteorológicos que caracterizam a condição média da atmosfera sobre cada lugar da Terra".

Por sua vez, o conceito apresentado por J. O. Ayoade, na década de 1980, liga-se mais àqueles formulados de acordo com a OMM, pois, para o autor, o clima é "a síntese do tempo num determinado lugar durante um período de 30 a 35 anos".

A evolução dos estudos em Climatologia registrou notáveis avanços ao engendrar a análise da dinâmica do ar e evidenciou a necessidade do tratamento dos fenômenos atmosféricos que ocorrem de forma eventual ou episódica, pois observou-se que são estes os que causam maior impacto às atividades humanas. A análise climática embasada nas condições médias dos elementos atmosféricos revelou-se insatisfatória para o equacionamento dos problemas relativos à produtividade econômica e ao meio ambiente.

Foi nesse contexto que o tratamento do clima, segundo uma cadência rítmica de sucessão de tipos de tempo, tornou-se evidente e necessário a uma abordagem genética dos tipos climáticos. Assim, a conceituação apresentada por Max Sorre, pela sua abrangência, tem atendido a tais preocupações, pois concebe o clima como "a série dos estados atmosféricos acima de um lugar em sua sucessão habitual".

*A Climatologia constitui o estudo científico do clima. Ela trata dos padrões de comportamento da atmosfera em suas interações com as atividades humanas e com a superfície do Planeta durante um longo período de tempo.* Esse conceito revela a ligação da Climatologia com a abordagem geográfica do espaço terrestre, pois ela se caracteriza por um campo do conhecimento no qual as relações entre a sociedade e a natureza são pressupostos básicos para a compreensão das diferentes paisagens do Planeta e contribui para uma intervenção mais consciente na organização do espaço.

Para uma melhor compreensão dos diferentes climas do Planeta, os estudos em Climatologia são estruturados a fim de evidenciar os *elementos climáticos* e os *fatores geográficos do clima*. Os elementos constitutivos do clima são três: a temperatura, a umidade e a pressão atmosférica, que interagem na formação dos diferentes climas da Terra. Todavia, esses elementos, em suas diferentes manifestações, variam espacial e temporalmente pela influência dos fatores geográficos do clima, que são: a latitude, a altitude, a maritimidade, a continentalidade, a vegetação e as atividades humanas. A *circulação* e a *dinâmica atmosférica* superpõem-se aos elementos e fatores climáticos e imprimem ao ar uma permanente movimentação.

Este livro foi organizado com base nessa estruturação do estudo do clima. Na primeira parte, são abordados elementos e fatores geográficos do clima – concebidos como suas bases meteorológicas – para, em seguida, serem tratadas a circulação e a dinâmica atmosférica. Na sequência, apresenta-se a aplicação desses conhecimentos para o contexto da América do Sul e do Brasil, evidenciando a tipologia climática do País. Para completar, são apresentados alguns temas de interesse da Climatologia atual, como *efeito estufa*, *El Niño* e *desertificação*.

## 1.3 A Climatologia brasileira

O Brasil é um país tropical. Essa afirmação, aceita de maneira geral pela sociedade, está diretamente relacionada às características naturais da imensa extensão do território brasileiro, cuja posição geográfica, na faixa tropical (Fig. 1.2), lhe confere aspectos particulares. A configuração climática brasileira – sua tropicalidade – expressa-se principalmente na considerável luminosidade do céu (insolação) e nas elevadas temperaturas aliadas à pluviosidade (clima quente e úmido), pois o País situa-se em uma das áreas de maior recebimento de energia solar do Planeta – a faixa intertropical.

O conhecimento científico da zona tropical do Planeta foi iniciado tardiamente se comparado ao da zona temperada, área onde se encontram os países de maior desenvolvimento socioeconômico. Esse atraso deve-se ao fato de que a parte tropical do Planeta somente foi anexada ao processo produtivo mundial recentemente. A colonização nessa área foi de caráter exploratório e não de ocupação, o que explica o desinteresse no investimento de capitais voltados à elaboração de um conhecimento científico do mundo tropical com vistas ao seu desenvolvimento.

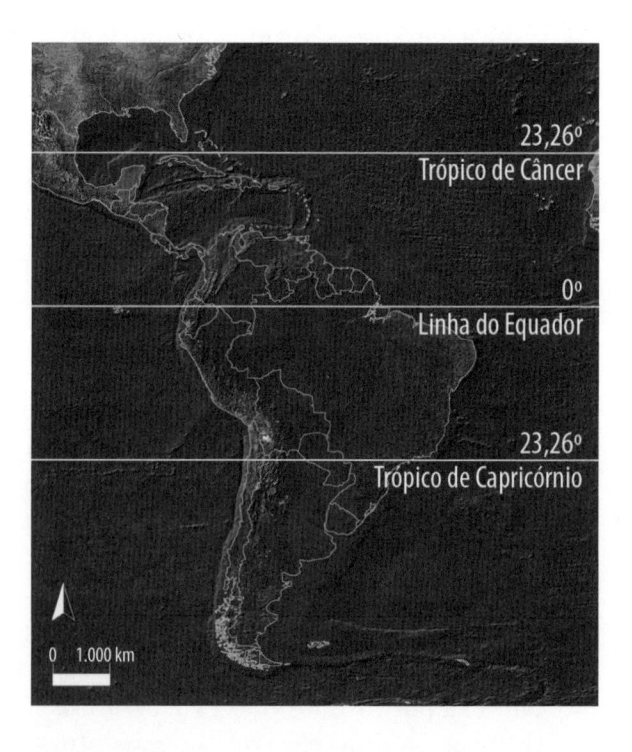

**Fig. 1.2** *O Brasil é um país cuja extensão é de dimensões continentais. A distribuição espacial de seu território encontra-se quase completamente dentro da faixa intertropical do Planeta, área de mais intensa radiação solar do globo*
Fonte: ESRI - Org. por Eduardo V. de Paula.

Quando se observa a evolução da sociedade, o conhecimento sistemático do clima tropical iniciou-se de forma bastante tardia e precária, visando primeiramente à identificação da influência do clima tropical nas atividades produtivas, sobretudo na agricultura. Dessa forma, os primeiros estudos de Climatologia tropical foram elaborados acerca do regime de monções na Ásia e do clima do norte da África, por estudiosos ingleses e franceses, no momento em que os países europeus consolidavam sua dominação colonial-neocolonial sobre essas novas áreas, novos mercados.

Por muitas décadas, na fase inicial exploratória, a observação meteorológica e climática da atmosfera tropical foi eivada de equívocos e imprecisões, o que levou a um descrédito generalizado. Isso se deu não somente devido ao incipiente conhecimento da composição e do dinamismo da atmosfera por parte de seus primeiros exploradores, mas também ao fraco preparo técnico destes – situação perfeitamente compreensível ante o estágio do conhecimento científico de então. Além disso, as particularidades da dinâmica atmosférica eram extremamente desafiadoras para aqueles pesquisadores, conhecedores das condições atmosféricas de outra realidade – a zona temperada.

Até por volta dos anos de 1970, no Brasil, e até atualmente, em algumas localidades tropicais, os elementos e fenômenos atmosféricos eram observados e mensurados por aparelhos fabricados nos países de latitude média e aferidos para nossa realidade. Por outro lado, as bases teóricas utilizadas para explicar os fenômenos atmosféricos tropicais e seu dinamismo ainda são aquelas produzidas pela observação e análise da atmosfera da zona temperada. O trabalho de meteorologistas e climatólogos, em tais condições, deixa muito a desejar em termos de confiabilidade, levando a previsões que muitas vezes não se efetivam.

Ainda assim, devido principalmente à sua representatividade econômica no mercado mundial, fato que se intensificou após sua independência oficial (1822), o Brasil é um dos poucos países tropicais a possuir um considerável acervo de documentos sobre a caracterização de sua configuração atmosférica e climática. Essa documentação é, entretanto, bastante recente, e os primeiros trabalhos mais aprofundados coincidem com o *boom* da cafeicultura brasileira, ocorrido nas primeiras décadas do século XX.

Produzidos, em sua maioria, segundo uma abordagem estatística do clima, da qual sobressaem as suas características médias, os primeiros trabalhos contribuíram muito para a sistematização dos dados meteorológicos, notadamente da porção centro-sul do País. Data do século XIX a instalação das primeiras estações meteorológicas no Brasil, mas a criação de um sistema de estações meteorológicas espacialmente bem distribuídas por todo o País, condição *sine qua non* para o estudo detalhado de seu clima, somente aconteceu em meados do século XX, com a criação do Departamento Nacional de Meteorologia (DNMET), atual Instituto Nacional de Meteorologia (INMET).

Em meados da década de 1930, a abordagem do clima segundo a dinâmica das massas de ar ganhou importância entre alguns estudiosos da atmosfera no Brasil. Em 1942, Adalberto Serra e Leandro Ratisbona publicaram *Massas de ar na América do Sul*, obra que constitui o marco inicial para a compreensão da dinâmica atmosférica do continente sul-americano. A Climatologia brasileira também foi impulsionada, na década de 1940, pela fundação do Instituto Brasileiro de Geografia e Estatística (IBGE) e pela maior participação de geógrafos das universidades de São Paulo e do Rio de Janeiro. Naquela década, destacaram-se as seguintes produções sobre o clima do Brasil, elaboradas por autores brasileiros:

- *Classificação meteorológica dos climas do Brasil*, de Salomão Serebrenick (1942);
- *Clima do Brasil*, de Fábio Macedo de Soares Guimarães (1945);
- *Estudo do clima da bacia de São Paulo*, de Ari França (1946).

Na década de 1950, observou-se o deslocamento dos estudos climáticos, até então voltados ao Sudeste brasileiro, para as regiões Nordeste e Centro-Oeste do País. Além disso, verificou-se a aplicação, por Lysia Maria Cavalcanti Bernardes, da concepção de dinâmica atmosférica de Arthur Strahler aos climas do Brasil. Após a produção de trabalhos sobre os climas dos Estados do Espírito Santo e Rio de Janeiro, e da bacia do São Francisco, Lysia Bernardes elaborou uma tipologia climática do território brasileiro baseada na concepção de Strahler, que até hoje é amplamente empregada no ensino e na pesquisa.

Na mesma década, Gilberto Osório de Andrade produziu a obra *Ares e ventos do Recife* (1952), enquanto R. M. A. Simões concluiu as *Notas sobre o clima do Estado do Paraná* (1954), e Carlos Augusto de Figueiredo Monteiro fez seu primeiro estudo, intitulado *Notas para o estudo do clima do Centro-Oeste Brasileiro* (1951), passando a liderar, a partir da década de 1960, a maioria das publicações sobre Climatologia no Brasil.

Ao desenvolver e aprofundar as concepções climáticas de Maximilian Sorre e Pierre Pédelaborde, e adaptando-as à circulação e à dinâmica atmosférica da América do Sul e do Brasil, Carlos Augusto de Figueiredo Monteiro criou o conceito de análise rítmica em Climatologia, além de introduzir o tratamento do clima conforme a Teoria de Sistemas de Ludwig Von Bertalanffy. As suas proposições teórico-metodológicas e a enorme quantidade de estudos elaborados sob sua orientação criaram tanto uma "escola de climatologia urbana brasileira" (Mendonça, 1995) quanto uma "escola de climatologia dinâmica brasileira" (Zavatini, 2000).

A partir da década de 1960, e principalmente sob a influência de Monteiro, a Climatologia brasileira passou a registrar a produção de trabalhos de cunho regional e local, os quais transcenderam a predominante abordagem estritamente meteorológica do clima. Passou-se a observar, assim, uma profusão de estudos acerca da interação do clima (natureza) com as atividades humanas (sociedade), em um jogo mútuo de influências. Destacaram-se os estudos voltados à Agroclimatologia e à Climatologia urbana, com a concepção de *derivações antropogênicas* do clima, de Carlos Monteiro. Esses estudos primam não somente pelo tratamento detalhado do *ambiente climático* dos diferentes lugares, mas também pelo levantamento de diretrizes voltadas ao planejamento urbano, agrícola, regional e ambiental, ressaltando o caráter pragmático do conhecimento do clima.

A evolução do sistema produtivo, a intensificação da urbanização e a eclosão da questão ambiental tornaram evidentes os problemas sociais derivados da degradação da qualidade de vida e do ambiente. Esse contexto, trazido à pauta de preocupações pelos movimentos socioambientais dos anos de 1960 e 1970, exigiu dos climatólogos uma maior participação no equacionamento da problemática, fazendo com que o clima passasse a ser abordado de um ponto de vista mais holístico, ou seja, o *ambiente climático*.

A aplicação de novos equipamentos e novas tecnologias (como imagens de radar e de satélites) promoveu avanços consideráveis na Climatologia brasileira nos últimos 20 anos. A profusão de pesquisas e obras ligadas à Climatologia brasileira conta com uma representativa documentação, que, mesmo sendo numerosa e de boa qualidade, ainda está bastante longe de permitir um conhecimento detalhado do clima do País. Os estudos regionais e locais ainda se encontram muito concentrados no centro-sul do Brasil e, muito recentemente, uma pequena parte da região Nordeste começou a ser investigada de forma mais acurada, mas o Centro-Oeste e o Norte do País continuam bastante carentes de estudos.

A Climatologia brasileira tem muitos desafios a enfrentar, tanto no que concerne ao detalhamento da dinâmica atmosférica quanto à diversidade climática do País. As influências das atividades humanas no clima e deste naquelas constituem um dos mais importantes campos para pesquisas em Climatologia no território brasileiro.

### 1.3.1 Análise rítmica em Climatologia

Entender a dinâmica da atmosfera constitui o mais representativo desafio para os estudiosos. A passagem da abordagem estático-estatística do clima para a abordagem dinâmica exigiu muito empenho de meteorologistas e climatólogos; todavia, a análise da dinâmica das massas de ar e das frentes a ela associadas, bem como dos tipos de tempo, pareceu-lhes bastante satisfatória, embora sem atender de forma completa àquele desafio.

Para estudar a dinâmica da atmosfera, sobretudo porque ela se revela em irregularidades muitas vezes mais importantes que os "estados médios", Carlos Augusto de Figueiredo Monteiro propôs, no final da década de 1960 e início da de 1970, a análise rítmica dos tipos de tempo para a compreensão da atmosfera como um "movente".

Com base na noção de tipos de tempo de Pierre Pédelaborde e nos questionamentos acerca do ritmo climático de Max Sorre, Monteiro propôs a abordagem da atmosfera a partir da análise do ritmo dos tipos de tempo, ou sucessão dos estados atmosféricos, sobre um determinado lugar. Assim, destaca-se aquilo que ocorre de habitual na atmosfera dos diferentes lugares, o que permite evidenciar tanto os fenômenos e estados mais repetitivos quanto aqueles mais raros ou mais extremos.

Para caracterizar o ritmo climático de uma localidade, deve-se fazer uma decomposição cronológica dos estados atmosféricos em sua contínua sucessão, pois estes somente podem ser observados e analisados com precisão na durabilidade diária. Os estados atmosféricos, tomados como tipos de tempo, revelam-se claramente na escala do dia, e sua sucessão pode ser observada a partir da variação dos elementos do clima em interação com a circulação atmosférica terciária e regional. Segundo Monteiro (1971, p. 9), o ritmo climático só poderá ser compreendido por meio da representação concomitante dos elementos fundamentais do clima em unidade de tempo cronológico pelo menos diária, compatíveis com a representação da circulação atmosférica regional, geradora dos estados atmosféricos que se sucedem e constituem o fundamento do ritmo.

Para analisar o ritmo do clima de uma localidade, constrói-se um gráfico com a representação dos seguintes elementos (Fig. 1.3): temperatura, pressão atmosférica, umidade relativa, precipitação, direção e velocidade do vento, cobertura do céu, sistemas atmosféricos predominantes, entre outros. Assim, torna-se possível observar, conforme a evolução horária e diária, a sucessão dos tipos de tempo. Para curtos, médios ou longos períodos de análise, quanto maior o detalhamento dos dados, melhor será a análise dos tipos de tempo e a evolução dos estados do tempo.

Essa abordagem permite a análise genética dos tipos de tempo, pois os identifica conforme a interação dos atributos geográficos locais com a circulação terciária da atmosfera, e é de enorme valia para os estudos do meio ambiente, para a agricultura, o planejamento urbano-regional, entre outros. Revela-se bastante importante para a identificação de tipos de tempo, particularmente dos desastres naturais *(natural hazards)*, ou de episódios climáticos que fogem muito do estado normal do clima de um determinado lugar.

## 1.4 Escalas de estudo em Climatologia

A escala de estudo de todo e qualquer objeto que se queira investigar conduz à delimitação da sua dimensão. O ponto de vista geográfico relaciona a escala à dimensão espaço-temporal dos componentes terrestres, sendo o clima um deles.

A definição da escala do clima impõe-se a todo estudo ligado a esse ramo do conhecimento,

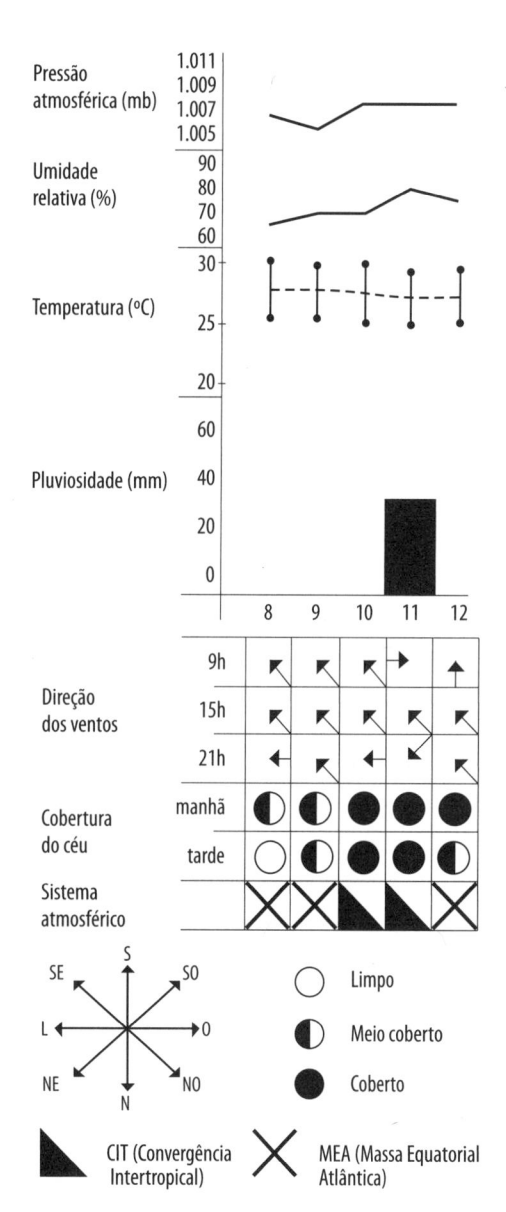

**Fig. 1.3** *Gráfico de análise rítmica dos tipos de tempo da cidade de Fortaleza/CE, relativo ao período de 8 a 12 de janeiro de 1998, com destaque para os elementos climáticos envolvidos na análise e para os sistemas responsáveis pela dinâmica atmosférica desse período*
*Fonte: Funceme.*

uma vez que ele se manifesta em todos os locais do Planeta. Para facilitar o desenvolvimento de estudos dessa natureza, a delimitação da área (tridimensional) de estudo constitui um dos primeiros passos do trabalho em Climatologia. Lembre-se de que a interação dos controles atmosféricos com os fatores geográficos do clima determina o dinamismo do fluxo de energia em áreas diferentes do espaço terrestre.

A escala climática diz respeito à dimensão, ou ordem de grandeza, espacial (extensão) e temporal (duração), segundo a qual os fenômenos climáticos são estudados. Há mecanismos atmosféricos que determinam os climas de toda uma zona planetária, como é o caso da intensa radiação solar (insolação) nas baixas latitudes da zona intertropical. As ilhas de calor urbanas e o clima das áreas agrícolas, por outro lado, não são diretamente determinados por esses mecanismos, ainda que eles tenham importante influência na sua configuração.

O clima pode ser estudado por meio de suas dimensões espacial e temporal, e ambas são empregadas conjuntamente nos mais variados estudos. As escalas espaciais ganham maior destaque na abordagem geográfica do clima, e as mais conhecidas são as escalas macroclimática, mesoclimática e microclimática; as escalas temporais mais utilizadas são as escalas geológica, histórica e contemporânea (Quadro 1.1).

A noção de escala em Climatologia implica uma ordem hierárquica das grandezas climáticas, tanto espaciais quanto temporais. Dessa maneira, o microclima está inserido no mesoclima, que, por sua vez, está inserido no macroclima; este somente existe com base nas grandezas inferiores. Assim, na dimensão cronológica, a escala contemporânea está imbricada na histórica, que o está na geológica e vice-versa.

Há, todavia, uma controvérsia entre os climatólogos e meteorologistas no tocante à escala climática. Nas diversas abordagens sobre a grandeza do clima, observa-se grande variação, tanto do ponto de vista da nomenclatura para as diferentes dimensões climáticas quanto para a extensão e periodicidade dos fenômenos característicos dessas dimensões. A síntese do Quadro 1.1 ressalta os termos e as dimensões espaciais e temporais de maior aceitação no meio climático-meteorólogico, e está embasada em uma flexibilidade entre as diversas grandezas; os climas regionais e o topoclima constituem as escalas transitórias entre as grandezas média, superior e inferior.

**Quadro 1.1** *Organização das escalas espacial e temporal do clima*

| Ordem de grandeza | Subdivisões | Escala horizontal | Escala vertical | Temporalidade das variações mais representativas | Exemplificação espacial |
|---|---|---|---|---|---|
| Macroclima | Clima zonal<br><br>Clima regional | > 2.000 km | 3 a 12 km | Algumas semanas a vários decênios | O globo, um hemisfério, oceano, continente, os mares etc. |
| Mesoclima | Clima regional<br>Clima local<br>Topoclima | 2.000 km a 10 km | 12 km a 100 m | Várias horas a alguns dias | região natural, montanha, região metropolitana, cidade etc. |
| Microclima | | 10 km a alguns m | Abaixo de 100 m | De minutos ao dia | Bosque, uma rua, uma edificação/casa etc. |

### 1.4.1 Escalas espaciais do clima

*Macroclima:* é a maior das unidades climáticas e compreende áreas muito extensas da superfície da Terra. Sua abrangência vai desde o Planeta (*clima global*), passando por faixas ou zonas (*clima zonal*), até extensas regiões (*clima regional*). As zonas da terra, definidas desde os gregos (tórrida, tropical, temperada, frígida e polar), são as unidades mais conhecidas dessa dimensão, na qual se enquadram também alguns espaços regionais de grande amplitude, como é o caso do clima dos oceanos, dos continentes, de um grande país etc.

A extensão espacial dos climas dessa unidade escalar é, genericamente, superior à ordem de milhões de $km^2$, e sua definição subordina-se à circulação geral da atmosfera (notadamente as células de altas e baixas pressões), a fatores astronômicos, a fatores geográficos maiores (grandes divisões do relevo, oceano, continente etc.) e à variação da distribuição da radiação no Planeta (baixas e altas latitudes).

*Mesoclima:* é uma unidade intermediária entre as de grandeza superior e inferior do clima. As regiões naturais interiores aos continentes, inferiores àquelas da categoria superior, como grandes florestas, extensos desertos ou pradarias etc., são bons exemplos desta subunidade, pois a região por si só não possui delimitações espaciais precisas, a não ser por um ou outro elemento de destaque da paisagem. O clima regional, por essa característica, é uma subunidade de transição entre a ordem superior e esta.

O clima local e o topoclima também configuram subunidades do mesoclima. O primeiro é definido por aspectos específicos de determinados locais, como uma grande cidade, um litoral, uma área agrícola, uma floresta etc.; o segundo é definido pelo relevo, e ambos estão inseridos no *clima regional*.

A extensão espacial do mesoclima é bastante variável, sendo mais definidas as subunidades clima local e topoclima, que se enquadram de km$^2$ a dezena de km$^2$, enquanto o clima regional situa-se em dimensões superiores. Mas é o dinamismo do movimento da atmosfera, por meio dos sistemas atmosféricos, notadamente a circulação secundária ou regional, que irá definir as dimensões das subunidades do mesoclima. O fluxo energético estabelecido pelas diferentes superfícies locais e a configuração topográfica definem a ordem de grandeza do clima local e do topoclima.

*Microclima*: é a menor e a mais imprecisa unidade escalar climática; sua extensão pode ir de alguns centímetros a algumas dezenas de m$^2$, e há autores que consideram até a centena de m$^2$. Os fatores que definem essa unidade dizem respeito ao movimento turbulento do ar na superfície (circulação terciária), a determinados obstáculos à circulação do ar, a detalhes do uso e da ocupação do solo, entre outros. Quando se fala em microclima, geralmente se alude a áreas com extensão espacial muito pequena, como o clima de construções (uma sala de aula, um apartamento), o clima de uma rua, a beira de um lago etc.

### 1.4.2 Escalas temporais do clima

*Escala geológica*: nesta escala de abordagem são estudados os fenômenos climáticos que ocorreram no Planeta desde a sua formação. É nessa escala que são desenvolvidos os estudos ligados à *Paleoclimatologia*, ou seja, o estudo dos climas do passado, elaborados a partir de alguns indicadores biológicos (fósseis, polens e anéis de árvores), litológicos (sedimentos, camadas de aluviões, depósitos de sal etc.) e morfológicos (terraços fluviais, dunas, formas residuais do relevo, *inselbergs* etc.). O exame desses indicadores permite a identificação dos ambientes terrestres anteriores ao aparecimento do homem. É nessa escala que se observam as variações e mudanças climáticas ocorridas no Planeta de algumas centenas a várias dezenas de milhões de anos passados.

*Escala histórica*: trata-se também do estudo do clima do passado, mas somente de períodos da história registrados pelo homem. Vários documentos são utilizados para a elaboração desse tipo de análise climática: a descrição escrita dos diferentes ambientes (relatos de viagens, por exemplo), os desenhos em paredes de cavernas, os utensílios utilizados na lavoura etc., e os registros dos elementos atmosféricos mensurados nos primeiros instrumentos meteorológicos.

*Escala contemporânea:* é nessa escala que trabalha a maioria dos climatólogos da atualidade. Para a elaboração de estudos, é preciso uma série de dados meteorológicos produzidos por uma ou mais estações meteorológicas, de preferência superior a 30 anos. Como a consolidação da Organização Meteorológica Mundial (OMM) ocorreu somente na década de 1950, a produção contínua e regular de dados meteorológicos passou a ser feita a partir de então, mas não da mesma maneira em todos os países. Assim, somente os países desenvolvidos contam com séries de dados longas e confiáveis.

A análise dos tipos de tempo, a variabilidade climática de curta duração, as tendências climáticas e o estabelecimento de médias são abordagens da Climatologia em escala contemporânea.

As escalas espacial e temporal dos fenômenos ou tipos climáticos não são excludentes nos estudos da atmosfera, mas complementares, e o seu discernimento logo nas etapas iniciais do estudo ou pesquisa é um dos fatores relevantes para o bom desenvolvimento dos trabalhos.

# 2 – A ATMOSFERA TERRESTRE

## 2.1 Características físico-químicas da atmosfera

O *ar* que respiramos não é uma substância homogênea, mas um *composto de gases* de tal maneira combinado que distingue a Terra dos demais planetas do Sistema Solar. As propriedades desses gases e a forma como se dispõem envolvendo o Planeta permitiram o surgimento e a manutenção da vida sobre sua superfície.

Mantida pela ação gravitacional, a atmosfera terrestre é mais densa próxima à superfície, tornando-se rarefeita com a altura. Até os primeiros 29 km, a atmosfera concentra 98% de sua massa total, o que torna muito difícil definir seu limite superior, já que a densidade relativa aos 2% de moléculas restantes decai muito lentamente. Por esse motivo, toma-se como referência o limite de 10.000 km para expressar sua extensão.

Além de a densidade do ar diferenciar-se com a altura, a composição dos gases não é a mesma em toda a atmosfera. Da superfície aos primeiros 90 km de altura, os componentes gasosos do ar apresentam-se em uma distribuição relativamente uniforme. A essa parcela da atmosfera dá-se o nome de *Homosfera*, que até cerca de 25 km de altura caracteriza-se por ser composta de uma mistura de nitrogênio, oxigênio, argônio e um conjunto de gases que ocorrem em proporções comparativamente reduzidas, como o dióxido de carbono (Fig. 2.1). A partir desse patamar, a composição da Homosfera é dada, preferencialmente, pela mistura de nitrogênio e oxigênio.

Participam também da composição da Homosfera o material particulado em suspensão e os gases vapor d'água e ozônio. Estes compostos são tratados de maneira especial devido às suas peculiaridades de ocorrência:

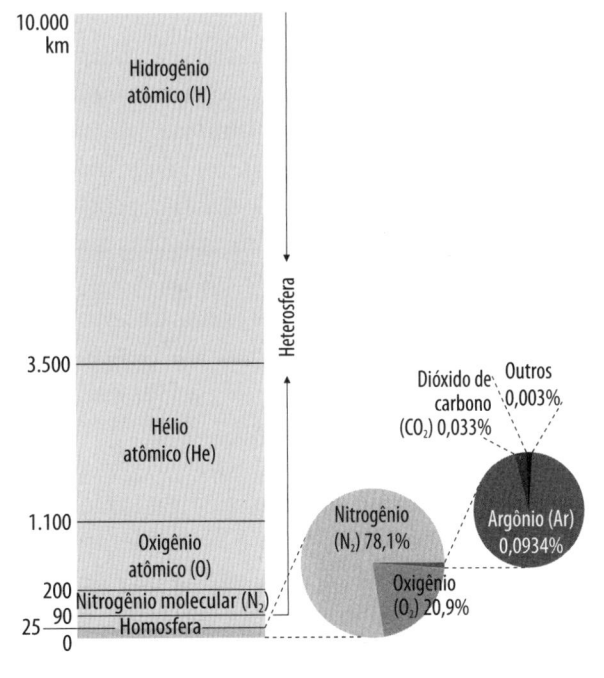

**Fig. 2.1** *A compartimentação química da atmosfera. A Homosfera é composta preferencialmente pelos gases nitrogênio e oxigênio nas proporções indicadas. O restante é composto dos seguintes gases: neônio (Ne) 0,00186%; hélio (He) 0,00053%; kriptônio (Kr) 0,00012%; hidrogênio ($H_2$) 0,00005; metano 0,00002%; óxido nitroso ($N_2O$) 0,00005%*
*Fonte: Strahler, 1971.*

- O *vapor d'água* não se apresenta uniformemente distribuído, uma vez que sua presença depende não só de uma superfície que forneça água, mas também de uma série de outros fatores que serão analisados adiante. Sua existência nos níveis inferiores da atmosfera (Troposfera, principalmente) é de extrema importância para a manutenção da vida no Planeta.

- O *material particulado* de origem natural constitui-se de poeira, cinzas, material orgânico e sal em suspensão no ar, provenientes do solo, da atividade vulcânica, da vegetação e dos oceanos, respectivamente. O que procede das atividades humanas, por sua vez, decorre da utilização de combustíveis fósseis em indústrias e veículos, da queima de carvão mineral e orgânico para aquecimento e cozimento domésticos, e de práticas agrícolas, como queimadas e adubação, entre outros. Por serem ambos gerados na superfície, também se concentram nos primeiros quilômetros da atmosfera, ou seja, na parte mais baixa da Troposfera.

- O *ozônio* está presente de forma concentrada entre os 20 e 35 km de altura (faz parte da Estratosfera). A propriedade que os gases oxigênio e ozônio apresentam ao reagirem fotoquimicamente nesses níveis, agindo como um filtro ao absorverem a maior parte das radiações ultravioleta, é que garante a existência da vida na superfície nos moldes conhecidos hoje. A seção 2.2 trata com mais detalhe desse importante papel desempenhado pelo ozônio estratosférico.

A camada superior à Homosfera é chamada de *Heterosfera*, porque nela os gases se dispõem separadamente, formando camadas de diferentes composições químicas: *nitrogênio molecular* (presente de 90 a 200 km de altura), *oxigênio atômico* (de 200 a 1.100 km), *átomos de hélio* (de 1.100 a 3.500 km) e *átomos de nitrogênio* (a partir de 3.500 km). Convém salientar que, nesses níveis, a densidade dos gases é extremamente baixa e a separação entre as camadas descritas se dá por meio de zonas de transição entre seus respectivos componentes. Próximo à base da Heterosfera (96 km), a densidade da atmosfera é de 0,001 g/m$^3$; a 220 km, de 0,000001 g/m$^3$; e perto do mar, de 1.300 g/m$^3$ (Fig. 2.2).

Outra importante característica da atmosfera terrestre é a variação da distribuição vertical de sua temperatura, dada pela interação de seus componentes com a entrada de energia proveniente do Sol e a saída de energia proveniente da Terra, o que possibilitou compartir a atmosfera em esferas concêntricas com distintos comportamentos térmicos, como mostra a Fig. 2.2. As camadas apresentam em seus nomes a terminação *osfera*, e seus topos, a terminação *pausa*.

Além da Exosfera, a camada mais superior da atmosfera é chamada de *Termosfera*. Encontra-se a 80 km do solo, e seu topo está a cerca de 500 km de altura. Inserida na Heterosfera, os altíssimos valores de

## 2 – A ATMOSFERA TERRESTRE

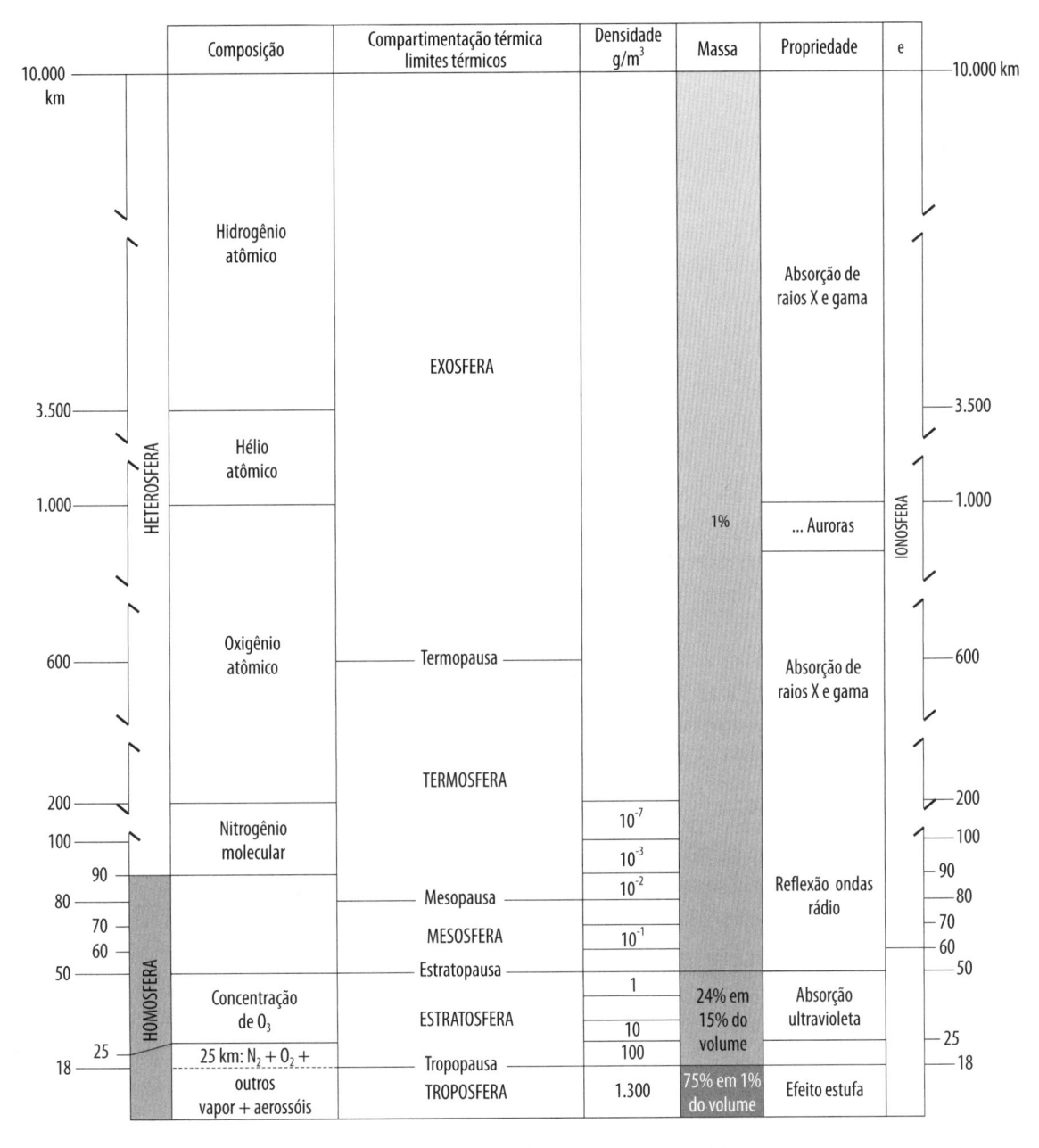

| | Composição | Compartimentação térmica limites térmicos | Densidade g/m³ | Massa | Propriedade | |
|---|---|---|---|---|---|---|
| 10.000 km | | | | | | 10.000 km |
| | Hidrogênio atômico | EXOSFERA | | | Absorção de raios X e gama | |
| 3.500 | | | | | | 3.500 |
| | Hélio atômico | | | 1% | ... Auroras | |
| 1.000 | HETEROSFERA | | | | | 1.000 IONOSFERA |
| 600 | Oxigênio atômico | Termopausa | | | Absorção de raios X e gama | 600 |
| | | TERMOSFERA | | | | |
| 200 | | | $10^{-7}$ | | | 200 |
| 100 | Nitrogênio molecular | | $10^{-3}$ | | | 100 |
| 90 | | Mesopausa | $10^{-2}$ | | Reflexão ondas rádio | 90 |
| 80 | | MESOSFERA | $10^{-1}$ | | | 80 |
| 70 | | | | | | 70 |
| 60 | | Estratopausa | 1 | | | 60 |
| 50 | HOMOSFERA | ESTRATOSFERA | | 24% em 15% do volume | Absorção ultravioleta | 50 |
| | Concentração de $O_3$ | | 10 | | | |
| 25 | 25 km: $N_2 + O_2$ + outros vapor + aerossóis | Tropopausa | 100 | | | 25 |
| 18 | | TROPOSFERA | 1.300 | 75% em 1% do volume | Efeito estufa | 18 |

**Fig. 2.2** *Características da atmosfera. Observe que a altura da Tropopausa nas regiões polares varia sazonalmente, bem como sua temperatura. No inverno, ela está a 9 km de altura, com uma temperatura média de - 58ºC; no verão, a temperatura média cai para - 45ºC, apesar de se encontrar um pouco mais elevada – 10 km. As menores temperaturas médias da Tropopausa ocorrem na faixa do Equador, com - 70ºC, onde alcança cerca de 17 km de altura*
Fonte: org. por Inês Moresco Danni-Oliveira.

temperatura da Termosfera (700ºC a 200 km de altura, por exemplo) decorrem da absorção de parcelas da radiação solar referentes aos raios X, gama e ultravioleta, realizada pelos átomos de nitrogênio e oxigênio, que, como consequência, são ionizados pela perda de elétrons. Por esse motivo, a Termosfera é também chamada de *Ionosfera*. O termo *temperatura* utilizado para expressar a energia na Termosfera não tem a mesma conotação daquele que expressa o calor sensível que os seres vivos detectam nos baixos níveis da atmosfera.

Na zona que separa a Termosfera da *Mesosfera* (Fig. 2.2), chamada de *Mesopausa*, registram-se os mais baixos valores de temperatura de toda a atmosfera: –90°C a 80 km de altura, podendo variar de 25°C a 30°C para mais ou para menos. Embora já esteja dentro da Homosfera, a Mesosfera encontra-se em uma zona de grande rarefação do ar (cerca de 0,1 g/m$^3$ de ar), o que diminui consideravelmente a capacidade de seus gases reterem energia solar, por isso a queda de temperatura.

Ao atingir a *Estratopausa*, a 50 km do solo, a radiação solar já teve grande parte de suas parcelas de ondas curtas absorvidas pelas camadas superiores (Termosfera e Mesosfera). Contudo, as ondas curtas na faixa do ultravioleta longo (0,01 a 0,40 μm) conseguem atravessar essas camadas e chegam até a *Estratosfera*. Devido à *presença do ozônio* nessa camada da atmosfera, a radiação ultravioleta é absorvida ao promover a fotodissociação da molécula de ozônio, garantindo a manutenção do calor nessa porção da atmosfera – as temperaturas variam em média de –57°C em sua base (cerca de 18 a 20 km) a 0°C no seu topo (Estratopausa, 50 km de altura).

Embora a atmosfera atue como um grande filtro da radiação solar, fica evidente a importância da Termosfera e da Estratosfera ao evitarem que as radiações de ondas curtas nocivas atinjam os sistemas de vida da Terra, pois essas camadas absorvem grande parte da energia solar antes que ela atinja a Troposfera. Esses sistemas estão inseridos na camada da atmosfera chamada *Troposfera*, que, por esse motivo, é considerada a camada da vida.

Em contato direto com a superfície e com ela interagindo intensamente ao longo de seus 12 km de extensão (em média), a Troposfera é a base de todo o pacote gasoso que envolve a Terra. É nessa camada que os fenômenos climáticos se produzem, por isso, é o foco de interesse da Climatologia geográfica – já que os atributos desses fenômenos configuram-se como objeto e sujeito das ações engendradas pelas atividades humanas –, o que permite qualificá-la de *atmosfera geográfica*.

É na Troposfera que se individualizam os elementos do tempo e do clima. Embora possa ser considerada uma interface entre o Planeta e sua atmosfera, devido às proporções de tamanho e extensão entre ambos, é na camada da atmosfera geográfica que os fluxos de matéria e energia próprios do Sistema Terra-Atmosfera ganham considerável complexidade, dada não só pelas interações entre a superfície e a camada de ar sobrejacente, mas também pelas atividades humanas que nela se realizam.

A economia do mundo atual, com matriz energética marcada pela utilização de combustíveis fósseis, aliada ao crescimento e à intensidade dos processos industriais, e ainda ao crescimento da urbanização e da população, notadamente na segunda metade do século XX, tem produzido notáveis derivações nessa interface, em especial nos aspectos relativos ao efeito estufa, à concentração de ozônio e aos climas urbanos (ver Cap. 7).

Assim, é nessa camada que a distribuição das superfícies oceânicas e continentais, as paisagens naturais e aquelas marcadas pelas concentrações urbano-industriais, e os sistemas de exploração do solo irão influenciar, a partir da interação com a dinâmica própria da atmosfera, os fluxos de energia e matéria que se realizam no Sistema Terra-Atmosfera.

A variação térmica da Troposfera é extremamente peculiar, porque depende da energia emitida pela superfície terrestre (como será analisado na seção 2.2), e não é explicada exclusivamente pela relação direta com a energia solar que a perpassa, como ocorre com as demais camadas da atmosfera. Isso significa que boa parte da radiação proveniente do Sol que chega até o topo – *Tropopausa* – consegue atingir a superfície terrestre, uma vez que a Troposfera não é muito eficiente em absorver essa radiação que, preferencialmente, ocorre no comprimento de onda da luz visível (Fig. 2.3).

No entanto, alguns de seus gases, como dióxido de carbono, vapor d'água, amônia e outros, são extremamente eficazes na absorção da radiação de ondas longas emitida pela superfície da Terra (Fig. 2.3), o que explica o fato de as temperaturas próximas a ela serem mais elevadas (20°C em média) do que as registradas na Tropopausa (–57°C em média), onde

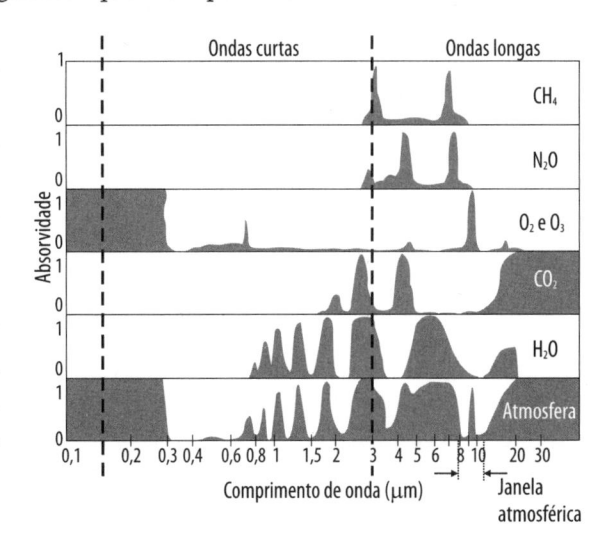

**Fig. 2.3** *Absorção seletiva da radiação solar e terrestre pela atmosfera*
Fonte: Oke, 1978.

esses gases apresentam-se mais rarefeitos. A esse fenômeno, deu-se o nome de *efeito estufa*. O decréscimo da temperatura na Troposfera a partir da superfície pode ser expresso pelo gradiente térmico vertical médio, que é de 6,5°C/km ou 0,6°C/100 m.

## 2.2 O balanço de radiação

Para entender melhor as relações entre a superfície da Terra e a baixa atmosfera, parte-se da construção de um sistema aberto chamado Sistema Superfície-Atmosfera (SSA), cujas interações de seus componentes controlam os fluxos de matéria e energia que nele ocorrem.

Os fenômenos climáticos produzidos na Troposfera resultam dos processos de *transferência, transformação* e *armazenamento de energia e matéria* que ocorrem no ambiente formado pela interface superfície-atmosfera e que corresponde ao SSA.

Praticamente todos os fenômenos que ocorrem no SSA têm início com a entrada da radiação solar no topo da atmosfera, que corresponde a aproximadamente 2 cal/$cm^2$/min ou a 1 ly (Langsley), constituindo, portanto, o total da energia disponível (100%) a atravessar suas camadas. Como ficou caracterizado na Fig. 2.3, a atmosfera não é inerte a essa quantidade de radiação, isto é, os componentes da atmosfera interagem com ela, e o que chega à superfície é uma parcela do que entrou no Sistema.

Uma das formas de acompanhar o trânsito dessa energia é por meio do balanço de radiação, que, ao retratar o modo como os vários componentes do Sistema interagem com a energia que nele trafega ao longo do ano, explica como se dá o aquecimento da Troposfera. Para facilitar a compreensão dessas interações, espacialmente, considera-se o SSA como uma superfície homogênea (sem as diferenciações oceanos/continentes e de paisagens) e o Planeta todo, de modo a contemplar a variação latitudinal de intensidade de energia. Como período temporal, o modelo adota o ano como referência, para incorporar as diferenças sazonais de intensidade de energia.

Os processos de *condução, convecção, advecção, condensação* e *radiação* desempenham importante papel no fluxo da energia do SSA, sendo os responsáveis pelo aquecimento do ar na camada da Troposfera.

A *condução* consiste na transferência de calor por contato entre dois corpos com distintas temperaturas, de modo que o corpo mais quente cede calor para o mais frio. Um dado volume de ar irá se aquecer ao entrar em contato com uma superfície mais quente, e irá se resfriar pelo mesmo processo, caso a superfície esteja mais fria.

Na *convecção*, a transferência de calor ocorre por meio do deslocamento vertical das correntes aéreas. Uma superfície quente, ao transferir calor por contato e/ou radiação para o ar que a sobrepõe, promove o aumento dos movimentos cinéticos de suas moléculas que, expandindo-se, tornam o ar menos denso do que o ar frio de entorno. Assim, menos pesada que o ar frio acima, essa porção aquecida eleva-se, e essa ascensão é compensada por um movimento descendente do ar frio que, completando a célula convectiva, conduz à troca vertical de energia entre diferentes níveis da Troposfera.

A *advecção* ocorre quando um volume de ar é forçado a deslocar-se horizontalmente, como consequência da instalação de um gradiente de pressão entre áreas contíguas (isto é, o ar desloca-se da área de maior para a área de menor pressão), levando consigo as características térmicas da superfície sobre a qual repousava.

O processo de *condensação* transfere para o ar quantidades consideráveis de energia que foram consumidas do ambiente durante a evaporação da água da superfície, e envolve a transformação do calor latente mantido pela molécula de vapor em calor sensível (ver Cap. 3, seção 3.2). Essa transformação é conhecida como liberação de calor latente.

O fato de toda energia do SSA depender de forma direta ou indireta da radiação proveniente do Sol requer que esse processo seja analisado com mais detalhe.

## 2.3 O processo de radiação

A *radiação* é o principal modo de propagação de energia no SSA, uma vez que é por meio dela que a energia do Sol chega à Terra. A radiação solar corresponde à emissão de energia sob a forma de *ondas eletromagnéticas* que se propagam à velocidade da luz.

O espectro eletromagnético (Fig. 2.4) é composto por um feixe de raios diferenciados pela *magnitude* de seus comprimentos de onda e pela *frequência* com que essas ondas se manifestam (dada em ciclos por segundo), ou pela distância das ondas entre si, tomadas como *comprimento de onda* (em centímetro – cm, micrômetro – μm ou angstrom – Å).

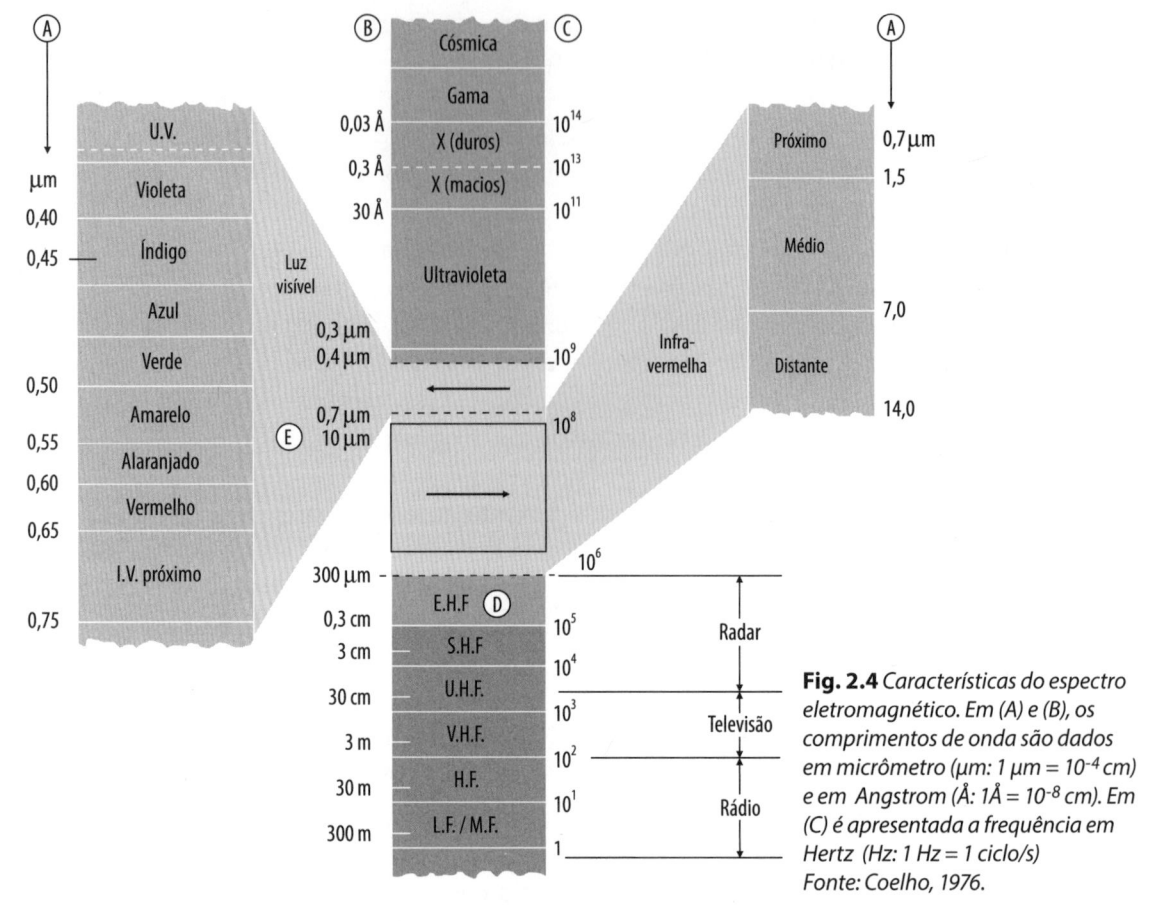

**Fig. 2.4** Características do espectro eletromagnético. Em (A) e (B), os comprimentos de onda são dados em micrômetro (μm: 1 μm = 10⁻⁴ cm) e em Angstrom (Å: 1Å = 10⁻⁸ cm). Em (C) é apresentada a frequência em Hertz (Hz: 1 Hz = 1 ciclo/s)
Fonte: Coelho, 1976.

Todo corpo com uma temperatura superior a –273°C (ou 0 K) possui energia, portanto, emite radiação. Assim, *a quantidade de radiação emitida por um corpo dependerá de sua temperatura, de modo que a energia irradiada será proporcional à quarta potência da respectiva temperatura* (Lei de Stefan-Boltzmann).

Como *a temperatura do corpo emissor controla também o comprimento de onda da radiação emitida* (Lei de Planck), chega-se a uma terceira lei da Física: *quanto mais quente o corpo emissor, menor será o comprimento de onda de seu pico de emissão, ou seja, quanto maior a temperatura de um corpo, mais ondas curtas ele emitirá* (Lei de Wien).

O Sol, que possui uma temperatura de aproximadamente 6.000° K, irradia preferencialmente na faixa do ultravioleta ao infravermelho próximo, e a Terra, com uma temperatura média de 288° K, irradia preferencialmente na faixa do infravermelho distante (em torno de 10 μm de comprimento de onda). Uma vez *emitida* por um corpo, a radiação pode ser *refletida* (diretamente ou por difusão), *absorvida* ou *transmitida* por outro corpo qualquer, de acordo com suas propriedades físicas. A coloração do céu, por exemplo, resulta da propriedade física de difusão ou espalhamento da luz nos comprimentos de onda correspondentes ao azul (0,45 a 0,48 μm), ao amarelo (0,50 a 0,55 μm) e ao laranja (0,55 a 0,60 μm).

Entre as propriedades físicas dos corpos, destaca-se o *albedo*, comumente dado em porcentagem, que se caracteriza pela capacidade que os corpos têm de refletir a radiação solar que incide sobre eles. O albedo varia de acordo com a cor e a constituição do corpo. Assim, será máximo nos corpos brancos e mínimo nos corpos pretos.

Um dado corpo com elevado albedo terá, em consequência, uma baixa intensidade de absorção de energia, já que a maior parte dela foi refletida (Quadro 2.1).

No SSA, a radiação proveniente do Sol é o *input* do Sistema (entrada de energia), e os processos de emissão, reflexão, transmissão e absorção são os responsáveis pelos fluxos entre a superfície e a atmosfera, que, por sua vez, são responsáveis pelo aquecimento. O *trânsito* desses fluxos pode ser contabilizado por meio do *balanço de radiação médio anual para o Planeta*, apresentado de forma esquemática na Fig. 2.5.

Embora na natureza os processos de transferência de energia ocorram simultaneamente, costuma-se abordá-los de forma separada, ou seja:

- aqueles que envolvem as *ondas curtas*, faixa que compreende os menores comprimentos de onda até os referentes à luz visível, são preferencialmente relacionados à *radiação solar*;
- aqueles que envolvem as radiações de *ondas longas*, notadamente na faixa do infravermelho, são relacionados à *radiação terrestre*; e
- aqueles que envolvem a transferência de energia por convecção.

**Quadro 2.1** *Albedos de algumas superfícies*

| Tipo de superfície | Albedo (%) |
|---|---|
| Solo negro e seco | 14 |
| Solo negro e úmido | 8 |
| Solo nu | 7 - 20 |
| Areia | 15 – 25 |
| Dunas de areia | 30 - 60 |
| Florestas | 3 - 10 |
| Floresta tropical úmida | 7 - 15 |
| Floresta deciduifólia | 12 - 18 |
| Campos naturais | 3 - 15 |
| Savana | 16 - 18 |
| Campos de cultivos secos | 20 - 25 |
| Cana-de-açúcar | 15 |
| Gramados | 15 - 30 |
| Nuvens cumuliformes | 70 - 90 |
| Neve recém-caída | 80 |
| Neve caída há dias/semana | 50 - 70 |
| Gelo | 50 - 70 |
| Água, altura solar 5 - 30° | 6 - 40 |
| Água, altura solar > 40° | 2 - 4 |
| Cidades | 14 - 18 |
| Concreto seco | 17 - 27 |
| Madeira | 5 - 20 |
| Asfalto | 5 - 10 |
| Terra | 31 |
| Lua | 6 - 8 |

Assim, as ondas curtas provenientes do Sol são contabilizadas como *ganho* de energia, e as ondas longas emitidas pela superfície, como *perda*.

A quantidade de energia que atinge o topo da atmosfera corresponde, em termos médios, a 2 cal/cm$^2$/min ou 338 W/m$^2$, e é considerada como o total de energia que entra no SSA, portanto, 100%.

Essa energia, ao atravessar a atmosfera, tem seus valores alterados conforme as características físico-químicas de seus componentes, o que lhe atribui a qualidade de *semitransparente* à radiação solar, uma vez que a atmosfera interage com 50% da energia que entra no Sistema (Fig. 2.5).

Desses 50%, praticamente a metade é interceptada pelas nuvens que, devido aos seus elevados valores de albedo, forçam 19% a serem perdidos para o espaço por reflexão, absorvendo somente 5%. A maior parte dos 26% de energia restante é retida pelos demais componentes da atmosfera (20%), de modo que somente 6% de energia é refletida para fora do Sistema. O ganho individual da atmosfera nessa fase do balanço corresponde, portanto, a apenas 25%, denotando uma pequena participação direta das ondas curtas em seu aquecimento (Fig. 2.5).

Dos 50% restantes que conseguem atingir a superfície do Planeta, 3% são refletidos para o espaço, evidenciando uma capacidade de absorção da superfície (47%) maior do que a da própria atmosfera (25%).

Para compreender a parcela de contribuição da radiação terrestre no balanço de entrada e saída de energia no SSA, é necessário levar em conta que a superfície terrestre recebe simultaneamente tanto a radiação direta do Sol (os 50% vistos anteriormente) como aquela que, emitida pela superfície na forma de ondas longas, é forçada a retornar por ação dos gases, aerossóis e nuvens presentes na Troposfera. O efeito que causa essa *contrarradiação* é conhecido como *efeito estufa*, e tem as nuvens, vapor d'água e $CO_2$ como seus principais agentes.

A superfície passa a emitir radiação de ondas longas na proporção da quarta potência da temperatura que ela alcança, em média 288°K (lei de Stefan-Boltzmann), devido a sua interação com a contrarradiação e as ondas curtas (47%). Como resultado, ela emite em ondas longas 114% de energia, quantidade superior àquela que entra no topo da atmosfera em onda curta. Isso somente é possível devido à existência da atmosfera, que, em decorrência da contrarradiação, força a superfície a ter uma temperatura muito superior à que ela teria na ausência da cobertura gasosa do Planeta, o que resulta em sua maior emissividade na faixa do infravermelho. Assim, a simultaneidade de trânsito das ondas curtas e longas no SSA é que induz a superfície a emitir mais energia do que emitiria na ausência da atmosfera, vale dizer, na ausência do *efeito estufa*.

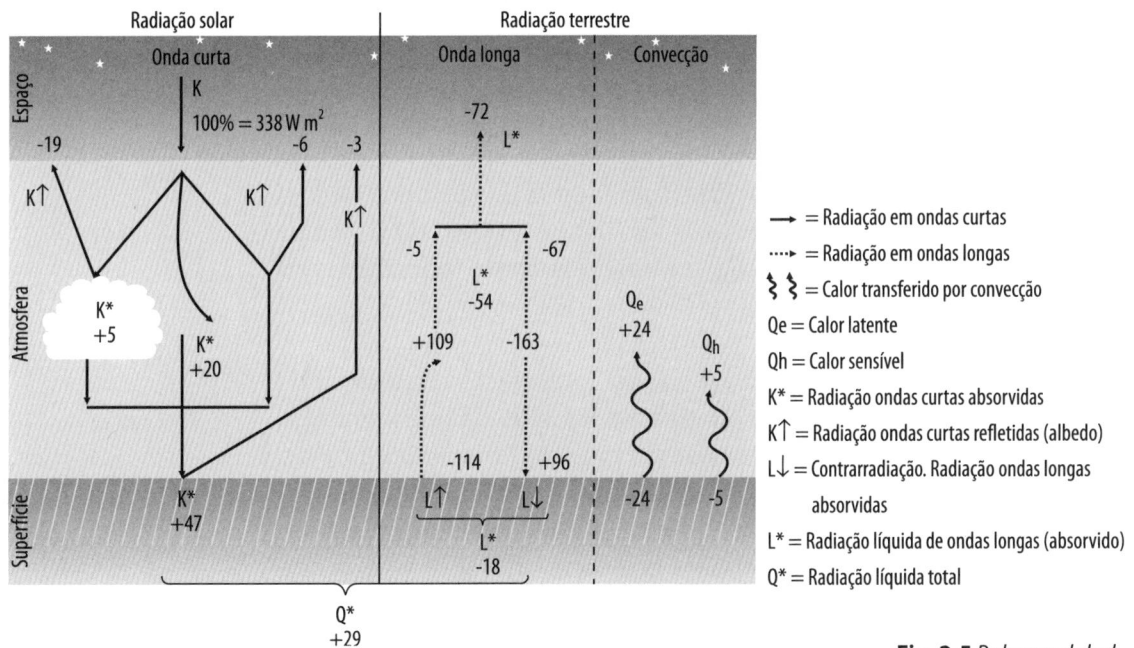

**Fig. 2.5** *Balanço global de energia*
Fonte: Oke, 1978.

A superfície perde diretamente para o espaço 5% dessa energia, ficando à disposição da atmosfera 109%. A esses 109% somam-se os 25% ganhos pela atmosfera por meio da radiação de ondas curtas. Deve-se ainda considerar que, enquanto apenas uma parte da Terra está recebendo radiação em ondas curtas, ela como um todo estará transferindo energia para a atmosfera por meio de ondas longas e dos processos de convecção. A convecção faz com que a superfície perca para a atmosfera mais 29% de energia, assim distribuídos: 24% na forma de calor latente e 5% na forma de calor sensível. Portanto, do total de 163% de energia que a atmosfera ganhou (109 + 25 + 29), são emitidos 67% para o espaço, enquanto os restantes 96% (163 – 67) retornam à superfície como contrarradiação (Fig. 2.5).

Uma vez que a superfície perdeu 114%, mas ganhou 96% pela contrarradiação, ela estaria aparentemente com um déficit de 18%, o que levaria ao seu permanente resfriamento. Na verdade, esse resfriamento não ocorre, porque há o ganho inicial de 47% na fase das ondas curtas.

Contabilizados os dois valores, a superfície passa a ter um aparente excedente de 29% (+47% –18% = 29%), que corresponde ao montante perdido por ela para a atmosfera por meio dos processos convectivos, na forma de calor latente e calor sensível. Caso se mantivesse esse excedente, ele seria responsável por um constante aquecimento da superfície, fato que também não se verifica, já que o SSA se mantém em equilíbrio. Dos 100% de energia inicial que entram no Sistema, são devolvidos para o espaço 28% na fase das ondas curtas (–19 –6 –3 = –28%) e 72% na fase das ondas longas (–5 –67 = –72%). Considerando-se as perdas finais da fase de ondas curtas e da fase de ondas longas, tem-se –28 –72 = –100%, totalizando a contabilidade do balanço de energia em zero; portanto, em equilíbrio.

Observa-se, assim, a importância da *superfície terrestre* nos processos de transferência de energia no Sistema, já que a energia emitida por ela é a maior responsável pelo *aquecimento do ar na Troposfera*. A participação do vapor d'água e $CO_2$ na manutenção dessa energia nos níveis da Troposfera é efetiva e muito importante (Fig. 2.3). Deve-se ter em mente que toda alteração provocada pelas sociedades na concentração desses gases e na própria modificação da superfície do Planeta irá repercutir no balanço de energia do SSA.

As nuvens também têm atuação marcante na geração da contrarradiação, agindo como barreira à perda das radiações terrestres para o espaço. Da mesma forma, elas restringem a quantidade de radiação solar (radiação direta e difusa) que alcança a superfície terrestre.

A intensidade com que essas radiações alcançam o solo é denominada *intensidade de insolação* e está diretamente relacionada à altura solar de cada lugar (ver Cap. 3). A região intertropical notabiliza-se pelos mais acentuados valores de insolação do Planeta (Fig. 2.6), enquanto nas regiões polares são registrados os valores mais baixos, em consequência de suas reduzidas alturas solares. A intensidade de insolação apresenta seus maiores valores nas regiões tropicais, por volta dos 20° de latitude em ambos os hemisférios. A região equatorial possui índices inferiores aos tropicais, porque a nebulosidade mais intensa reduz a quantidade de radiação solar que atinge o solo.

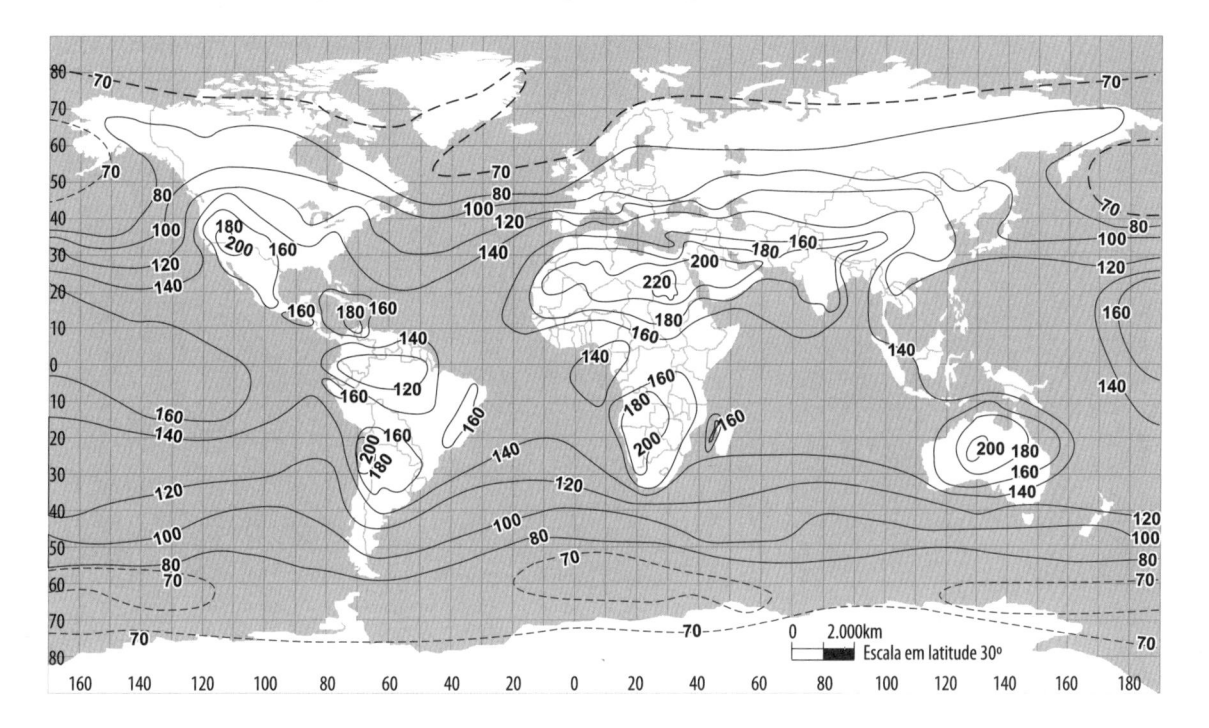

**Fig. 2.6** *Distribuição da intensidade de insolação total anual do Planeta*

## 3 – A INTERAÇÃO DOS ELEMENTOS DO CLIMA COM OS FATORES DA ATMOSFERA GEOGRÁFICA

Para melhor entender os tipos de tempo e os climas dos diferentes pontos da Terra, os conteúdos de Climatologia são comumente abordados a partir dos *elementos climáticos* e dos *fatores do clima* (ou fatores geográficos do clima) que os condicionam, de modo a subsidiar a compreensão das características e da dinâmica da atmosfera sobre os diferentes lugares em sua permanente interação com a superfície.

Os *elementos climáticos* são definidos pelos atributos físicos que representam as propriedades da atmosfera geográfica de um dado local. Os mais utilizados para caracterizar a atmosfera geográfica são a *temperatura, a umidade* e a *pressão,* que, influenciados pela diversidade geográfica, manifestam-se por meio de *precipitação, vento, nebulosidade, ondas de calor e frio,* entre outros.

A grande variação espacial e temporal da manifestação dos elementos climáticos deve-se à ação de *controles climáticos,* também conhecidos como *fatores do clima.* A estes juntam-se os aspectos dinâmicos do meio oceânico e atmosférico, como *correntes oceânicas, massas de ar e frentes,* que, atuando integradamente, irão qualificar os distintos climas da Terra. Os fatores climáticos correspondem àquelas características geográficas estáticas diversificadoras da paisagem, como *latitude, altitude, relevo, vegetação, continentalidade/maritimidade* e *atividades humanas* (Fig. 3.1).

Embora seja habitual considerar os elementos à parte dos fatores climáticos, não se deve tomar com rigidez essa divisão, uma vez que os primeiros agem entre si de forma significativa e, eventualmente, um elemento pode ser ativo no controle de outro, como, por exemplo, a temperatura condicionando a variação da umidade relativa e influenciando os campos barométricos. Da mesma forma, deve-se ter em mente que, dependendo da análise climática que se pretende, o elenco de elementos a ser envolvido pode ser consideravelmente ampliado. Antes de proceder à análise das interações entre os elementos e fatores climáticos individualizadas nos campos térmico (temperatura), higrométrico

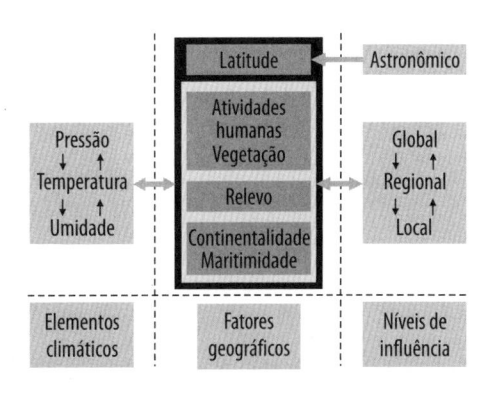

**Fig. 3.1** *Os elementos climáticos e seus fatores geográficos*

(umidade do ar) e barométrico (pressão atmosférica), é necessário examinar os princípios básicos que regem a ação dos fatores sobre os elementos e a relação dos fatores entre si.

A *latitude* é um importante fator climático, pois retrata a ação de alguns condicionantes astronômicos na quantidade de energia que entra no Sistema Superfície-Atmosfera, como:

🌧 *rotação da Terra* sobre seu eixo: a definição da noite e do dia implica uma diferenciação na entrada de energia, considerando os hemisférios diurno/noturno da Terra, em decorrência da maior ou menor duração do dia e da noite associada ao aumento da latitude (Fig. 3.2);

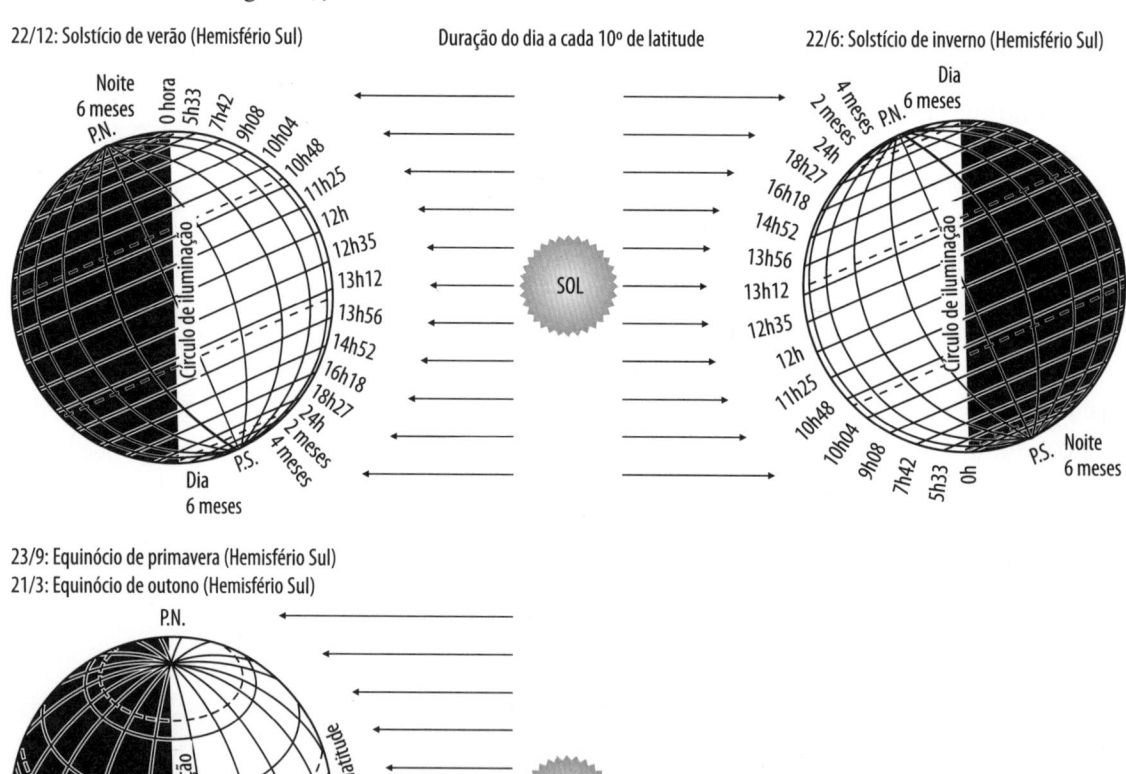

**Fig. 3.2** *Solstícios e equinócios. Os números indicam a duração do dia nos solstícios e nos equinócios em várias latitudes*
Fonte: Strahler, 1971.

🌧 a *inclinação desse eixo* sobre o plano que a Terra descreve em seu movimento ao redor do Sol (eclíptica), limitando a máxima intensidade de energia a uma restrita faixa compreendida entre o Trópico de Capricórnio (23°23' S) e o Trópico de Câncer (23°23' N);

## 3 – A INTERAÇÃO DOS ELEMENTOS DO CLIMA COM OS FATORES DA ATMOSFERA GEOGRÁFICA

- o próprio *movimento de translação*, que promove uma distribuição sazonal da energia solar sobre a Terra, de modo a se ter simultaneamente maior recepção de energia em um hemisfério do que no outro;
- a *distância entre os dois astros*, a *diferença de tamanho* entre eles e a *forma esférica aparente da Terra*, que fazem com que os raios solares atinjam o Planeta paralelamente, de forma que a entrada de energia no topo do SSA seja a mesma em qualquer ponto.

Pode-se resumir as considerações anteriores analisando como a radiação solar que entra no SSA incide sobre a superfície terrestre.

A Fig. 3.3 ilustra a forma de incidência dos raios solares sobre uma dada superfície (isto é, o ângulo formado entre os raios e o chão), para a distribuição de energia no globo. A altura solar não é uma definição puramente teórica e pode ser calculada (tomando-se o horário de 12h locais como referência) com a ajuda de um analema ou anuário astronômico que expresse a declinação do Sol ao longo do ano. A *declinação do Sol* (δ) representa o lugar da Terra em que os raios solares estão incidindo perpendicularmente ou, em outros termos, representa a latitude do lugar (φ) em que a radiação solar incidente está coincidindo com a vertical do lugar ou linha do Zênite – portanto, está a 90° da superfície (como se diz popularmente, o Sol está "a pino"). O local em que tal fato ocorre é chamado de ponto subsolar.

Como mostra a Fig. 3.4, a distância zenital é facilmente determinada com a ajuda da declinação do Sol, isto é, ela será igual ao valor da soma dos ângulos da latitude do lugar (φ) e da declinação do Sol (δ), quando ambas estiverem em hemisférios diferentes; e será igual à subtração, quando φ e δ estiverem no mesmo hemisfério. Assim, a distância zenital será:

$$\Delta Z = \varphi \pm \delta$$

A *latitude do lugar*, como também a *época do ano*, define o ângulo com que os raios do Sol

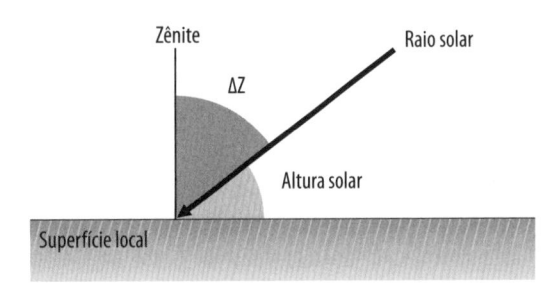

**Fig. 3.3** *Altura solar. O ângulo formado entre o raio solar incidente e a superfície do lugar é definido como altura solar (h). Encontra-se h pela expressão h = 90° − (ΔZ), que está representada na figura. A linha de Zênite é a vertical do lugar e corresponde a uma linha imaginária usada como artifício de cálculo, já que estará sempre a 90° de qualquer superfície*

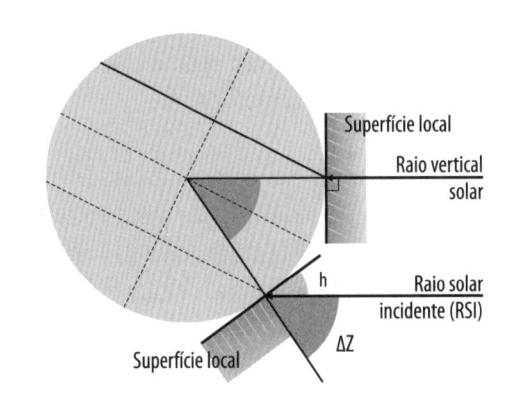

**Fig. 3.4** *Distância zenital. Como o Sol está incidindo verticalmente na latitude do Trópico de Câncer, sua declinação (δ) será 23°27'. O ângulo formado entre RSI e a linha de Zênite (ΔZ – distância zenital) será o mesmo que o formado pela soma da latitude do lugar (35° no exemplo) e a latitude da declinação do Sol (23°27'), o que corresponde a 58°27'. Aplicando-se a fórmula anterior: h = 90° − (58°27'); h = 31°3'*

irão incidir sobre a superfície daquele lugar (às 12h locais), o que implica a disponibilidade de energia de dado local depender do ângulo com que a energia perpassa no SSA (Fig. 3.5). Vale dizer que, quanto mais perpendicularmente incidir um feixe de raios solares, menor será a área da superfície por ele atingida; assim, haverá uma maior concentração de energia por unidade de área do que quando a incidência for oblíqua (Fig. 3.6). Como o processo de transferência de energia da superfície para o ar é o principal responsável por seu aquecimento, a razão de aquecimento do ar será na mesma proporção da intensidade de energia absorvida/retida na superfície.

O gráfico mostrado na Fig. 3.7 ilustra a situação anteriormente descrita ao apresentar a relação entre a distribuição latitudinal média anual da radiação solar absorvida pelo SSA e a radiação terrestre emitida pelo Sistema ao espaço. Em consequência dos elevados valores de altura solar, a faixa latitudinal compreendida entre os paralelos 30° Norte e Sul possui um excedente líquido de energia, ao contrário das duas faixas restantes, onde os raios solares possuem sazonalmente baixos valores ou mesmo não ocorrem, como nos invernos das regiões polares.

Considerando-se uma mesma latitude, o ângulo de incidência da radiação solar varia sazonalmente, de acordo com a posição que a Terra assume em sua órbita ao redor do Sol. Essa variação da altura solar acompanha a marcha aparente que o Sol percorre ao longo da Terra, dada pela declinação solar ($\delta$).

Uma vez que o eixo de rotação da Terra se inclina com um ângulo de 23°27' em relação à vertical ao plano da órbita do Planeta (chamado de eclíptica), e esse eixo aponta sempre para a mesma direção, e, como em cada dia

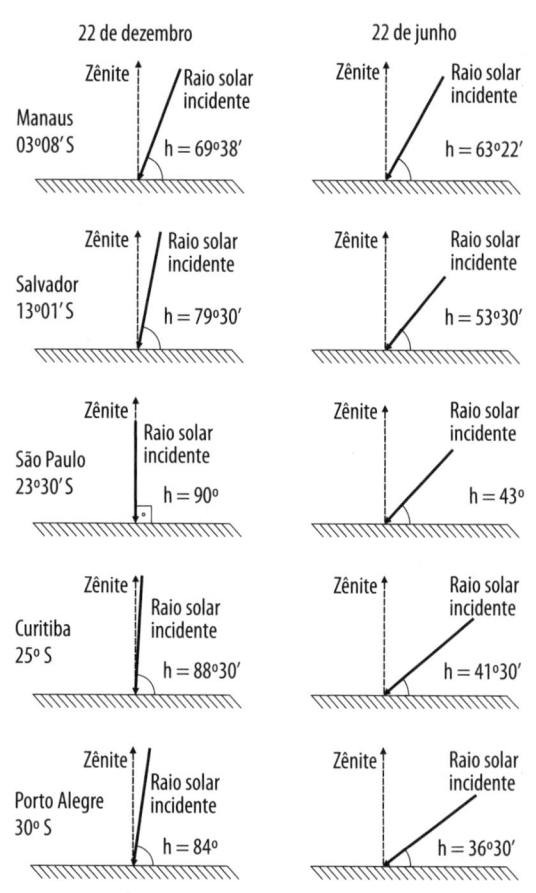

**Fig. 3.5** *Alturas solares simultâneas em várias cidades brasileiras no verão e no inverno. Observe que quanto mais próximo está o local do ponto subsolar (local em que h = 90°), mais próximo à vertical do lugar (linha de Zênite) estará a incidência do raio solar (RSI). É o caso da cidade de São Paulo no dia 21 de dezembro, quando o ponto subsolar coincide com a sua latitude*

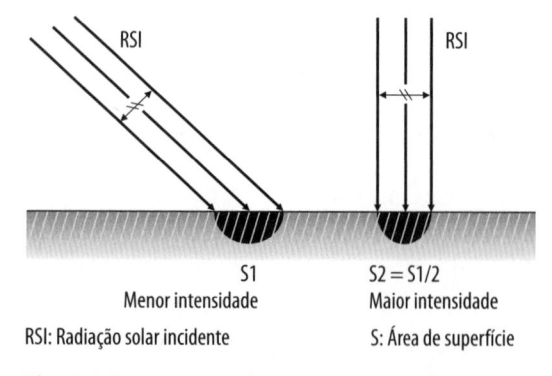

**Fig. 3.6** *Concentração de energia na superfície. Embora o raio solar incidente (RSI) seja de mesma intensidade nos dois casos, a superfície da direita possui menos energia por unidade aérea, uma vez que a incidência oblíqua da RSI promove a distribuição dessa energia por uma área maior*

do ano a Terra encontra-se em determinada posição ao longo dessa órbita, a declinação do Sol estará em seu ponto mais meridional no paralelo de latitude 23°27' S, no dia 21 ou 22 de dezembro.

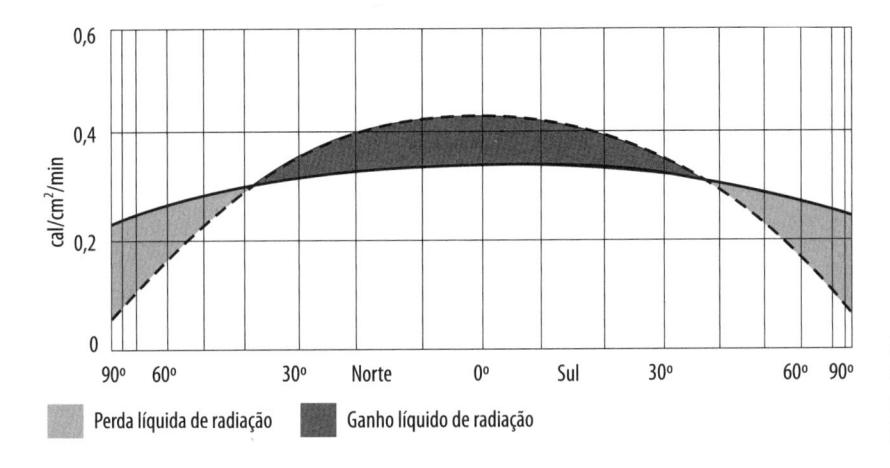

**Fig. 3.7** *Distribuição latitudinal das radiações solar (linha tracejada) e terrestre (linha contínua)*

Essa situação define o paralelo do Trópico de Capricórnio, o início do verão para o hemisfério Sul (HS) e o início do inverno para o hemisfério Norte (HN), que são denominados *dia do solstício de verão* e *dia do solstício de inverno*, respectivamente. Portanto, a concentração de energia nessa época do ano será maior no HS do que no HN, bem como a duração dos dias, uma vez que este hemisfério estará voltado para o Sol, como mostra a Fig. 3.2.

Passados três meses, no dia 20 ou 21 de março, a declinação do Sol estará exatamente sobre o paralelo de latitude que divide a Terra em dois hemisférios – a linha do Equador –, de modo que latitudes correspondentes em cada hemisfério apresentarão a mesma disponibilidade de energia, isto é, $h$ será igual para ambos, sendo a duração do dia igual à duração da noite para qualquer ponto da Terra. Esse dia é definido como *equinócio* e marca o início do outono no HS e o início da primavera no HN.

No dia 21 ou 22 de junho, o Sol estará na sua posição aparente mais setentrional, a 23°27' N, definindo o Trópico de Câncer e o dia do solstício de inverno no HS e de verão no HN, que apresenta agora as condições que o HS apresenta por ocasião de seu solstício de verão.

A posição da Terra em sua órbita, que corresponde ao dia 22 ou 23 de setembro, traz para o HS o início da primavera e para o HN o início do outono, quando $h$ está novamente coincidindo com a linha do Equador, caracterizando mais um equinócio.

Uma vez que fora da faixa Intertropical o Sol nunca coincide com a vertical local ($h = 90°$), a distribuição de energia na Troposfera diferencia-se latitudinalmente, como representam as *zonas climáticas*, condicionadas à distribuição de energia (Fig. 3.8). Tais zonas são definidas pelos paralelos de latitude, em decorrência da energia que cada faixa recebe ao longo do ano, como consequência da posição da Terra em sua órbita ao redor do Sol.

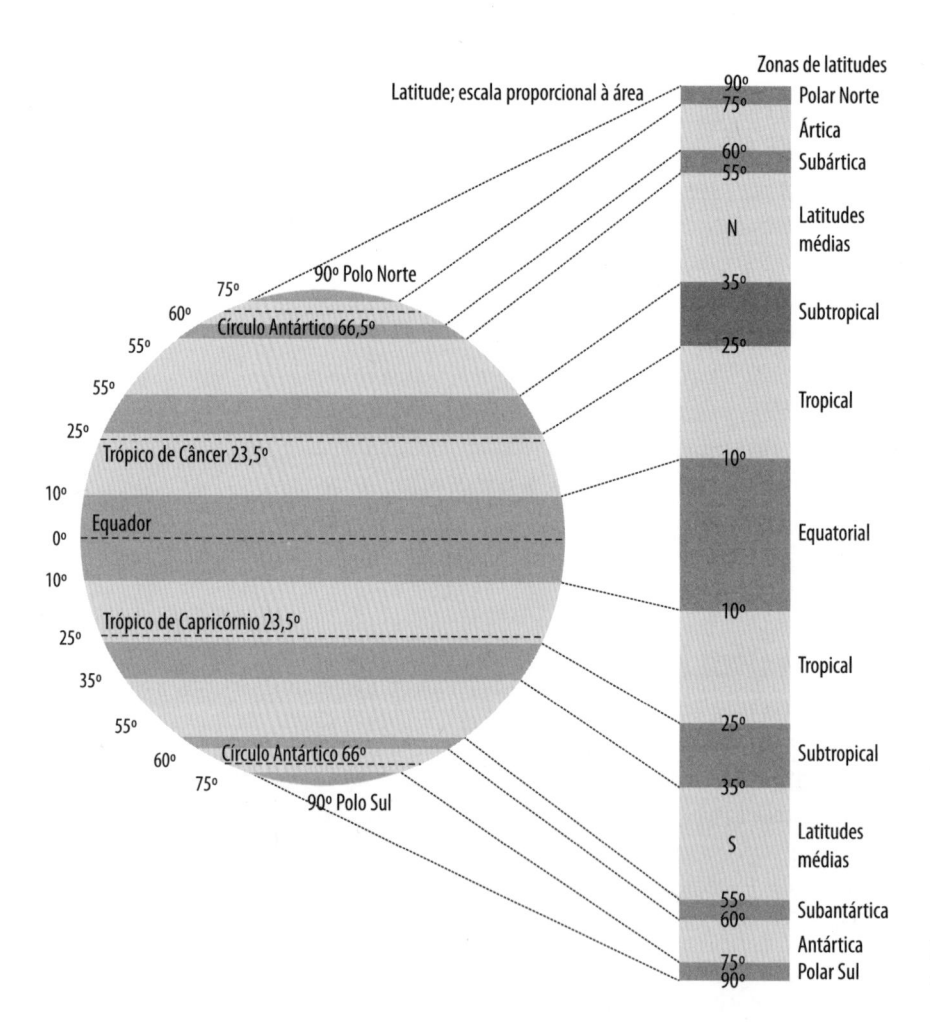

**Fig. 3.8** *Zonas climáticas da Terra*

Outro fator que diversifica os padrões climáticos do globo é o *relevo*, em decorrência de sua variação de altitude, forma e orientação de suas vertentes. No caso de dois lugares com mesma latitude, porém com *altitudes* diferentes, aquele que estiver mais elevado terá sua temperatura diminuída na razão média de 0,6°C para cada 100 m de diferença do local mais baixo. As cidades paranaenses de Curitiba

(900 m de altitude média) e Paranaguá (6 m de altitude média), por exemplo, apresentam, respectivamente, temperaturas médias de 16,5°C e 19,6°C, configurando um gradiente vertical médio de 0,3°C/100 m.

O *relevo* apresenta três atributos importantes na definição dos climas: *posição, orientação de suas vertentes* e *declividade*. A *posição do relevo* favorece ou dificulta os fluxos de calor e umidade entre áreas contíguas. Um sistema orográfico que se disponha latitudinalmente em uma região, como o Himalaia, por exemplo, irá dificultar as trocas de calor e umidade entre as áreas frias do interior da China e aquelas mais quentes da Índia. No caso da Cordilheira dos Andes, por se dispor no sentido dos meridianos, não impede que as massas polares atinjam o norte da América do Sul e nem que as equatoriais cheguem ao sul do Brasil (Fig. 3.9); entretanto, inibem a penetração da umidade proveniente do Pacífico para o interior do continente.

Nas zonas mais carentes de energia solar (latitudes extratropicais), a *orientação do relevo* em relação ao Sol irá definir as vertentes mais aquecidas e mais secas, e aquelas mais frias e mais úmidas. No hemisfério Sul, por exemplo, as vertentes mais quentes serão aquelas voltadas para o Norte, pois, nesse hemisfério, o Sol estará sempre no horizonte Norte, deixando à sombra as vertentes voltadas para o horizonte Sul.

As regiões de superfície ondulada terão o fator *declividade* modificando a relação superfície/radiação incidente, como mostra a Fig. 3.10. Além de depender da forma como a energia entra no SSA, a absorção dos raios solares por uma dada superfície dependerá também das características físicas que ela apresenta, isto é, do *tipo de cobertura* que possui, podendo seu estudo ser organizado em coberturas *vegetadas* e *não vegetadas*.

A *vegetação* desempenha um papel regulador de umidade e de temperatura extremamente importante. Nas áreas florestadas, por exemplo, observa-se que as temperaturas serão inferiores às das áreas vizinhas com outro tipo de cobertura –

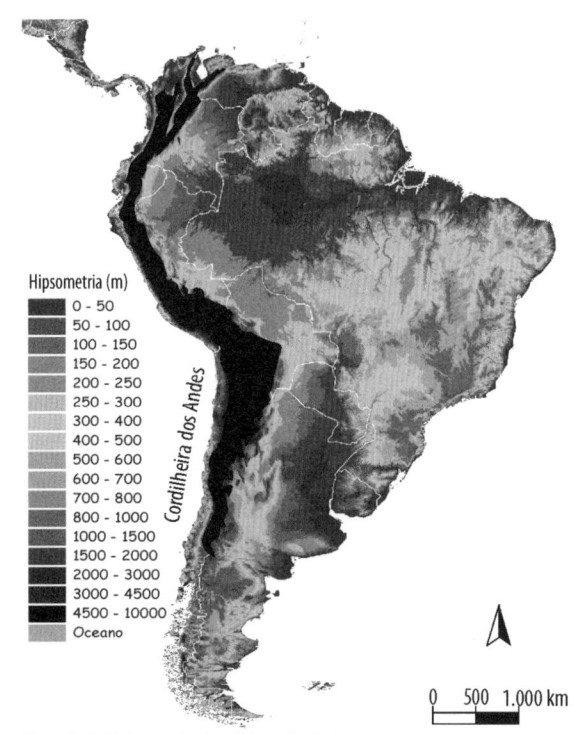

**Fig. 3.9** *Relevo da América do Sul*
Fonte: SRTM – Org. por Eduardo V. de Paula.

como campo, por exemplo, uma vez que as copas, os troncos e os galhos das árvores atuam como barreira à radiação solar direta, diminuindo a disponibilidade de energia para aquecer o ar.

O manto de matéria orgânica formado pelas folhas, frutos e galhos mortos sob as árvores (denominado de serrapilheira), aliado à ação das raízes no solo, bem como a diminuição do impacto das gotas de chuva, devido à ação das árvores, permitem que os processos de infiltração d'água no solo sejam mais eficientes. Com isso, há o aumento da capacidade do solo de transmitir o calor absorvido, retardando o tempo de aquecimento do ar.

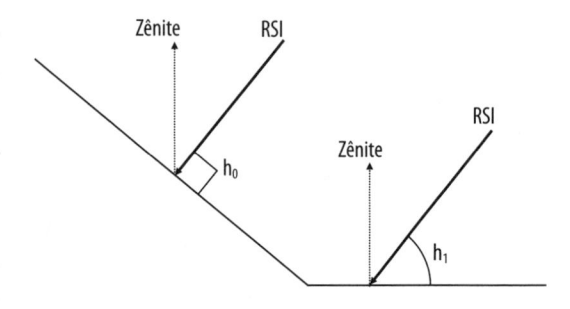

**Fig. 3.10** *Altura solar (h) e declividade. Para uma mesma radiação solar incidente – RSI (h = 45º), a concentração de energia na vertente será maior, pois devido à declividade do terreno, o Sol estará incidindo com um ângulo de 90º, concentrando, assim, mais energia na vertente do que na planície, onde a incidência se dá a 45º*

Com o aumento da infiltração d'água e consequente diminuição do escoamento superficial, o ar das superfícies florestadas tem à sua disposição mais água para ser usada nos processos de evaporação e evapotranspiração, o que o torna mais úmido e mais frio.

Os processos de troca de energia e umidade entre o solo e o ar são mais diretos e efetivos nas superfícies marcadas pela ausência de vegetação, como desertos e rochas aflorantes. Nas áreas urbanizadas, esses processos assumem ampla complexidade, em decorrência da diversidade espacial que as superfícies urbanas apresentam e da dinâmica das atividades desenvolvidas nas cidades.

Assim, as diferentes feições dos *espaços intraurbanos* geram processos com intensidades distintas de aquecimento da camada de ar em que se inserem, resultando na ocorrência de campos térmicos bem demarcados em seu interior, identificados por ilhas térmicas (frescas e de calor). Contribuem de forma significativa para a geração das ilhas de calor, devido ao calor sensível liberado para o ar pelas atividades de produção, notadamente industriais, de transporte, lazer e do cotidiano das populações das cidades.

Os *mares e oceanos (maritimidade)* são fundamentais na ação reguladora da temperatura e da umidade dos climas. Além de servirem como principais fornecedores de água para a Troposfera, controlam a distribuição de energia entre oceanos e continentes.

Ao contribuírem para a troca de energia entre pontos distantes da Terra, as correntes oceânicas interagem com a dinâmica das massas de ar, definindo áreas secas e áreas chuvosas. Isso porque as águas frias superficiais induzem o ar a se resfriar, inibindo a formação de nuvens e, consequentemente, a ocorrência de chuvas. Assim, os locais costeiros banhados por correntes frias têm tendência a clima seco. As águas quentes superficiais, por sua vez, ao aquecerem o ar, possibilitam a ocorrência de correntes ascendentes de ar, permitindo a formação de nuvens e chuvas, o que leva as áreas banhadas por correntes marinhas quentes a apresentarem clima úmido.

Atualmente, com a contribuição das imagens de satélites meteorológicos e com os programas de monitoramento do ar e do mar em escala mundial, passou-se a compreender melhor a extensão da interação dos oceanos com a atmosfera no controle da dinâmica da Troposfera, responsável por eventos como o El Niño, entre outros, que serão abordados no Cap. 7.

O aquecimento diferenciado das águas oceânicas e das superfícies dos continentes, mais lento nas primeiras devido à sua maior capacidade de reter calor, favorece a redução das amplitudes térmicas diárias das áreas sob influência da circulação marítima. O mecanismo de formação das brisas oceânica e continental, apresentado mais adiante, favorece a mistura do ar, reduzindo, assim, os contrastes diários de temperatura, expressos por baixas amplitudes térmicas nessas áreas costeiras.

Da mesma forma que a maritimidade, o efeito da *continentalidade* sobre os climas se manifesta especialmente na temperatura e na umidade relativa. A continentalidade de um lugar é dada pelo seu distanciamento dos oceanos e mares, que deixam de exercer de forma direta as ações apresentadas anteriormente. Na ausência dos efeitos amenizadores dos oceanos sobre as temperaturas, o aquecimento/resfriamento das superfícies continentais ocorre de forma mais rápida e com menor participação da umidade do ar, de modo que, além de serem mais secos, tais locais apresentam amplitudes térmicas diárias acentuadas.

### 3.1 O campo térmico: a temperatura do ar

A temperatura do ar é a medida do calor sensível nele armazenado, comumente dada em graus Celsius ou Fahrenheit e medida por termômetros. A equivalência de um dado valor de temperatura entre as duas escalas é feita pelas fórmulas a seguir. Para atividades de campo, pode-se fazer a conversão rápida de Fahrenheit para Celsius, subtraindo-se 32 do valor de temperatura e dividindo-se o resultado por 1,8.

$$C = 5/9 \ (F - 32) \quad e \quad F = 9/5 \ C + 32$$

Em termos temporais, trabalha-se com valores de temperatura do ar em tempo instantâneo, real, valores médios, máximos, mínimos ou ainda valores normais. O primeiro refere-se à temperatura medida em determinado momento e reflete o calor presente no ar naquele momento; o tempo real refere-se à temperatura instantânea no presente momento. O terceiro termo trata de médias estatísticas da série temporal considerada, tendo habitualmente como referência a temperatura compensada média diária, obtida nas estações meteorológicas do Instituto Nacional de Meteorologia (INMET) pela fórmula:

$$T = (T_{9h} + 2 \times T_{21h} + T_{máx.} + T_{mín.})/5$$

As temperaturas máxima ($T_{máx}$) e mínima ($T_{mín}$) correspondem, respectivamente, ao maior e menor valor registrado no período considerado; ou seja, máxima/mínima pode ser diária, semanal, mensal, sazonal, anual ou decenal; a diferença entre elas, isto é, entre a máxima e a mínima, constitui a *amplitude térmica*. Porém, a fórmula acima só é utilizada para a média diária.

Os *valores normais de temperatura* referem-se às médias de 30 anos e são habitualmente utilizados como uma das referências para a caracterização térmica dos climas. A Tab. 3.1 apresenta os valores normais mensais, sazonais e anuais das temperaturas médias de algumas cidades brasileiras, assim como sua posição geográfica.

### 3.1.1 A variação temporal da temperatura

A variação temporal da temperatura do ar de determinado lugar é decorrente de dois aspectos principais:

🌧 acompanha as trajetórias diária e anual aparentes do Sol, que definem a quantidade de energia disponível no Sistema Superfície-Atmosfera para ser utilizada em seu aquecimento, de acordo com as interações das feições geográficas locais e com a dinâmica de atuação dos sistemas atmosféricos (variações diárias e anuais da temperatura, respectivamente);

🌧 resulta das variações interanuais de temperatura, expressas pelos parâmetros de tendência e de oscilações térmicas.

## 3 – A INTERAÇÃO DOS ELEMENTOS DO CLIMA COM OS FATORES DA ATMOSFERA GEOGRÁFICA

**Tab. 3.1** Normais de temperatura média compensada das capitais brasileiras

| Local | Período | Jan. | Fev. | Ver. | Mar. | Abr. | Mai. | Out. | Jun. | Jul. | Ago. | Inv. | Set. | Out. | Nov. | Prim. | Dez. | Ano |
|---|---|---|---|---|---|---|---|---|---|---|---|---|---|---|---|---|---|---|
| Manaus | 31-60 | 25,9 | 25,8 | 26,1 | 25,8 | 26,8 | 26,4 | 26,3 | 26,6 | 26,9 | 27,6 | 27 | 27,9 | 27,7 | 27,3 | 27,6 | 26,7 | 26,7 |
| 03°08'; 60°01' | 61-90 | 26,1 | 26 | 26,2 | 26,1 | 28,3 | 28,3 | 27,6 | 26,4 | 26,6 | 27 | 26,6 | 27,6 | 27,8 | 27,3 | 27,6 | 26,6 | 26,7 |
| Rio Branco | 31-60 | | | | | | | | | | | | | | | | | |
| 03°58'; 67°48' | 61-90 | 25,3 | 25,4 | 25,6 | 25,5 | 26,3 | 24,5 | 28,1 | 23,2 | 23,4 | 24,3 | 23,6 | 25,2 | 25,7 | 25,7 | 26,6 | 26,8 | 24,9 |
| Porto Velho | 31-60 | | | | | | | | | | | | | | | | | |
| 08°48'; 63°05' | 61-90 | 25 | 25,5 | 26,3 | 25,7 | 25,5 | 24,9 | 26,4 | 23,5 | 24 | 25 | 24,2 | 25,6 | 25,8 | 25,7 | 26,7 | 25,5 | 25,2 |
| Belém | 31-60 | 25,6 | 25,5 | 25,8 | 25,4 | 25,7 | 26 | 25,7 | 28 | 25,9 | 26 | 26 | 26 | 28,2 | 28,5 | 26,2 | 26,3 | 25,9 |
| 01°27'; 48°28' | 61-90 | 26,6 | 24,5 | 25,7 | 25,5 | 26,7 | 25,9 | 26 | 25,9 | 25,8 | 26 | 26,9 | 26,1 | 26,4 | 26,4 | 25,8 | 25,1 | 25,9 |
| Macapá | 31-60 | | | | | | | | | | | | | | | | | |
| 00°02'; 50°03' | 61-90 | 26 | 25,7 | 26,2 | 25,7 | 25,9 | 26,1 | 25,9 | 26,2 | 26,1 | 26,8 | 26,4 | 27,5 | 27,9 | 27,7 | 27,7 | 27 | 28,6 |
| São Luís | 31-60 | 26,6 | 26,4 | 26,8 | 28,3 | 28,3 | 28,3 | 26,3 | 28,4 | 28,2 | 26,8 | 28,4 | 27 | 27,2 | 27,3 | 27,2 | 27,2 | 26,7 |
| 02°32'; 44°18' | 61-90 | 26,1 | 25,7 | 28,2 | 25,8 | 25,8 | 25,9 | 25,8 | 25,9 | 25,7 | 26 | 25,9 | 26,4 | 26,6 | 27 | 26,7 | 25,6 | 26,1 |
| Teresina | 31-60 | 27,2 | 28,5 | 27,3 | 26,2 | 26,3 | 26,6 | 26,4 | 28,4 | 28,5 | 27,8 | 28,6 | 29,1 | 29,5 | 29,2 | 29,3 | 28,2 | 27,4 |
| 05°03'; 42°48' | 61-90 | 26,7 | 23,6 | 26,1 | 25,9 | 26,3 | 26,1 | 25,1 | 24 | 26 | 26,7 | 26,2 | 28,4 | 29 | 28,7 | 28,7 | 28 | 26,5 |
| Fortaleza | 31-60 | 27,2 | 27,2 | 27,2 | 26,8 | 26,8 | 26,7 | 26,8 | 28,1 | 26 | 28 | 26 | 26,4 | 26,8 | 26,9 | 26,7 | 27,2 | 26,7 |
| 03°46'; 38°38' | 61-90 | 27,3 | 26,7 | 27,1 | 28,3 | 28,5 | 26,3 | 28,4 | 25,9 | 25,7 | 26,1 | 25,9 | 26,6 | 27 | 27,2 | 26,9 | 27,3 | 26,6 |
| João Pessoa | 31-60 | 26,6 | 26,8 | 26,6 | 26,8 | 26,3 | 25,3 | 26,1 | 24,3 | 23,7 | 23,7 | 23,9 | 24,7 | 25,6 | 26,1 | 25,5 | 26,4 | 25,5 |
| 07°05'; 34°52' | 61-90 | 25,8 | 25,2 | 25 | 28,2 | 25,5 | 27 | 26,8 | 26,2 | 23,7 | 26,4 | 26,1 | 27,5 | 27,7 | 27 | 27,4 | 24,1 | 26,1 |
| Recife | 31-60 | 27 | 27,1 | 26,9 | 27 | 26,6 | 25,6 | 26,4 | 24,7 | 24,2 | 24,2 | 24,4 | 25 | 25,9 | 26,4 | 23,8 | 26,7 | 25,9 |
| 08°03; 34°55' | 61-90 | 26,6 | 26,6 | 26,6 | 26,5 | 25,9 | 25,2 | 25,9 | 24,5 | 24 | 23,9 | 24,1 | 24,6 | 25,5 | 26,9 | 25,3 | 26,3 | 25,5 |
| Maceió | 31-60 | 28,5 | 26,7 | 26,9 | 28,8 | 26,1 | 25,3 | 26 | 24,3 | 23,7 | 23,7 | 23,8 | 24,6 | 25,3 | 25,9 | 25,2 | 28,3 | 26,4 |
| 09°40'; 35°42' | 61-90 | 28,2 | 26,3 | 26,8 | 25,3 | 25,9 | 25,1 | 26,4 | 24,3 | 23,7 | 23,6 | 23,8 | 23,9 | 24,1 | 24,4 | 24,1 | 24,8 | 24,8 |
| Salvador | 31-60 | 26 | 26,3 | 26 | 26,3 | 25,8 | 24,8 | 25,6 | 23,8 | 23 | 22,9 | 23,2 | 23,6 | 24,5 | 25,2 | 24,4 | 25,6 | 24,8 |
| 13°01'; 36°31' | 61-90 | 26,5 | 28,6 | 26,4 | 28,7 | 25,2 | 25,2 | 25,7 | 24,3 | 23,6 | 23,7 | 23,9 | 24,2 | 25 | 25,5 | 24,8 | 26 | 25,2 |
| Natal | 31-60 | 27,2 | 27,3 | 27,2 | 27,3 | 26,7 | 26 | 26,7 | 24,9 | 24,4 | 24,6 | 24,6 | 25,5 | 28,3 | 28,2 | 26 | 27 | 26,2 |
| 05°46'; 35°12' | 61-90 | | | | | | | | | | | | | | | | | |
| Aracaju | 31-60 | 26,5 | 26,8 | 26,5 | 26,9 | 26,4 | 25,4 | 26,2 | 24,5 | 23,9 | 23,7 | 24 | 24,5 | 25,4 | 26,8 | 26,2 | 26,2 | 26,6 |
| 10°55'; 37°03' | 61-90 | 27 | 27,1 | 26,8 | 27,2 | 26,8 | 26 | 26,7 | 25,1 | 24,6 | 24,5 | 24,7 | 25,1 | 25,8 | 26,1 | 26,7 | 28,4 | 28 |
| Belo Horizonte | 31-60 | 22,6 | 22,9 | 22,4 | 22,3 | 21,1 | 19,1 | 20,8 | 18 | 17,7 | 19 | 18,2 | 20,8 | 24,6 | 21,7 | 22,3 | 21,6 | 20,7 |
| 19°58'; 43°58' | 61-90 | 22,8 | 23,2 | 22,7 | 23 | 21,1 | 19,8 | 21,3 | 18,5 | 18,1 | 19 | 18,5 | 21 | 21,8 | 22,2 | 21,7 | 22,2 | 21,1 |

| Local | Período | Jan. | Fev. | Ver. | Mar. | Abr. | Mai. | Out. | Jun. | Jul. | Ago. | Inv. | Set. | Out. | Nov. | Prim. | Dez. | Ano |
|---|---|---|---|---|---|---|---|---|---|---|---|---|---|---|---|---|---|---|
| Vitória 20°19'; 40°20' | 31-60 | 27,5 | 26 | 26,5 | 25,7 | 24,3 | 22,9 | 24,3 | 21,9 | 21 | 21,4 | 21,4 | 22,2 | 23 | 23,7 | 23 | 24,7 | 23,5 |
| | 61-90 | 28,3 | 26,9 | 26,2 | 26 | 525,2 | 23,7 | 26,1 | 22,5 | 21,2 | 22,2 | 22 | 22,6 | 23,5 | 24,5 | 23,6 | 25,4 | 24,2 |
| Rio de Janeiro 22°55'; 43°10' | 31-60 | 25,9 | 26,1 | 25,6 | 25,5 | 23,9 | 23,3 | 24,2 | 21,3 | 20,7 | 21,1 | 21 | 21,6 | 22,3 | 23,1 | 22,3 | 24,6 | 23,2 |
| | 61-90 | 26,2 | 26,5 | 26 | 26 | 24,5 | 23 | 24,5 | 21,5 | 21,3 | 21,8 | 21,5 | 21,8 | 22,8 | 24,2 | 22,8 | 25,2 | 23,7 |
| São Paulo 23°30'; 46°37' | 31-60 | 21,6 | 21,7 | 21,2 | 20,8 | 18,7 | 18,9 | 18,8 | 15,6 | 14,6 | 18,2 | 16,6 | 17,3 | 18,6 | 19,2 | 18,4 | 20,2 | 18,4 |
| | 61-90 | 22,1 | 22,4 | 21,9 | 21,7 | 19,7 | 17,6 | 19,7 | 16,5 | 15,8 | 17,1 | 16,5 | 17,8 | 19 | 20,3 | 18 | 21,1 | 19,3 |
| Curitiba 22°25'; 49°15' | 31-60 | 20,1 | 20,1 | 19,7 | 19,2 | 16,8 | 14,5 | 16,8 | 13,2 | 12,5 | 14 | 13,2 | 14,8 | 16,6 | 17,4 | 16,3 | 18,9 | 16,8 |
| | 61-90 | 19,6 | 19,9 | 19,6 | 19 | 16,7 | 14,6 | 16,8 | 12,2 | 12,6 | 14 | 13 | 15 | 16,5 | 18,2 | 16,6 | 19,3 | 16,5 |
| Florianópolis 27°35'; 48°34' | 31-60 | 24,4 | 24,3 | 23,8 | 23,8 | 21,3 | 19,3 | 21,6 | 17,6 | 16,5 | 18,6 | 17 | 17,8 | 19,3 | 20,8 | 19,3 | 22,8 | 20,4 |
| | 61-90 | 24,3 | 24,7 | 23,8 | 23,7 | 21,7 | 18,5 | 21,2 | 16,7 | 16,3 | 16,9 | 16,6 | 17,5 | 19,6 | 21,6 | 19,5 | 22,5 | 20,3 |
| Porto Alegre 30°01'; 51°13' | 31-60 | 24,1 | 24,5 | 24,2 | 23,3 | 19,7 | 17,1 | 20 | 15 | 14,3 | 15,3 | 14,9 | 16,8 | 19,1 | 21,3 | 19,1 | 23,4 | 19,5 |
| | 61-90 | 24,6 | 24,7 | 24,2 | 23,1 | 20,1 | 18,8 | 20 | 14,3 | 14,5 | 15,3 | 14,7 | 16,8 | 19,2 | 21,3 | 19,1 | 23,2 | 19,6 |
| Campo Grande 20°27'; 54°37' | 31-60 | 24,3 | 24,2 | 24,3 | 23,6 | 22 | 20,3 | 22 | 19,3 | 19,1 | 21,1 | 19,6 | 22,8 | 23,5 | 24 | 23,4 | 24,6 | 22,4 |
| | 61-90 | 24,4 | 24,4 | 24,4 | 24 | 23,1 | 20,4 | 22,5 | 19,1 | 19,3 | 21,8 | 20,1 | 22,6 | 24,1 | 24,3 | 23,7 | 24,3 | 22,7 |
| Cuiabá 15°33'; 58°07' | 31-60 | 25,6 | 26,5 | 26,6 | 26,2 | 25,5 | 24,3 | 25,3 | 23,2 | 22,8 | 25 | 23,7 | 27 | 27,2 | 26,8 | 27 | 26,6 | 25,6 |
| | 61-90 | 26,7 | 25,3 | 26,2 | 26,6 | 26,1 | 24,6 | 26,7 | 23,5 | 22 | 24,7 | 23,4 | 26,6 | 27,4 | 27,2 | 27,1 | 28,6 | 26,6 |
| Brasília 15°47'; 47°58' | 31-60 | | | | | | | | | | | | | | | | | |
| | 61-90 | 21,8 | 21,8 | 21,6 | 22 | 21,4 | 20,2 | 21,2 | 19,1 | 19,1 | 21,2 | 18,8 | 22,5 | 22,1 | 21,7 | 22,1 | 21,6 | 21,2 |
| Goiânia 16°40'; 49°15' | 31-60 | 22,8 | 23 | 22,8 | 22,6 | 22,2 | 20,4 | 21,8 | 18,9 | 18,9 | 21,2 | 19,6 | 23,2 | 23,6 | 23 | 23,3 | 22,7 | 21,9 |
| | 61-90 | 23,8 | 23,8 | 23,7 | 23,9 | 23,6 | 22,1 | 23,2 | 20,8 | 20,8 | 22,9 | 21,6 | | 24,8 | 24 | 24,3 | 23,5 | 23,2 |

Fonte: Ministério da Agricultura e Reforma Agrária. Departamento Nacional de Meteorologia; Normais Climatológicas 1931-1960 e 1961-1990.

A Fig. 3.11 mostra esquematicamente a variação diuturna da temperatura do ar, em um dia de equinócio (duração do dia igual à da noite), sem nebulosidade e ventos. O período da manhã é caracterizado pelo acelerado aquecimento do ar que se inicia com o nascer do Sol e decorre, preferencialmente, da perda de energia da superfície por processos de emissão e condução de calor sensível.

Embora o Sol esteja mais elevado no horizonte às 12h locais, somente por volta das 14h é que ocorrerá a *temperatura máxima do dia*. As duas horas de defasagem entre a máxima quantidade de energia

## 3 – A INTERAÇÃO DOS ELEMENTOS DO CLIMA COM OS FATORES DA ATMOSFERA GEOGRÁFICA

recebida pela superfície e a máxima temperatura registrada no ar são necessárias para o processamento dos fluxos máximos de energia que tramitam no SSA.

Apesar de os processos de aquecimento e resfriamento da superfície serem simultâneos durante a manhã e à tarde, há, por parte da superfície, um ganho de energia pela presença do Sol, que, ao se pôr, faz com que passe a predominar a perda de energia do solo para o ar, e desse para o espaço. Essa perda pode ser retratada pelo rebaixamento dos valores de temperatura, que é iniciado à noite e tem seu valor mínimo momentos antes do nascer do Sol (*temperatura mínima do dia*). Tal situação pode ser evidenciada no exemplo da Fig. 3.12, que apresenta simultaneamente as curvas de temperatura do ar e do solo.

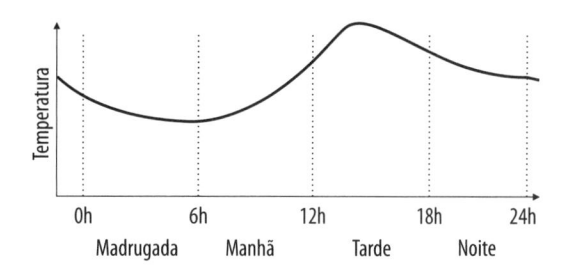

**Fig. 3.11** *Variação diuturna da temperatura do ar*

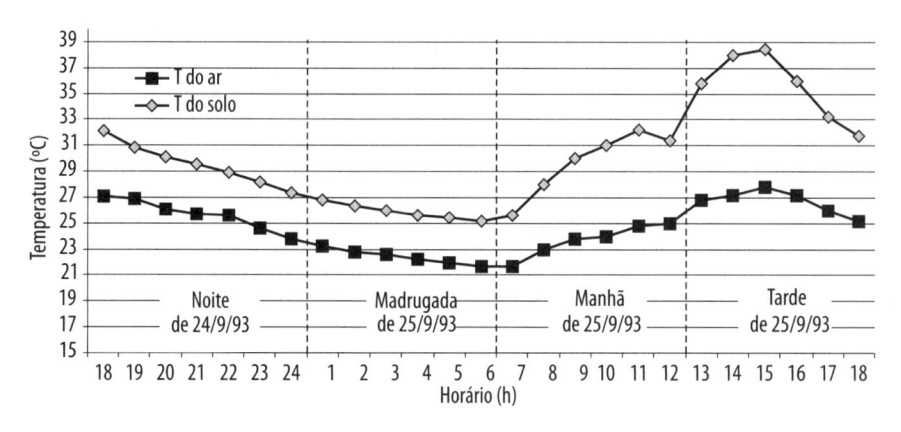

**Fig. 3.12** *Variação diuturna da temperatura do ar e do solo. Dados de Rondonópolis (MT) dos dias 24 e 25/9/93 Fonte: SETTE, 1996.*

No exemplo de Rondonópolis (Fig. 3.12), a temperatura mínima do ar, no dia 25/9/93, ocorreu às 6h e se manteve até às 7h com o valor de 21,7°C. A máxima ocorreu às 15h, alcançando 27,8°C. A pequena queda de temperatura do solo de 0,8°C deve-se, possivelmente, ao sombreamento momentâneo da radiação direta do Sol por nuvem ou alguma barreira no terreno.

O padrão da variação diária da temperatura pode ser significativamente alterado pela presença de nebulosidade e vento, por exemplo. No primeiro caso, as nuvens diminuem a penetração de radiação solar direta durante o dia e retêm parte da radiação de onda longa emitida pela Terra durante a noite e possibilitam uma maior contrarradiação, que tende a diminuir a amplitude entre as temperaturas máximas e mínimas. No segundo, a ação do vento redistribui o calor presente no ar, à medida que promove a troca de ar entre os locais.

No decorrer do ano, a incidência dos raios solares sobre a superfície de um lugar muda de ângulo de acordo com a posição em que se encontra a Terra em sua órbita ao redor do Sol, o que leva a disponibilizar quantidades diferentes de energia para o aquecimento do ar em cada época do ano, além de diferenciar a entrada de energia solar de uma latitude a outra.

As latitudes baixas, em que a variação da altura solar é pequena e as massas de ar polares raramente chegam, caracterizam-se por fracas amplitudes térmicas anuais, tomadas entre o mês mais quente e o mais frio. Contrariamente, nas latitudes mais elevadas, a passagem das estações repercute na diferenciação das temperaturas do ar ao longo do ano.

Localidades como Manaus e Belém não têm estação térmica definida, uma vez que a variação anual da temperatura do ar é pequena, e as estações são estabelecidas pela distribuição das chuvas. Ao contrário, em Curitiba e Porto Alegre, o inverno é marcado pelo rebaixamento de temperatura e o verão, por sua elevação, como consequência das feições geográficas e da localização, associadas ao controle das massas de ar que dominam o clima de tais localidades (ver Tab. 3.1).

### 3.1.2 A variação espacial da temperatura

O ar sobre os continentes se aquece de forma distinta daquele sobre os oceanos e mares, em razão do modo como a energia solar é processada pela água e pelo solo. Semitransparente à penetração da luz solar e de baixo albedo, a água aquece-se e resfria-se mais lentamente do que o solo.

Durante o dia, a radiação solar que não foi refletida penetra no oceano e é absorvida pela água ao longo de sua trajetória. Nessa fase, as trocas de calor entre o ar e a água são mais lentas do que com o solo, opaco à luz e de albedo relativamente elevado. Dessa forma, durante o dia, o ar sobre o continente será mais aquecido do que aquele sobre o oceano. À noite, essa situação se inverte, porque ao longo do dia o oceano armazenou mais energia que o continente, resultando no aquecimento mais intenso do ar que o recobre. Tais diferenças de aquecimento são responsáveis pelos mecanismos de brisas que se estabelecem nas costas continentais, lacustres e ribeirinhas.

A variação da densidade da água dos mares e oceanos (variável com a salinidade e a temperatura das águas), associada aos sistemas de ventos que agem sobre eles, geram correntes marítimas que promovem a distribuição de energia nos oceanos, influenciando a variação da temperatura da atmosfera.

Como consequência da migração norte-sul do Equador térmico ao longo do ano, além das características de aquecimento dos oceanos e continentes, a distribuição espacial da temperatura do ar no globo assume padrões distintos nos meses representativos de verão e inverno (janeiro e julho, respectivamente, para o hemisfério Sul), como mostra a Fig. 3.13.

As temperaturas do ar representadas no mapa-múndi têm seus valores ajustados à superfície do mar, uma vez que as diferenças de altitude do relevo continental modificariam o desenho das isotermas, de forma a mascarar o efeito da latitude na distribuição da temperatura.

O padrão preferencial E-W apresentado pelo desenho das isotermas em ambos os hemisférios é regido pela distribuição sazonal de energia solar no globo. No entanto, há uma marcante diferença no comportamento geral da temperatura entre os dois hemisférios e entre os oceanos e continentes neles presentes.

O gradiente de temperatura de inverno no hemisfério Norte é mais acentuado que o do hemisfério Sul, devido àquele apresentar superfície continental mais extensa. Em ambos os hemisférios, o traçado das isotermas nos continentes apresenta uma mudança de direção mais acentuada do que nos oceanos, porque os continentes são mais eficientes (rápidos) do que os oceanos nos processos de aquecimento e resfriamento do ar. Nestes últimos, as correntes oceânicas quentes e frias contribuem também para moldar o traçado das isotermas na zona costeira.

No território brasileiro, o padrão latitudinal das isotermas é alterado devido ao aprofundamento do Equador térmico para o interior do continente sul-americano que, associado aos efeitos do relevo nacional sobre a temperatura, faz prevalecer um padrão mais longitudinal no traçado das isotermas. O gradiente térmico de inverno é mais acentuado do que o de verão porque, embora seu território atinja a latitude de 33°45' S, onde o inverno é bem demarcado pelo rebaixamento de temperatura, há uma predominância de terras em faixa

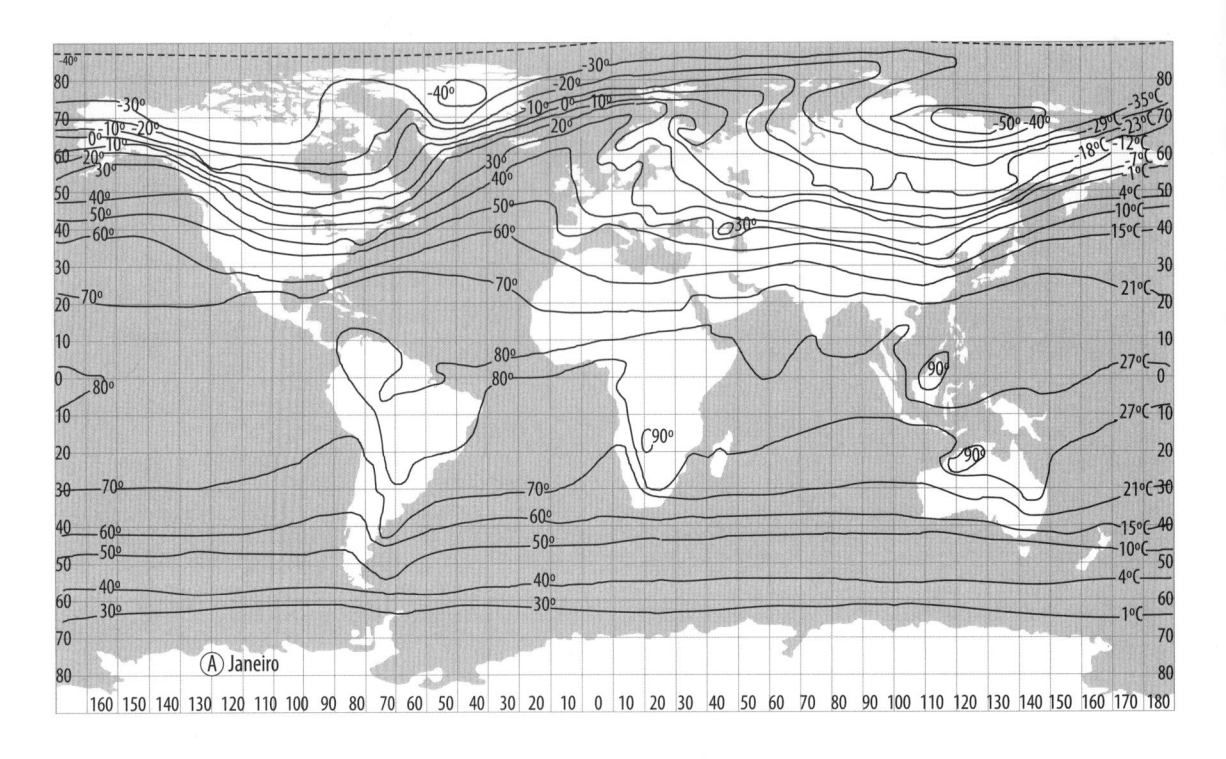

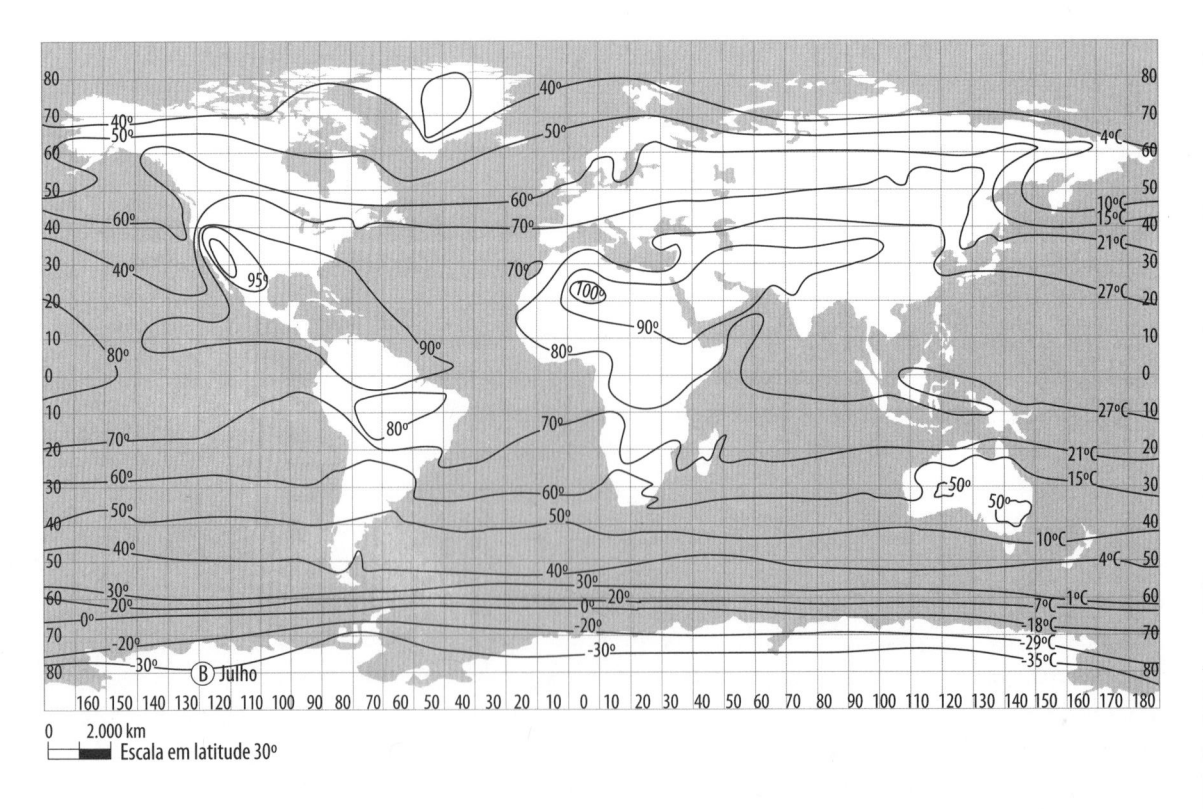

**Fig. 3.13** *Temperatura média do ar em janeiro (A) e em julho (B). Valores de temperatura à esquerda em °F e valores à direita em °C*

tropical (95%). Isso leva o País a ter, em termos médios mensais, uma migração sazonal das isotermas, favorecendo uma maior abrangência de atuação dos valores mais elevados representativos de verão (isoterma de 26°C, por exemplo) do que aqueles mais baixos de inverno (16°C). No entanto, conforme será visto no Cap. 6, em invernos mais rigorosos, em que as massas polares conseguem atingir os setores mais setentrionais do País, como os Estados do Amazonas e Pará, as temperaturas sofrem considerável rebaixamento para a região (em torno de 14 a 18°C), constituindo o que localmente é chamado de friagem.

### 3.1.3 A variação vertical da temperatura do ar

O gradiente vertical médio da Troposfera é de 0,6°C/100 m, o que significa que o ar nessa camada apresenta uma relação de resfriamento com a altitude na ordem de 0,6°C a cada 100 m de elevação. Existem situações, entretanto, que provocam uma inversão desse comportamento, gerando o fenômeno *inversão térmica*, isto é, ao invés de resfriar-se com a altitude, o ar passa a se aquecer, invertendo o perfil da curva de temperatura, como mostram os esquemas da Fig. 3.14.

Uma das características das inversões de temperatura é que elas dificultam a mistura vertical do ar, uma vez que o ar frio, mais pesado, encontra-se abaixo do ar quente, mais leve. Dessa forma, elas tornam-se especialmente prejudiciais quando ocorrem em áreas urbano-industriais, porque tendem a dificultar a dispersão de poluentes gerados pelas atividades que nelas se desenvolvem e, também, a intensificar a magnitude de ilhas de calor.

As inversões podem ser de superfície, quando produzidas próximo ao solo, ou de altitude, quando ocorrem em níveis mais afastados do solo. Seus nomes são comumente relacionados às situações que as originam:

- *Inversão de superfície por radiação*: ocorrem preferencialmente no inverno, nas chamadas noites radiantes, quando os ventos não existem ou são muito fracos e não há nebulosidade. Sob essas condições, o solo perde rapidamente energia por radiação e condução para a camada de ar sobrejacente que, da mesma forma, transmite essa energia para as camadas acima, resfriando-se próxima ao solo, enquanto o ar acima mantém-se mais aquecido (Fig. 3.14A).
- *Inversão de superfície por advecção*: também se dá preferencialmente em noites claras de inverno, quando há advecção (movimento horizontal) do ar quente sobre uma superfície fria que, por contato, passa a resfriá-lo pela base, produzindo a inversão de superfície (Fig. 3.14B).

🌧 *Inversões de fundo de vale*: ocorrem por drenagem do ar frio do topo de morros e montanhas que, mais pesado, escoa pelas vertentes em direção aos fundos de vales, mantendo-se abaixo do ar mais quente (Fig. 3.14C).

🌧 *Inversão de subsidência*: ocorre quando em níveis mais elevados da Troposfera se produz um movimento de descenso do ar em larga escala, chamado de subsidência. Assim, por compressão, o ar tende a apresentar uma isotermia (ausência de variação da temperatura com a altitude), ou mesmo uma inversão de temperatura (Fig. 3.14D).

🌧 *Inversão frontal*: é produzida ao longo da área de atuação da frente (zona de interação entre duas massas de ar distintas), conforme Fig. 3.14E.

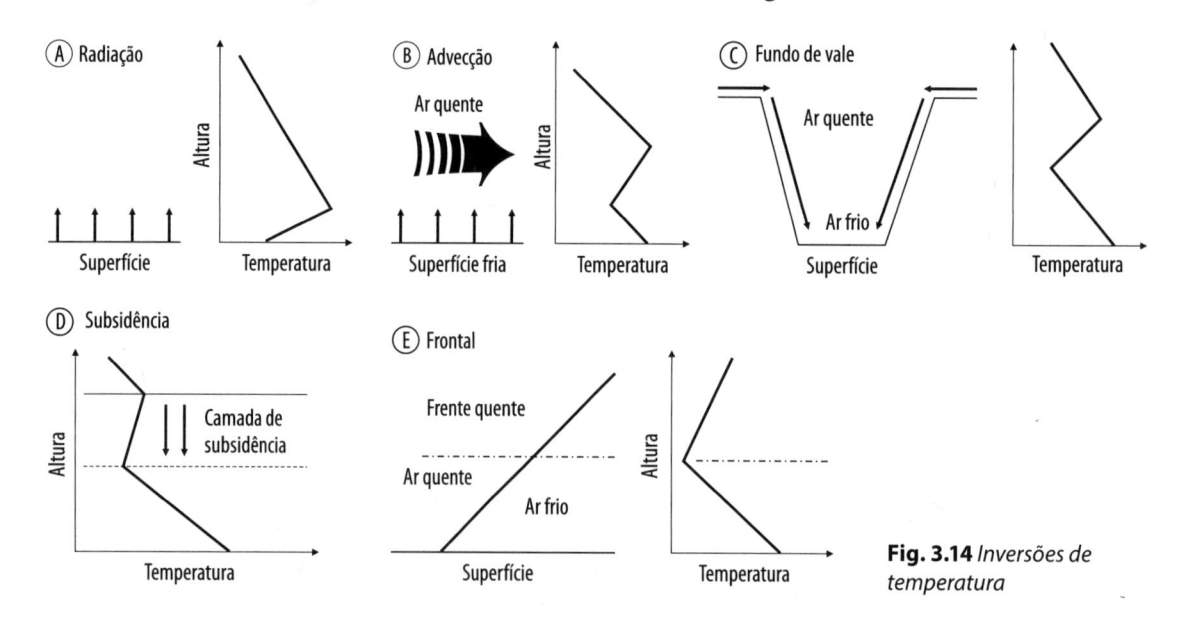

**Fig. 3.14** *Inversões de temperatura*

## 3.2 O campo higrométrico: a água na atmosfera

A água, substância tão imprescindível à vida quanto o oxigênio, está presente na Troposfera em decorrência de suas propriedades físicas de mudança de estado. Sua concentração no ar corresponde a uma das fases do ciclo hidrológico, que representa os processos de transformação da água no seu percurso entre as várias esferas que compõem o SSA, ou seja, a litosfera, a biosfera, a hidrosfera e a atmosfera. Por esse motivo, a presença da água é espacial e temporalmente variável na Troposfera, uma vez que depende da superfície fornecedora (solo, vegetação, oceanos, mares, lagos, rios e banhados) e das características diárias da atmosfera. Assim, como vapor, a água pode corresponder a 1/1.000 do peso do ar durante o inverno siberiano, por exemplo, e a 18/1.000 do peso do ar de um abafado dia da floresta amazônica.

A água pode estar presente no ar nos seus três estados físicos: sólido, líquido e gasoso, e os processos de transformação de uma fase a

## 3 – A INTERAÇÃO DOS ELEMENTOS DO CLIMA COM OS FATORES DA ATMOSFERA GEOGRÁFICA

outra são responsáveis pela absorção e liberação de grandes quantidades de energia (Fig. 3.15).

No estado gasoso, as moléculas do vapor d'água misturam-se perfeitamente com os demais gases da atmosfera. Embora não sejam vistas a olho nu, sua ocorrência é percebida pela sensação de conforto e desconforto térmico que produz. Uma figura que se tornou habitual para representar a água no estado gasoso é a da chaleira, com uma nuvem em torno de seu bico simbolizando o vapor, o que é uma *ideia falsa*, pois leva a crer que o vapor é um gás visível. O que se vê no bico da chaleira são minúsculas gotículas d'água provenientes da rápida condensação do vapor em contato com a temperatura ambiente.

A presença de vapor no ar torna-o mais leve do que o ar seco, porque o vapor não é agregado a um dado volume de ar já existente, de modo que as moléculas de vapor d'água substituem as moléculas de ar. Como a densidade da água é menor que a do ar seco, considerando duas caixas contendo o mesmo volume de ar, a mais leve será aquela preenchida com ar úmido. Essa propriedade do ar úmido é importante para ajudar a explicar o fato de ele possuir a tendência a ascender na Troposfera.

Para que a água, em seu estado líquido, passe para o estado gasoso (vapor) – processo conhecido como *evaporação* –, há um consumo de energia por parte das moléculas de água, da ordem de 600 calorias por grama, que fica nelas retida. Essa energia é chamada de *calor latente de evaporação* e é responsável por manter as moléculas de água no estado de excitação molecular pertinente aos gases, ou seja, ela é usada para manter a molécula de água como molécula de vapor. Assim, a evaporação, ao consumir calor sensível e transformá-lo em calor latente, *estará resfriando o ar*, uma vez que a energia consumida não será mais usada para aquecê-lo.

A velocidade da evaporação depende de muitos fatores, e os mais importantes são a temperatura do ar, a velocidade do vento e a umidade relativa. A velocidade de mudança de fase da água para o vapor chama-se *razão de evaporação*. Pode-se obter uma estimativa

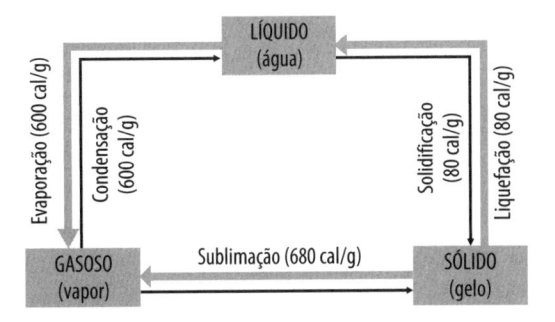

**Fig. 3.15** *Propriedades físicas da água. As mudanças de estado da água envolvem consumo de energia (setas cinza) ou liberação de energia (setas pretas) para o ambiente seguinte, nas proporções representadas*

da razão de evaporação de um dado ambiente, deixando-se um copo com água para evaporar e marcando-se o tempo que ela leva para isso. A razão de evaporação aumenta com o decréscimo da umidade relativa e o aumento da velocidade do vento, e eleva-se exponencialmente com o aumento da temperatura.

O processo inverso ao da evaporação, tão importante quanto ela, é chamado de *condensação* e corresponde à passagem da água do estado gasoso para o líquido, mediante a perda do calor latente de evaporação e a presença de *núcleos de condensação* (Fig. 3.15), resultando na formação de nuvens, orvalho e nevoeiro. A energia liberada para o ambiente quando ocorre a condensação é aquela que dele foi absorvida pela evaporação, e envolve as mesmas 600 cal/g de água. Portanto, a condensação, ao transformar calor latente em calor sensível, *aquece o ar*.

Para que o ambiente retire a energia contida na molécula de vapor, ele deverá estar mais frio que a própria molécula. Isso se dá quando, a uma dada quantidade possível de vapor, a temperatura do ambiente atinge o nível ideal para que a molécula de vapor se condense em uma molécula de água. Quando essa condição é atingida, diz-se que a temperatura do ar alcançou a *temperatura do ponto de orvalho* (TPO), que pode ser atingida por resfriamento, por meio de três mecanismos principais:

- radiação, comumente observada nas noites calmas de céu limpo;
- ascensão de um volume de ar úmido;
- mistura do ar úmido com um ar frio mais frio.

Contudo, além do ambiente ter de atingir a temperatura do ponto de orvalho necessária, para que se efetue a condensação naquele volume de ar, a condensação do vapor no ar somente será realizada na presença dos *núcleos de condensação*. Estes são constituídos por finíssimas partículas de poeira, cinza vulcânica, pólen e sais marinhos, por exemplo, e atuam como uma espécie de suporte para que a película de água possa se fixar quando da sua formação.

Quando a temperatura do ar alcança valores abaixo de seu ponto de congelamento (0°C), a água em estado líquido pode transformar-se em finos cristais de gelo (presentes nas nuvens mais elevadas), ou manter-se como água super-resfriada, que, embora instável, atinge temperaturas de até –40°C. A fim de que ocorra a passagem das gotículas de água para cristais de gelo, há liberação de energia para o ambiente, equivalente a 80 cal/g, e o processo é chamado de *solidi-*

*ficação* ou *congelamento*. O processo inverso – *liquefação* ou *fusão* – efetua-se com o consumo do mesmo montante de energia por parte dos cristais de gelo, que assim se transformam em água.

Os cristais de gelo podem ser formados diretamente a partir do vapor de água, quando em ambientes com temperaturas negativas extremas. O vapor de água perde para o ambiente 680 cal/g de energia, ocorrendo a *sublimação*. Também se chama sublimação o sentido inverso desse processo físico, ocasião em que há o consumo das mesmas 680 cal/g pela água na fase sólida (cristais de gelo), que se transforma em vapor (fase gasosa).

### 3.2.1 A umidade do ar

A presença do vapor de água na atmosfera é tratada como *umidade*. Os termos *pressão de vapor*, *umidade absoluta*, *umidade específica*, *razão de mistura* e *umidade relativa* são variações na forma de abordar a presença do vapor.

Como o nome diz, a pressão de vapor refere-se ao peso do vapor dado pela pressão que ele exerce sobre uma superfície ao nível médio do mar. A unidade comumente usada é o milibar (mb) ou hectopascal (hPa). A noção de pressão de vapor auxilia na compreensão do conceito de *saturação da pressão de vapor* ou simplesmente *saturação de vapor*.

Na caixa lacrada, que contém água e ar seco (Fig. 3.16), inicia-se o processo de evaporação, com as moléculas de água deixando a superfície líquida e entrando no ar como vapor, à temperatura ambiente (Fig. 3.16A). Essa situação se mantém até que haja equilíbrio entre o número de moléculas que deixam a superfície líquida e o número de moléculas que a ela retornam a partir do vapor. Dessa forma, não há mais aumento do número de moléculas de vapor, já que, sob aquela temperatura, o ar da caixa estará *saturado* de vapor, ou sob máxima pressão de vapor (Fig. 3.16B). Contudo, ao aumentar a temperatura, novas moléculas de vapor seriam acrescidas àquele volume de ar, e um novo ponto de saturação seria atingido. Se a temperatura inicial fosse rebaixada, haveria um menor número de moléculas de vapor por unidade de volume.

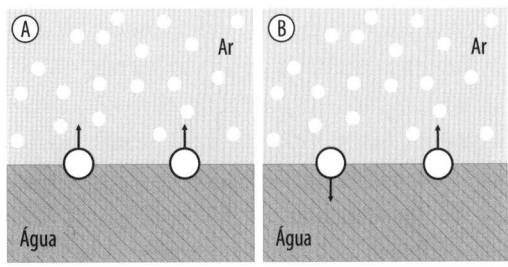

Ar não saturado de vapor: por evaporação, aumenta o número de moléculas de vapor no ar

Ar saturado de vapor: o número de moléculas de água que saem da superfície líquida é igual ao número de moléculas de vapor que retornam para a água

**Fig. 3.16** *Representação esquemática da saturação do vapor. Se não houver mudança na temperatura ambiente, o processo de evaporação cessará quando o ar alcançar seu ponto de saturação (B)*

Assim, para cada valor de temperatura haverá uma quantidade máxima de moléculas de vapor, uma vez que é a temperatura do ar que controla o volume ocupado por esse ar. Por exemplo, a 27°C, o ar suporta uma pressão de vapor equivalente a 35 mb, o que representa um dia úmido em local de clima equatorial; em local de clima temperado, em um típico dia úmido de inverno, de temperatura de –7°C, a pressão de vapor será de apenas 3 mb.

A *umidade absoluta* expressa o peso do vapor de água em um dado volume de ar, representado em gramas por metro cúbico (g/m$^3$). Todavia, a umidade absoluta não é muito utilizada porque pode não retratar a quantidade real de vapor existente no ar, já que o ar muda de volume ao ascender (rarefaz-se) e ao descender (adensa-se). A umidade específica e a razão de mistura são duas definições da umidade do ar utilizadas com mais frequência.

A *umidade específica* é dada pela razão entre o peso do vapor de água (portanto, seu peso) e o peso do ar, isto é, quantos gramas de vapor existem em cada quilograma de ar úmido. Similarmente, a *razão de mistura* é a relação entre a quantidade de vapor em gramas em um quilograma do ar, sem o peso do próprio vapor, isto é, ela retrata a mistura do vapor no ar seco (ou seja, sua densidade). Sem perda de umidade por condensação ou sublimação, nem adição por evaporação, o ar, ao movimentar-se verticalmente, não terá alterado seus valores de umidade específica ou da razão de mistura.

A *umidade relativa* é certamente o termo mais conhecido para representar a presença do vapor no ar. Termo-higrômetros e psicrômetros são utilizados para medi-la. Ela expressa uma relação de proporção relativa entre o vapor existente no ar e o seu ponto de saturação. Em outros termos, ela mostra, em porcentagem, o quanto de vapor está presente no ar em relação à quantidade máxima possível de vapor que poderia haver, sob a temperatura em que se encontra. A fórmula que define a umidade relativa (UR) pode ser escrita como segue:

$$UR = (v/psv)100$$

onde *v* (usualmente em gramas) é o vapor existente (real) e *psv* é a pressão saturada de vapor (em gramas) para dada temperatura do ar. Mantendo-se constante o vapor existente em um dado volume de ar (*v*), pode-se alterar sua umidade relativa com a modificação de sua temperatura. A Tab. 3.2 mostra a relação direta entre a temperatura do ar e seu conteúdo máximo de vapor, expresso pela razão de mistura.

**Tab. 3.2** *Temperatura do ar e razão de mistura saturada (Ws)*

| Temperatura (°C) | Ws (g/kg) | Temperatura (°C) | Ws (g/kg) |
|---|---|---|---|
| 0 | 3,84 | 25 | 20,44 |
| 5 | 5,5 | 30 | 27,69 |
| 10 | 7,76 | 35 | 37,25 |
| 15 | 10,83 | 40 | 49,81 |
| 20 | 14,95 | 45 | 66,33 |

A umidade relativa é inversamente proporcional ao ponto de saturação de vapor *(psv)*; em consequência, ela é também inversamente proporcional à temperatura do ar, já que é esta que controla o teor de umidade máxima em um volume de ar (Tab. 3.2). Assim, o aumento de temperatura do ar resulta na diminuição de sua umidade relativa, como pode ser observado na Tab. 3.3.

**Tab. 3.3** *Relação entre temperatura e umidade relativa do ar (janeiro de 1996, às 15h, em Curitiba/PR)*

| Dia | 1 | 2 | 3 | 4 | 5 | 6 | 7 | 8 | 9 | 10 | 11 | 12 | 13 | 14 | 15 |
|---|---|---|---|---|---|---|---|---|---|---|---|---|---|---|---|
| Temperatura (°C) | 27 | 22 | 24 | 26 | 28 | 20 | 22 | 26 | 23 | 27 | 29 | 29 | 27 | 20 | 27 |
| Umidade relativa (%) | 41 | 77 | 71 | 63 | 51 | 80 | 78 | 61 | 85 | 54 | 53 | 55 | 62 | 94 | 68 |
| Dia | 16 | 17 | 18 | 19 | 20 | 21 | 22 | 23 | 24 | 25 | 26 | 27 | 28 | 29 | 30 | 31 |
| Temperatura (°C) | 21 | 25 | 18 | 24 | 26 | 26 | 24 | 29 | 29 | 24 | 29 | 29 | 30 | 29 | 32 | 25 |
| Umidade relativa (%) | 84 | 67 | 96 | 64 | 64 | 70 | 80 | 49 | 57 | 59 | 57 | 54 | 42 | 60 | 36 | 46 |

## Aquecimento e resfriamento adiabáticos do ar

O ar úmido é mais leve do que o seco e, por isso, apresenta maior facilidade para ascender, sob as mesmas condições de temperatura. Os movimentos verticais do ar, de importância capital para que as nuvens sejam formadas, envolvem alterações na densidade da coluna de ar considerada, que levam a mudanças de temperatura sem que haja perda ou ganho de energia com o ar circundante. Nessas circunstâncias, diz-se que o ar teve sua temperatura alterada *adiabaticamente*.

A ascensão de dada coluna de ar ocorre por conta da expansão de suas moléculas, o que resulta em um decréscimo de sua densidade em relação ao ambiente de seu entorno. Assim, as moléculas passam a ter menos contato entre si, pois diminuem o número de choques entre elas, e, consequentemente, a temperatura da coluna de ar tem seu valor rebaixado. Nesse processo, há rebaixamento da temperatura do ar sem que haja perda de calor para o meio circundante, portanto, o ar foi submetido a um *resfriamento adiabático* simplesmente por ascender.

Inversamente, quando o ar descende – processo chamado de subsidência –, sua densidade aumenta e há possibilidade de contato entre suas moléculas. Aumentando-se o número de choques entre elas, eleva-se a temperatura. Assim, sem que se tenha fornecido energia para a coluna que está em subsidência, sua temperatura terá sido elevada pelo processo de *aquecimento adiabático*.

São esses dois processos os principais responsáveis pelo aquecimento e resfriamento produzidos nos movimentos verticais de grandes massas de ar. Devido à importância desses processos na formação das nuvens e na dinâmica vertical do ar, e considerando-se a presença de umidade, define-se a razão de resfriamento do ar pelo gradiente adiabático seco (GAS) e pelo gradiente adiabático úmido (GAU).

O *gradiente adiabático seco* corresponde a 1°C/100 m e não deve ser confundido com o gradiente vertical de temperatura, obtido não pela ascensão do ar, e sim pela elevação em altitude do observador, como, por exemplo, ao subir uma montanha.

À medida que a temperatura de uma coluna de ar em ascensão é rebaixada adiabaticamente, sua umidade relativa aumenta, e a temperatura do ponto de orvalho decresce. Uma vez alcançada a temperatura do ponto de orvalho pela temperatura do ar ascendente, ocorre a condensação do vapor na coluna de ar e a formação de nuvens. A liberação do calor latente para o meio, como consequência do processo de condensação, reduz a taxa de resfriamento do ar para 0,6°C/100 m, o que define o *gradiente adiabático úmido* ou *saturado*. O valor do GAU é um valor médio de referência, pois depende do conteúdo de umidade e da temperatura inicial do ar. Pela observação das bases bem definidas das nuvens, pode-se identificar o nível altimétrico em que se processa a condensação do vapor existente no ar, bem como a mudança dos gradientes adiabáticos (Fig. 3.17).

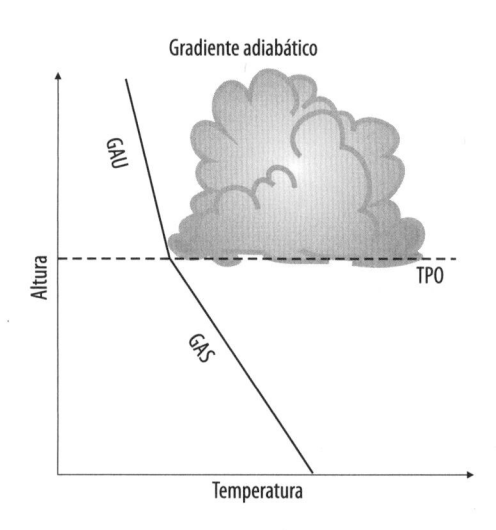

**Fig. 3.17** *O gradiente adiabático seco (GAS) é maior do que o gradiente adiabático úmido (GAU) porque, a partir da temperatura do ponto de orvalho (TPO), ocorre a condensação do vapor existente na coluna de ar em ascensão, transformando o calor latente em calor sensível, o que diminui a taxa de resfriamento do ar*

### 3.2.2 A formação de orvalho, geada, nevoeiro e nuvens

Em alguns livros de Meteorologia, classifica-se orvalho, neblina e geada como formas de precipitação da água na atmosfera. Neste livro, aborda-se o orvalho e a neblina como formas de condensação, e a geada como forma de sublimação.

A ocorrência de orvalho, nevoeiro e nuvens depende do modo como o ar úmido se resfria e, consequentemente, do modo como a condensação ocorre. Quando a condensação do vapor se dá por contato entre o ar quente e úmido e uma superfície fria, há a geração de *orvalho*. O orvalho forma-se quase ao amanhecer, quando comumente o ar registra sua temperatura mínima, deixando as superfícies frias recobertas por uma película de pequenas gotas d'água. Pode, entretanto, ocorrer ao anoitecer, em noites de acentuado resfriamento. Nos ambientes com baixos índices pluviométricos, o orvalho constitui uma importante fonte de água para a vegetação local.

Por ocasião de resfriamentos mais intensos do ar, quando as temperaturas mínimas alcançam 0°C, ou mesmo temperaturas negativas, notadamente nas noites de céu limpo, sob a atuação de massas de ar frias, ocorre a sublimação do conteúdo de vapor em contato com as superfícies frias e/ou a solidificação do orvalho, resultando na *geada*. A ocorrência de geadas, na maioria das vezes, traz sérios prejuízos para a vegetação e a agricultura, pois danifica as plantas e os seus frutos.

O *nevoeiro*, também conhecido como neblina e cerração, constitui uma nuvem muito baixa e/ou em contato com o solo, formada por gotículas d'água. Os principais processos geradores de nevoeiros são:

- *nevoeiro de radiação*: ocorre em noites de céu limpo, quando, ao se resfriar por radiação, a umidade contida no ar se condensa, resultando em uma nuvem próxima ao solo;
- *nevoeiro frontal*: ocorre ao longo das frentes frias, onde as condições de mistura do ar frio e quente podem conduzir à condensação do vapor próximo à superfície;
- *nevoeiro por advecção*: ocorre quando há a advecção de ar frio sobre superfícies líquidas, de modo que o vapor incorporado pelo ar frio o satura (a umidade relativa atinge 100%) e, ao se condensar, gera o nevoeiro;
- *nevoeiro de evaporação*: ocorre quando a água evaporada de uma superfície líquida quente se condensa ao entrar em contato com a camada de ar sobrejacente relativamente mais fria;
- *nevoeiro orográfico*: ocorre nas vertentes de barlavento das montanhas, onde o ar úmido é forçado a ascender e, por resfriamento adiabático, há a condensação do vapor.

As *nuvens* resultam dos movimentos ascensionais do ar úmido, que permitem que ele, resfriando-se adiabaticamente, alcance seu ponto de saturação e atinja a temperatura do ponto de orvalho, iniciando-se, assim, a condensação do vapor existente no ar. As nuvens são formadas por gotículas d'água em suspensão no ar, com diâmetros de 10 a 100 micrômetros – contendo em cada metro cúbico cerca de 100 milhões delas –, e por cristais de gelo, que tendem a ser um pouco maiores do que as gotículas d'água. A proporção de água e gelo com que são constituídas depende do tipo da nuvem.

As nuvens são classificadas em tipos de acordo com a forma que apresentam. A forma é determinada pela intensidade com que ocorrem os movimentos ascensionais, bem como seu alcance vertical. Os movimentos ascensionais que desencadeiam os processos de formação das nuvens correspondem à ascensão do ar por convecção, radiação, ação orográfica e sistemas dinâmicos, tal como frontal, que, somados às condições da dinâmica da Troposfera, permitem a condensação do vapor do ar. Assim, a condensação resulta de um desencadeamento de processos (Fig. 3.18).

| Ascensão do ar | → | Resfriamento adiabático | → | Saturação do ar e alcance da temperatura do ponto de orvalho | → | Condensação e geração da nuvem |

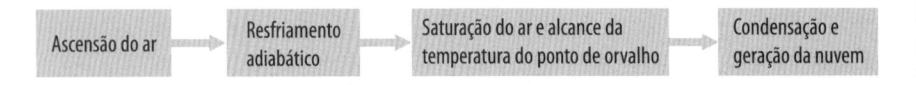

**Fig. 3.18** *Esquema da condensação do vapor do ar*

A convecção ocorre devido a um intenso aquecimento do ar em contato com superfícies quentes. Os movimentos ascensionais assim gerados caracterizam-se pelo *vigor*, podendo atingir até mais de 18 km de altitude na zona equatorial do globo. As nuvens por eles geradas apresentam aspecto granuloso ou empilhado, do tipo "couve-flor" (Fig. 3.19), que corresponde às nuvens da família *Cúmulos* (representadas pelas letras *Cu*), tais como *Cumulus humilis*, *Cumulus congestus* e *Cúmulos-nimbos*. A ascensão lenta e gradual promovida pelo aquecimento do ar desencadeia, pelo mesmo processo de resfriamento adiabático, a formação de nuvens do tipo estratificadas, conhecidas como *Estratos* (*St*), *Altos-estratos* e as do tipo fibrosas ou onduladas, chamadas *Cirros* (*Ci*).

Ao se deslocar horizontalmente, quando o ar encontra um obstáculo de relevo (morros, montanhas, planaltos, chapadas, entre outros), a vertente ou lado do ar voltado para o vento recebe o nome de *barlavento*, e o lado que está protegido, de *sotavento*. Assim, sob efeito orográfico, o ar úmido é forçado a subir a barlavento, resfriando-se adiabaticamente e dando início ao processo de formação de nuvens.

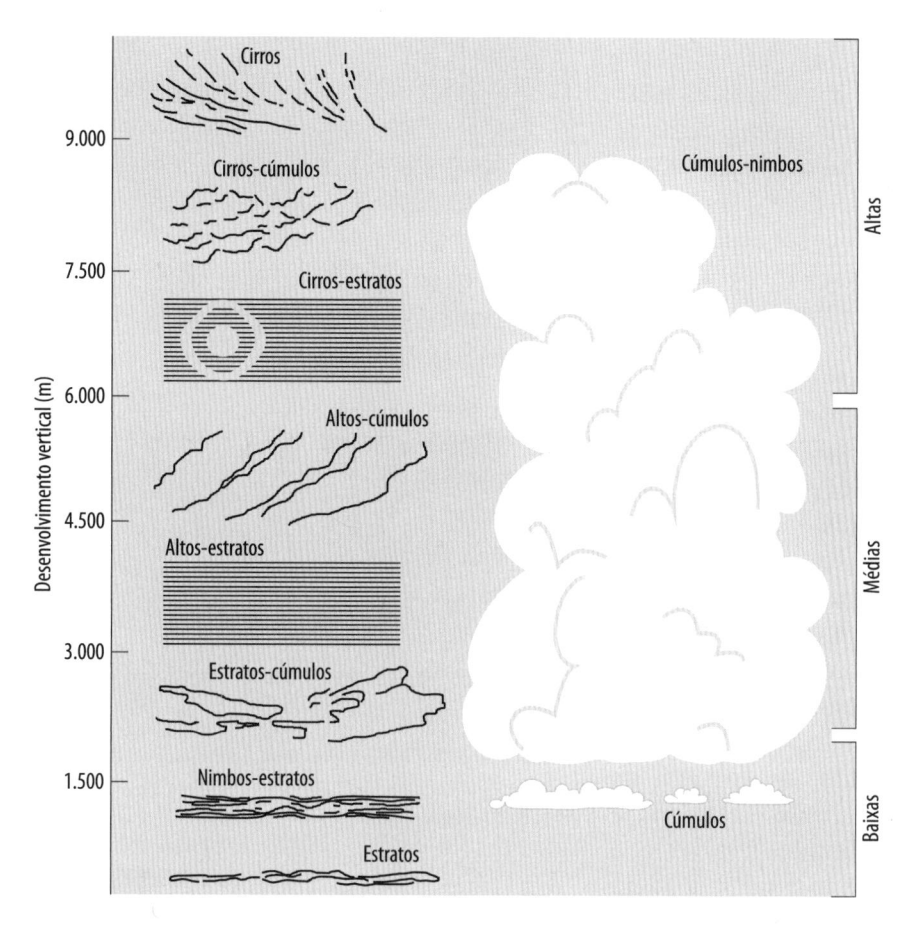

**Fig. 3.19** *Principais tipos de nuvens, os quais resultam da forma como o conteúdo de umidade do ar é levado a ascender na Troposfera. Quando concentrados e velozes, os movimentos ascensionais geram nuvens do tipo cumuliformes; quando mais lentos e graduais, resultam em nuvens estratiformes; e quando extensivos e prolongados, geram os cirros*
Fonte: Vide, 1991

O ar, perdendo umidade por condensação e recebendo calor latente a barlavento, ao chegar a sotavento, não só estará mais seco, como também não formará nuvens, pois estará aquecendo-se também adiabaticamente por descenso, o que explica o fato de áreas a sotavento serem menos úmidas do que a barlavento.

Similarmente, ao longo da área de contato entre duas massas de ar em movimento de características diferentes, chamada de zona frontal ou *frente*, o ar é forçado a ascender, possibilitando o desencadeamento do processo formador de nuvens. Os processos frontais e orográficos podem gerar todos os tipos de nuvens cumuliformes, estratiformes e cirros.

As nuvens são classificadas também em famílias, de acordo com a altura de suas bases em relação ao nível do solo:

- *nuvens altas*: as bases estão a mais de 7 km da superfície; correspondem às nuvens do tipo Cirros compostas por cristais de gelo ou às de forma mista com prefixo Cirro, compostas de cristais de gelo e água super-resfriada (Fig. 3.20);

☁ *nuvens médias*: as bases estão entre 2 e 7 km de altura, prefixo Alto, compostas preferencialmente de água e comumente associadas a mau tempo (Fig. 3.21);

☁ *nuvens baixas*: as bases estão abaixo de 2 km; correspondem às do tipo Estratos e Estratos-cúmulos. Pertencem a esta família as nuvens Nimbos-estratos, que são nuvens de chuvas geradas a partir dos Estratos (Fig. 3.22);

☁ *nuvens de desenvolvimento vertical*: também classificadas como nuvens baixas, são aquelas geradas pelos movimentos convectivos que formam nuvens do tipo Cúmulos (em forma de "couve-flor"), e que nos trópicos podem ultrapassar os 18 km de extensão. Quando pequenas e isoladas, são chamadas simplesmente de Cúmulos e indicam tempo bom. Contudo, se evoluem de *Cumulus congestus*, mais crescidas e encorpadas, para Cúmulos-nimbos, que se formam comumente à tarde, podem trazer chuvas pesadas, com pelotas de gelo (granizo), neve, relâmpagos; e, em algumas regiões continentais dos Trópicos, há formação de grandes tornados. Cúmulos-nimbos também se formam ao longo de um sistema frontal, de um ciclone tropical (furacão) ou de outros sistemas meteorológicos. O Quadro 3.1 apresenta um resumo das famílias de nuvens e suas formas.

Ao conjunto de nuvens que se formam no céu de um dado lugar dá-se o nome de nebulosidade. Ela atua como uma barreira à penetração da radiação solar e à perda da radiação terrestre, uma vez que parte desta é refletida para o espaço devido ao albedo das nuvens, e parte é por elas absorvida.

A nebulosidade atua de forma significativa na diminuição das amplitudes térmicas

*Cirros*

*Cirros-cúmulos*

**Fig. 3.20** *Nuvens altas*

*Altos-cúmulos*

*Altos-estratos*

**Fig. 3.21** *Nuvens médias*

*Cúmulos*

*Estratos-cúmulos*

diárias, e sua ação bloqueadora à perda das radiações de ondas longas na Troposfera produz uma certa uniformização na distribuição da temperatura do ar.

### 3.2.3 Os processos de precipitação

A formação de nuvens não é suficiente para que ocorra a precipitação. A condensação e a sublimação que geram as nuvens marcam apenas o início do processo de precipitação. Gotas d'água, cristais de gelo e gotas de chuva devem ainda ser produzidas. A maioria das gotas são muito pequenas para

**Fig. 3.22** *Nuvens baixas*

*Estratos*

**Quadro 3.1** *Famílias de nuvens. Os principais hidrometeoros e fotometeoros associados às nuvens estão em letras itálicas*

| Família | Altura da base | Fibrosas ou onduladas | Estratificadas | Granulosas + estratificadas | Fibrosas + granulosas | Fibrosas + estratificadas | Desenv. vertical granulosas |
|---|---|---|---|---|---|---|---|
| 1 nuvens altas | 7 km | Cirros (Ci) | | | Cirros-cúmulos (Cc) | Cirros-estratos (Cs) *(halo)* | |
| 2 nuvens médias | 2 km | | Altos-estratos (As) *(chuva fraca)* | Altos-cúmulos (Ac) *(coroa lunar)* | | | Cúmulos-nimbos (Cb) *(chuva forte, trovoada, granizo)* |
| 3 nuvens baixas | Superfície | | Estratos (St) *(chuvisco)* Nimbos-estratos (Ns) *(chuva, neve)* | Estratos-cúmulos (Sc) *(chuva rara)* | | | Cúmulos-nimbos (Cb) *(chuva forte, trovoada, granizo)* Cúmulos (Cu) *(chuva forte)* |

Fonte: Vide, 1991, p. 110.

vencer a barreira das correntes ascendentes de ar que produzem as nuvens e precipitarem-se além delas. As que conseguem cair a alguma distância da base da nuvem, logo evaporam.

As gotas de chuva e os flocos de neve precisam crescer o suficiente para não serem carregados pelas correntes do interior das nuvens e para serem capazes de atingir a superfície sem antes evaporarem completamente.

Na formação da nuvem, pequeninas gotas e diminutos cristais de gelo rapidamente se condensam e sublimam-se ao redor dos núcleos de condensação e sublimação, crescendo molécula por molécula, sem atingirem o tamanho adequado para se precipitarem. Contudo, algumas das gotas e cristais crescem o suficiente para começarem uma queda apreciável. Em suas quedas, agregam as moléculas que encontram no caminho, o que permite que elas rapidamente cresçam para gotas maiores, conseguindo atingir a superfície na forma de chuva.

A diferenciação entre *gota de chuva* e *gota d'água/nuvem* é feita pelo tamanho: a primeira varia de 500 a 5.000 μm de diâmetro e a segunda é inferior a 500 μm. Os cristais de gelo seguem um processo de crescimento similar ao da gota de chuva, porém, incorporam outros cristais que se imbricam e formam os *flocos de neve*. Estes alcançarão a superfície desde que a temperatura entre ela e a base da nuvem esteja igual ou abaixo de 0°C. A quantidade de *precipitação nival* que ocorreu em certo lugar é dada tomando-se uma amostra da altura da camada de neve que se formou e convertendo-a em seu equivalente líquido, em um pluviômetro. A água resultante nessa conversão corresponde a 1/10 da profundidade da neve. A altura da neve fresca pode, entretanto, ser medida com uma régua graduada.

Além da chuva e da neve, pode haver precipitação de pelotas de gelo, chamadas *granizo*, geradas nas nuvens cúmulos-nimbos, que, por terem grande desenvolvimento vertical e serem formadas por correntes convectivas (ascendentes e descendentes) velozes, permitem que as gotas de nuvem e de chuva congelem ao serem levadas pelos movimentos turbulentos a setores da nuvem onde as temperaturas encontram-se abaixo de 0°C. O tamanho das pelotas de granizo indicam a capacidade de transporte (força) dos movimentos de turbulência que as sustentam: quanto maiores, mais poderosos são os movimentos verticais em seu interior.

## 3 – A INTERAÇÃO DOS ELEMENTOS DO CLIMA COM OS FATORES DA ATMOSFERA GEOGRÁFICA

A *precipitação pluviométrica* (*chuva*) é dada em milímetros e refere-se à altura da água coletada em pluviômetros e pluviógrafos, que registram os dados em gráficos. Trabalha-se comumente com a quantidade total de água precipitada em um dia e, a partir do total diário, obtém-se a quantidade mensal, sazonal, anual e, ainda, os valores pluviométricos normais. Pode-se também obter a intensidade da chuva, dada pela quantidade de água precipitada em uma hora ou em 10 minutos. Os dados de chuva obtidos diariamente nas estações meteorológicas do Instituto Nacional de Meteorologia, como norma internacional, são totalizados a partir dos valores observados nas leituras das 15h, 21h e 9h do dia seguinte.

As chuvas são classificadas de acordo com sua gênese, resultante do tipo de processo que controla os movimentos ascensionais geradores das nuvens das quais se precipitam, sendo assim diferenciadas:

- *Chuva de origem térmica ou convectiva*: ocorre nas células convectivas. Os movimentos verticais que caracterizam a célula de convecção resultam do acentuado aquecimento de dada coluna de ar úmido, que é forçada a se expandir, ascendendo para níveis superiores da Troposfera, onde se resfria adiabaticamente. Uma vez resfriada, a parcela de ar é forçada a se adensar, retornando à superfície em movimentos turbilhonares e completando a célula convectiva. No processo de resfriamento, a parcela atinge seu ponto de saturação, com a formação de nuvens (Fig. 3.23A). As nuvens do tipo cumuliformes, e em especial as de desenvolvimento vertical (cúmulos-nimbos, por exemplo), são produzidas pelos vigorosos movimentos ascendentes que caracterizam a convecção. O aquecimento do ar ao longo do dia desencadeia o processo convectivo e, com a continuidade do aquecimento, gera pequenas nuvens cúmulos, que tendem a se transformar em cúmulos-nimbos, geralmente responsáveis pelos aguaceiros tropicais de final de tarde.

- *Chuva de origem orográfica ou de relevo*: ocorre por ação física do relevo, que atua como uma barreira à advecção livre do ar, forçando-o a ascender (Fig. 3.23B). O ar úmido e quente, ao ascender próximo às encostas, resfria-se adiabaticamente devido à descompressão promovida pela menor densidade do ar nos níveis mais elevados. O resfriamento conduz à saturação do vapor, possibilitando a formação de nuvens estratiformes e cumuliformes, que, com a continuidade do processo de ascensão, tendem a produzir chuvas. Dessa forma, as vertentes a barlavento são comumente mais chuvosas do que aquelas a sotavento, onde o ar, além de estar menos úmido, é forçado a descer, o que dificulta a formação de nuvens.

- *Chuva de origem frontal*: as frentes estão associadas à formação de nuvens que ocorrem pela ascensão de ar úmido ao longo de suas rampas (Fig. 3.23C). A intensidade e a duração das chuvas nelas geradas serão influenciadas pelo tempo de permanência da frente no local, pelo teor de umidade contido nas massas de ar que a formam, pelos contrastes de temperatura entre as massas e pela velocidade de deslocamento da frente.

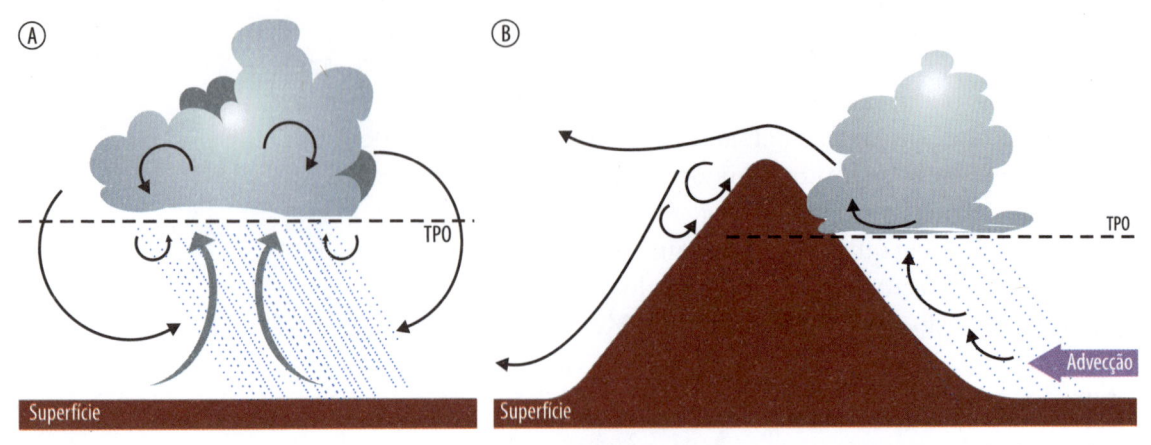

**Chuva convectiva:** a convecção resulta do forte aquecimento do ar e caracteriza-se por movimentos ascensionais turbilhonares e vigorosos, que elevam o ar úmido. A saturação, expressa pela temperatura do ponto de orvalho (TPO), promove a formação de nuvens e a precipitação.

**Chuva orográfica ou de relevo:** a vertente a barlavento força o ar úmido a ascender, atingindo a saturação do vapor (TPO) nos níveis mais elevados, onde são formadas as nuvens, podendo ocorrer chuva. A vertente a sotavento não gera nuvens, uma vez que há descenso do ar e este encontra-se mais seco.

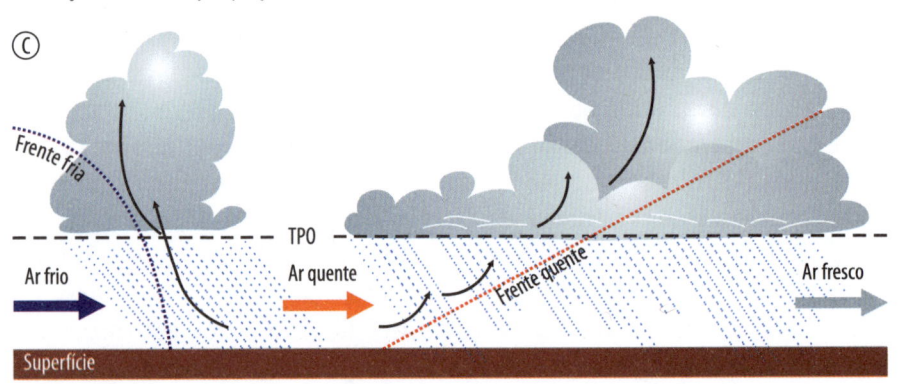

**Chuva frontal:** forma-se pela ascensão forçada do ar úmido ao longo das frentes. As frentes frias, por gerarem movimentos ascensionais mais vigorosos, tendem a formar nuvens cumuliformes mais desenvolvidas. Nas frentes quentes, a ascensão é mais lenta e gradual, gerando nuvens preferencialmente do tipo estratiforme.

**Fig. 3.23** *Os principais processos geradores de chuvas*

O padrão de distribuição espacial das chuvas em escala planetária mantém uma forte inter-relação com as correntes marítimas, as zonas de temperatura, os ventos oceânicos e a dinâmica da baixa atmosfera. Ao longo do Equador, onde os processos de evaporação são marcantes e as correntes oceânicas quentes instabilizam o ar ao gerarem fortes movimentos convectivos, formam-se as principais zonas chuvosas do globo (Fig. 3.24).

Nas regiões tropicais, as áreas litorâneas orientais dos continentes são mais chuvosas que as correspondentes ocidentais, pois a elas convergem os ventos quentes e úmidos procedentes dos oceanos, instabilizados pelas correntes marítimas quentes. As zonas costeiras, onde predomina a atuação das correntes oceânicas frias (litoral

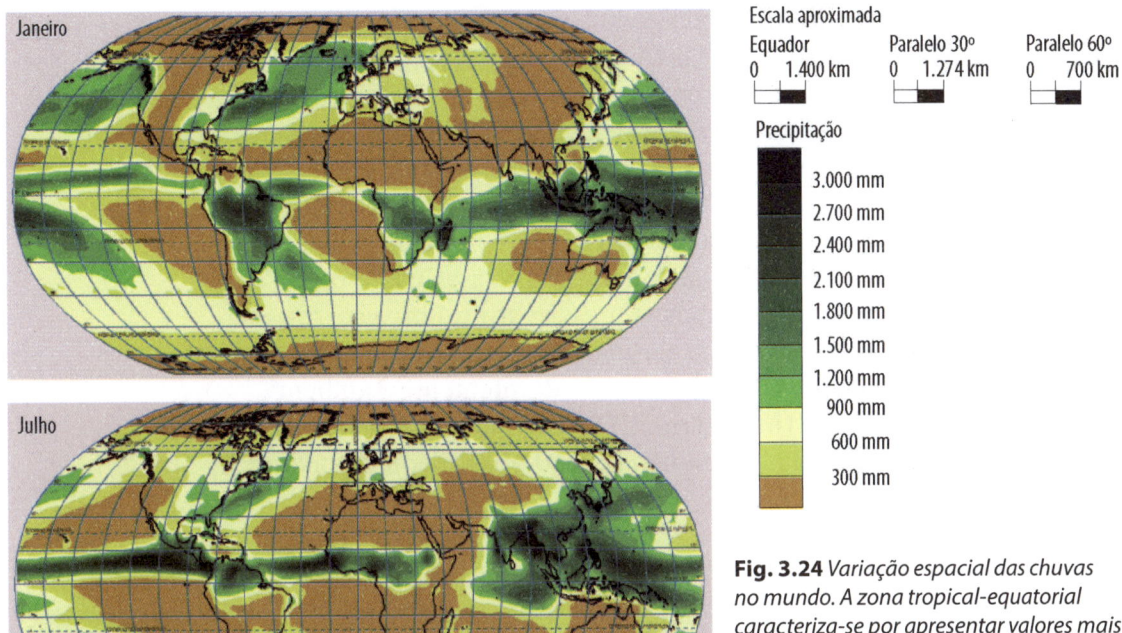

# 3 – A interação dos elementos do clima com os fatores da atmosfera geográfica

**Fig. 3.24** *Variação espacial das chuvas no mundo. A zona tropical-equatorial caracteriza-se por apresentar valores mais elevados de pluviosidade. A partir dessa zona em direção aos polos, os índices pluviométricos diminuem, com exceção das bordas costeiras dos continentes, em geral mais chuvosas do que o interior*

ocidental dos continentes) que estabilizam o ar ao resfriá-lo, mostram-se menos chuvosas que as anteriores.

Sob a interferência das correntes oceânicas, as zonas subtropicais têm a distribuição das chuvas também controlada pelos movimentos de subsidência gerados nos sistemas de altas pressões tropicais, que registram chuvas mais reduzidas, notadamente nas regiões costeiras ocidentais. Nas porções orientais, as chuvas são mais abundantes, porque tais condições são superadas pelas passagens das frentes geradas nos sistemas anticiclônicos móveis oriundos das áreas subpolares.

As zonas de latitudes médias caracterizam-se como chuvosas por constituírem áreas de convergência dos sistemas depressionários subpolares. A partir dessas áreas em direção aos polos, a pluviosidade decresce de forma acentuada, como resultado das baixas temperaturas e das altas pressões que caracterizam tais regiões.

## 3.3 O campo barométrico: o movimento do ar

Para que se compreenda a dinâmica dos movimentos do ar na Troposfera é necessário conhecer os princípios que regem a distribuição espacial do ar na superfície, caracterizada pela pressão atmosférica, a partir da pressão tomada ao nível médio do mar, e representada nas cartas de tempo, ou *cartas sinópticas*, por linhas que unem pontos de mesma pressão do ar, chamadas *isóbaras*. O aparelho utilizado para medir a pressão do ar chama-se barômetro.

O peso que o ar exerce sobre uma superfície é denominado pressão atmosférica e resulta da força transmitida pelas moléculas de ar para a superfície. Em termos médios, a pressão atmosférica corresponde a 1 kg/cm$^2$ ao nível médio do mar; entretanto, a unidade mais utilizada é o milibar (mb), sendo recentemente também empregado o hectopascal (hPa) (um milibar é igual a 100 Pascal). A pressão atmosférica tomada como padrão ao nível médio do mar é de 1.013 mb.

Devido à ação gravitacional da Terra, na baixa Troposfera, a pressão do ar diminui 1/30 de seu valor para cada 275 m de ascensão, em média, ou seja, a pressão do ar varia verticalmente na razão aproximada de 1 mb para cada 10 m de ascensão.

O ar tem sua densidade alterada com a altitude, como resultado da ação gravitacional. Já a variação da pressão do ar em superfície se dá em decorrência da distribuição de energia e de umidade no globo, bem como da dinâmica de seus movimentos. O aquecimento do ar leva ao aumento da energia cinética das moléculas, o que produz um maior número de choques entre elas. Com isso, as moléculas passam a se distanciar umas das outras, ocasionando uma expansão do ar e, consequentemente, uma diminuição na pressão exercida por ele. Nas cartas sinópticas, essas *áreas de baixas pressões* são indicadas pela letra *B*.

Quando o ar se resfria, as moléculas têm seus movimentos cinéticos reduzidos, diminuindo as possibilidades de choques entre elas. Em consequência, a densidade do ar eleva-se, caracterizando uma *área de alta pressão*, representada pela letra *A* nas cartas sinópticas.

A *repartição* espacial da pressão em superfície pode *começar* a ser entendida com base na *distribuição* de energia no globo, representada pelas zonas climáticas. Assim, nas faixas das baixas latitudes, onde há elevada concentração de energia solar, o forte aquecimento conduz à expansão do ar, caracterizando uma zona de baixas pressões. Na zona fria das altas latitudes, o déficit de energia possibilita a geração de áreas de altas pressões.

## 3 – A INTERAÇÃO DOS ELEMENTOS DO CLIMA COM OS FATORES DA ATMOSFERA GEOGRÁFICA

O conteúdo de umidade do ar também é um fator que interage com a variação espacial da pressão em superfície. Considerando-se dois volumes iguais de ar, um seco e outro úmido, será mais leve este último, em decorrência de a água apresentar menor densidade que o ar seco para volumes iguais.

Das considerações anteriores decorrem dois movimentos verticais do ar extremamente importantes para a compreensão dos campos de pressão em superfície e da dinâmica da atmosfera na camada da Troposfera, e que auxiliam a individualizar os climas secos e chuvosos do globo. O primeiro ocorre nas áreas de baixas pressões geradas por aquecimento do ar, que, expandindo-se, torna-se mais leve que o ambiente ao redor, provocando a *ascensão* do ar. Essa ascensão é favorecida em ambientes de ar úmido, o que permite o deslocamento vertical de volumes de umidade para níveis mais elevados da Troposfera, onde, por resfriamento adiabático, dá-se o processo de condensação e de formação de nuvens, que pode caracterizar climas chuvosos. O segundo corresponde à *subsidência* do ar, que, adensando-se por resfriamento, torna-se mais pesado que o ar circundante, passando a desenvolver um movimento de descenso, ou seja, por ação gravitacional, o ar é trazido daqueles níveis mais elevados da Troposfera para a superfície. Como esse processo não implica resfriamento do ar, a condensação não se efetua, logo não há formação de nuvens.

Por ser gasoso, o ar obedece às leis da dinâmica dos fluidos, de tal forma que, em duas áreas contíguas com distintas pressões, o ar mais denso irá fluir em direção à área de menor pressão, até que se estabeleça um equilíbrio barométrico entre elas. Ao processo de deslocamento do ar de uma área de alta pressão para outra de baixa pressão, dá-se o nome de *advecção*, que tem como resultado a geração de *vento*. A velocidade do vento será controlada pelo *gradiente de pressão* estabelecido entre as duas áreas, dado pela diferença de pressão do ar entre duas superfícies contíguas, de forma que, quanto maior for o gradiente, mais veloz será o vento (Fig. 3.25).

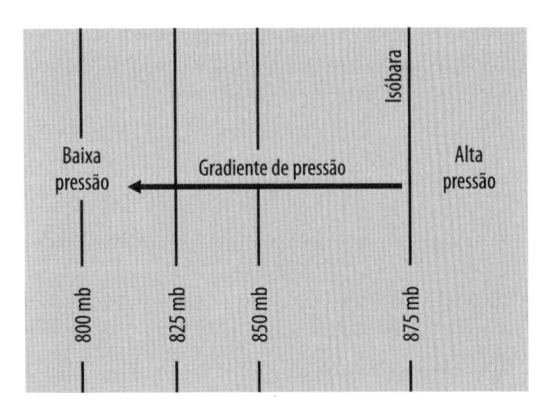

**Fig. 3.25** *Gradiente de pressão: forma-se quando há duas áreas contíguas com características barométricas distintas, vindo a constituir uma área de alta pressão e outra de baixa pressão. Se a Terra não girasse em torno de seu eixo, a direção de deslocamento dos ventos coincidiria com a seta do gradiente de pressão*

Em decorrência desse gradiente, o ar converge nas áreas de baixa pressão e diverge nas de alta (Fig. 3.26). Nos níveis em que o ar chega por ascensão e sai por subsidência, estabelece-se um gradiente de pressão contrário ao de superfície, complementando o circuito de deslocamento da célula de circulação. No desenho da Fig. 3.26, as setas representam uma simplificação dos movimentos de deslocamento do ar. Na verdade, a ascensão e a subsidência processam-se por movimentos espiralados, enquanto na advecção, por efeito da *rugosidade da superfície*, o ar sofre ondulações e turbilhonamentos ao longo de sua trajetória de deslocamento. Além disso, os ventos também sofrem o efeito do movimento de rotação da Terra, que será tratado mais adiante.

Em consequência de os ventos trazerem com eles as características térmicas e higrométricas (umidade) do ambiente onde se originam, recebem o nome da direção do *local de onde* procedem. Assim,

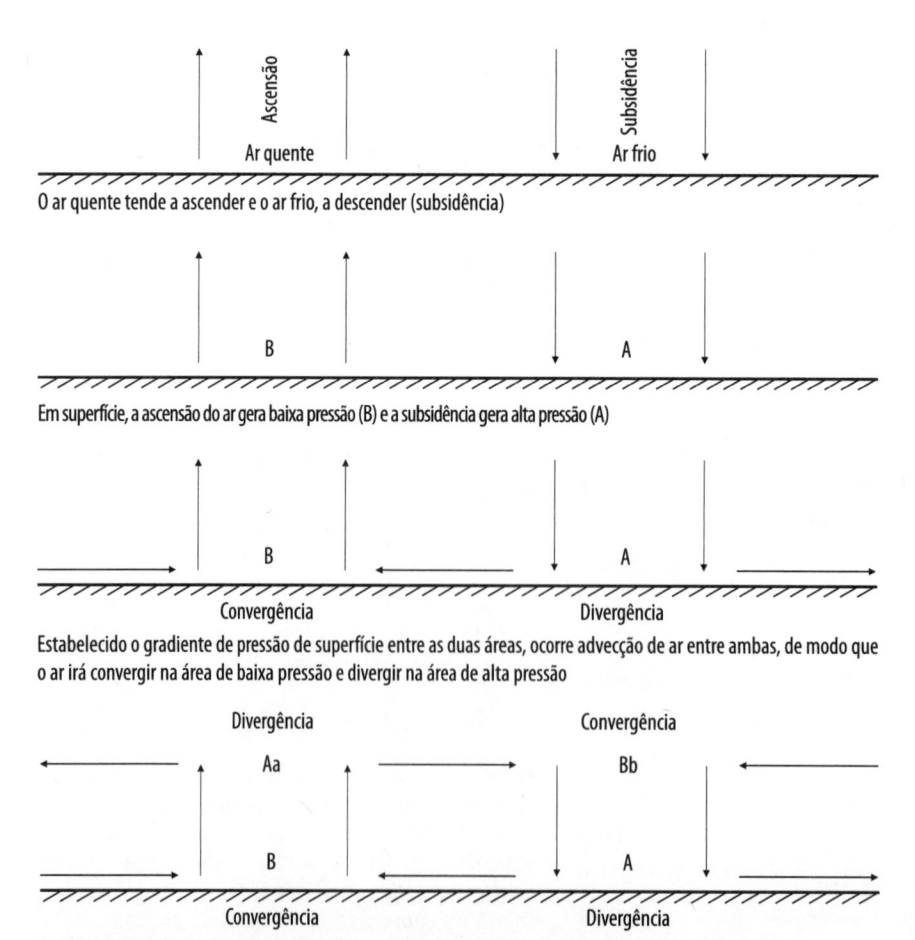

**Fig. 3.26** *Modelo esquemático da circulação convergente e divergente em superfície*

alguém que se encontre em Curitiba (PR), por exemplo, saberá que, se houver a ocorrência de vento sul, a temperatura do ar tenderá a diminuir e, ao contrário, caso haja vento norte, a temperatura irá se elevar. A rosa dos ventos da Fig. 3.27 foi adaptada para representar as principais possibilidades de direções de vento, a partir de um dado observador.

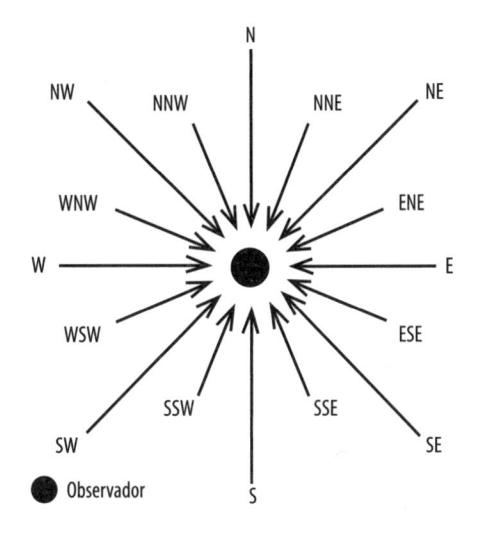

**Fig. 3.27** *Principais direções dos ventos, os quais são denominados de acordo com a direção de onde procedem, indicando, assim, suas características térmicas e de umidade. As letras maiúsculas indicam as direções: N = norte, NNE = nor-nordeste, NE = nordeste, ENE = es-nordeste. E = este, ESE = es-sudeste, SE = sudeste, S = sul, SSW = su-sudoeste, SW = sudoeste, WSW = oes-sudeste, W = oeste, WNW = oes-noroeste, NW = noroeste, NNW = nor-noroeste*

Além da direção, os ventos também são caracterizados por sua velocidade, ambas medidas pelo anemômetro. A velocidade comumente é dada em nós, em km/h ou em m/s. A *Tabela de Beaufort* (Quadro 3.2) propõe a classificação do vento a partir da correlação entre a sua velocidade e os impactos por ele causados na paisagem do local em que atua. Com a referida tabela, pode-se inferir a velocidade do vento, observando seus efeitos sobre a paisagem local.

A *rugosidade do solo* é um fator redutor da velocidade dos ventos em superfície, uma vez que desempenha um efeito de fricção sobre os ventos. Assim, os oceanos favorecem a formação de ventos velozes, enquanto os continentes, devido à heterogeneidade da cobertura de suas superfícies (vegetação, presença de cidades) e às suas características geomorfológicas, tendem a reduzi-la.

### 3.3.1 O efeito Coriolis

Além do efeito causado pela força de fricção da superfície sobre o vento, este também é modificado pela força de Coriolis, chamada de efeito Coriolis, que resulta do movimento de rotação da Terra e se manifesta em grande escala espacial. Se a Terra fosse estática, sem

**Quadro 3.2** *Classificação da velocidade dos ventos de acordo com Beaufort*

| Grau | Velocidade m/s | Classificação do vento | Características da paisagem |
|---|---|---|---|
| 0 | 0 - 0,2 | calmo | A fumaça sobe verticalmente. As bandeiras pendem tranquilas. |
| 1 | 0,3 – 1,5 | leve | A fumaça desvia-se um pouco e indica a direção do vento. |
| 2 | 1,6 – 3,3 | brisa leve | Sente-se o vento na face. As folhas das árvores alvoroçam-se. |
| 3 | 3,4 – 5,4 | brisa suave | As folhas das árvores movem-se constantemente. As bandeiras desfraldam-se. Formam-se pequenas ondas de aspecto cristalino sobre os lagos. |
| 4 | 5,5 – 7,9 | vento moderado | Galhos finos de árvores curvam-se. Começa a levantar poeira e papel do solo. |
| 5 | 8,0 – 10,7 | vento fresco | Pequenas árvores em crescimento começam a se curvar. Bandeiras flamulam estendidas. |
| 6 | 10,8 – 13,8 | vento forte | Galhos grandes curvam-se. Arames silvam; há dificuldade de manter guarda-chuvas abertos. Formam-se crostas de espuma sobre as ondas. |
| 7 | 13,9 – 17,1 | vento rápido | As árvores movem-se por inteiro. É difícil caminhar contra o vento. |
| 8 | 17,2 – 20,7 | ventania | Quebram-se ramos de árvores. É muito difícil caminhar contra o vento. |
| 9 | 20,8 – 24,4 | ventania forte | Estragos leves em casas e edifícios, arrancando telhas. Quebram-se galhos de árvores. |
| 10 | 24,5 – 28,4 | ventania desenfreada | Árvores são arrancadas. Janelas são quebradas. |
| 11 | 28,5 – 32,6 | tempestade | Estragos generalizados em construções. |
| 12 | Acima de 37,20 | furacão ou ciclone | Destruição geral. |

apresentar a rotação ao redor de seu eixo, o vento ocorreria obedecendo exclusivamente ao gradiente de pressão, isto é, a direção do vento seria a mesma do gradiente de pressão. Entretanto, o efeito Coriolis age sobre o vetor de deslocamento do vento, desviando-o de sua trajetória original. No hemisfério Sul, o vento é defletido para a *esquerda* e, no hemisfério Norte, para a *direita* (Fig. 3.28). Sua ação é máxima em ambos os polos e diminui em direção à linha do Equador, onde é nulo.

Quando a força de Coriolis é aplicada de forma a ser de mesma intensidade, porém, em direção oposta à força do gradiente de pressão (Fig. 3.29), o vento resultante é paralelo às isóbaras, gerando o *vento geostrófico*. Este curso é conhecido como balanço geostrófico.

A velocidade desse vento será proporcional à distância entre as isóbaras; quanto mais próximas forem, mais intenso será o vento. Como as isóbaras raramente apresentam-se paralelas entre si, mas formam sinuosidades, a aceleração do vento irá responder à força do gradiente de pressão que tem seus valores alterados para mais ou para menos, de acordo com o traçado das isóbaras. Assim, a velocidade de deslocamento do vento seguirá essas modificações.

### 3.3.2 Ventos sazonais e locais

Envolvendo grandes extensões tropicais do globo, *as monções* constituem os mais notáveis ventos de variação sazonal, resultantes dos grandes contrastes termobarométricos que se formam sazonalmente entre os continentes e os oceanos.

Os continentes, no verão, aquecem-se mais rapidamente que os oceanos, formando vários centros de baixas pressões relativas, que favorecem o deslocamento do ar marítimo para seu interior, gerando as monções de verão. Estas caracterizam-se por serem quentes e promoverem intensas chuvas devido à umidade nelas contida e à instabilidade promovida pelo forte aquecimento da estação.

No período de inverno, quando os oceanos apresentam-se relativamente mais quentes que os continentes, o gradiente de pressão inverte-se, e o ar passa a escoar do continente para o litoral, caracterizando a monção de inverno, que provoca rebaixamento da temperatura e estiagem. No continente asiático, a alta pressão do planalto do Tibet intensifica essa situação. As *monções asiáticas* são as mais intensas e ocorrem preferencialmente nas porções sudeste e este do continente. A *Indonésia*, o *norte da Austrália* e a porção *oeste da África* são também áreas preferenciais de atuação das monções. No continente africano, o componente continental das monções é conhecido como *harmattan*. Não se verificam tais ventos sazonais na América do Sul, devido à relativa redução

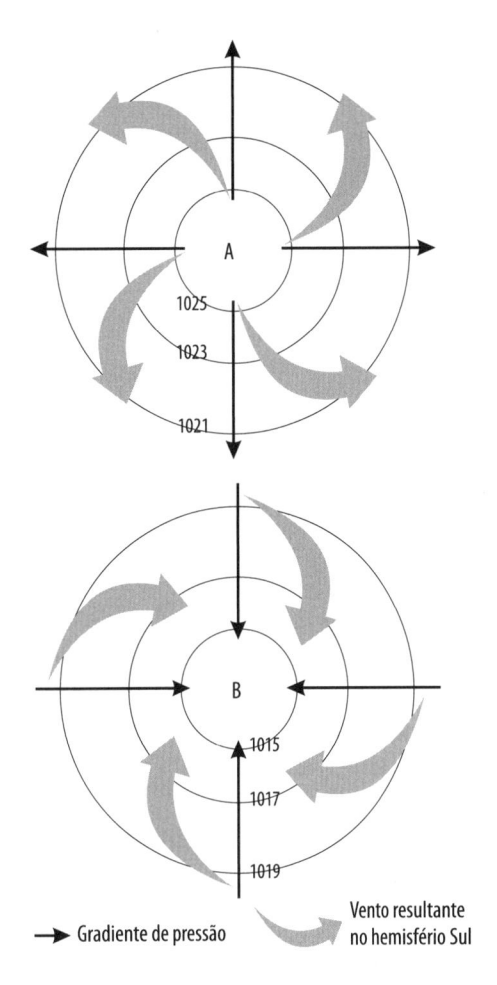

**Fig. 3.28** *O efeito Coriolis. O gradiente de pressão de superfície formado pelas áreas de alta (A) e baixa (B) pressão gera ventos que são desviados para a esquerda no hemisfério Sul e para a direita no hemisfério Norte*

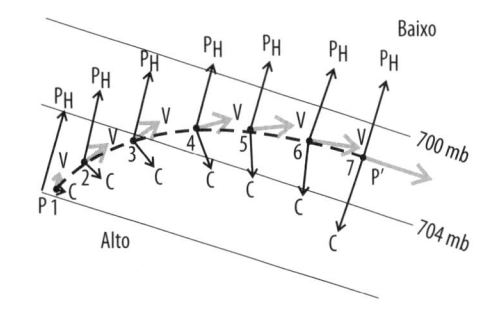

**Fig. 3.29** *Vento geostrófico. Seguindo o gradiente de pressão, a parcela de ar desloca-se do ponto P e é defletida pela força de Coriolis, resultando em um deslocamento paralelo às isóbaras no ponto P', caracterizando o vento geostrófico*
Fonte: Strahler, 1971.

territorial do continente em direção às latitudes médias, que não favorece a ocorrência de grandes contrastes termobarométricos com o oceano. Todavia, o movimento do ar influenciado pela variação espacial continente-oceano ao longo do ano é similar ao que ocorre no sudeste asiático.

Outros ventos originados pelos movimentos das massas de ar polares, especialmente no inverno, e das massas tropicais continentais, na primavera e no verão, geram ventos frios e quentes, respectivamente, que, dadas suas características e a frequência com que atuam, recebem nomes locais, tais como:

- *Mistral*: vento frio, de origem polar, que ocorre no inverno, no vale do Rone, na França, no norte da Itália e na Grécia.
- *Siroco*: corresponde ao vento quente que ocorre notadamente na primavera, na Europa Mediterrânea, proveniente da massa tropical continental do Saara e do deserto da Arábia. Quando sua trajetória se dá sobre o mar Mediterrâneo, ele se umidifica, transformando-se em um vento quente e úmido. O Siroco recebe vários nomes locais, como *Leveche, Chili, Ghibli, Khamsin, Simoon*.
- *Minuano* ou *pampeiro*: vento frio, oriundo das massas polares, que ocorre no inverno, na região dos pampas gaúchos (Argentina, Uruguai e Rio Grande do Sul).

Os *ventos locais* decorrem de um gradiente de pressão local que se estabelece como resultado do aquecimento diferencial da superfície com a alternância do dia e da noite. Esses ventos são classificados em *brisa marítima* e *oceânica*, *brisa terrestre* e *continental* e *brisas de vale* e *montanha*.

Nas costas oceânicas e de grandes lagos, a eficiência do aquecimento do solo em relação à superfície líquida adjacente faz com que à tarde o ar esteja mais aquecido em terra, propiciando a formação de uma célula convectiva (Fig. 3.30A). Com o surgimento do gradiente barométrico, criado pela presença de uma alta pressão sobre a água e de uma baixa pressão sobre a terra, ao entardecer, o ar escoa em direção ao continente, gerando a *brisa oceânica*.

No período da noite, como o solo perde mais calor do que a água, o gradiente de pressão inverte-se, formando uma alta pressão sobre a terra e uma baixa pressão sobre a água. Em decorrência desse contraste barométrico, o ar flui do continente em direção à costa, configurando a *brisa continental* (Fig. 3.30B). Processo similar ocorre nas áreas montanhosas, quando, no decorrer do dia, as encostas dos vales aquecem o ar com maior intensidade ao absorverem energia solar. Ao expandir-se, o ar torna-se mais leve que o ar do vale, ocasionando um movimento ascendente, chamado *vento* ou *brisa de vale* (anabático), conforme a Fig. 3.30C.

Essa situação inverte-se durante a noite, quando o rápido resfriamento do ar próximo às vertentes faz com que, por gravidade, o ar escoe pelas encostas, formando a *brisa* ou *vento de montanha* (*vento catabático*), conforme a Fig. 3.30D. Quando originados em grandes sistemas de montanhas, tais ventos recebem nomes regionais e são geralmente caracterizados por serem secos e quentes: *Zonda* (Andes, de ocorrência preferencial na Argentina ocidental), *Fohn* (Alpes e Ásia Central), *Chinook* (Montanhas Rochosas) e *Bora*, caracterizado por ser frio, apesar do aquecimento catabático (Japão, Escandinávia, região setentrional do mar Adriático).

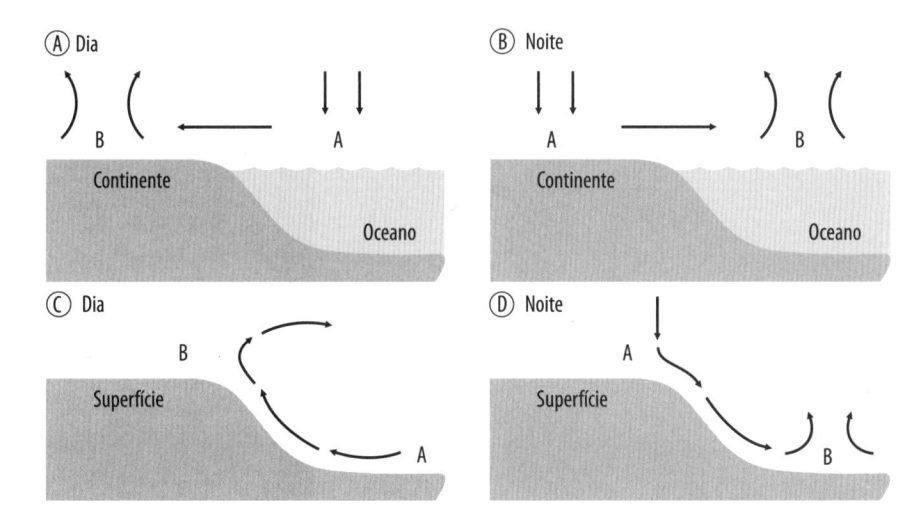

**Fig. 3.30** *Mecanismo de formação de ventos locais*

# 4 – CIRCULAÇÃO E DINÂMICA ATMOSFÉRICA

A atmosfera terrestre foi estudada por muito tempo com base nos valores médios dos seus elementos, em associação com a variação espacial da vegetação e do relevo. Tal concepção, que não considerava a movimentação do ar e a consequente troca de influências entre o ar e as superfícies sobre as quais este se desloca, mostrou-se reduzida e insuficiente para apreender a complexidade dos climas do Planeta.

O avanço técnico e tecnológico durante a Segunda Guerra Mundial, e a necessidade de um conhecimento detalhado do clima para subsidiar a movimentação das tropas motivou a observação da atmosfera com novos equipamentos e a elaboração de uma concepção de clima a partir da movimentação do ar. Desenvolveu-se, assim, a análise da atmosfera a partir de uma perspectiva dinâmica, que se expressa pela interação dos diferentes campos de pressão, uma decorrência direta da repartição desigual da energia solar no Sistema Superfície-Atmosfera (SSA), com as características astronômicas e da superfície do Planeta.

Os campos de pressão na superfície da Terra formam os *controles climáticos* responsáveis pela movimentação do ar em extensas áreas do Planeta. Para o conhecimento do clima de uma determinada área, faz-se necessária a identificação dos controles climáticos a que ela está submetida, pois um clima particular (escala local e/ou microclimática, dada via circulação terciária) é definido por aspectos de primeira grandeza (escala zonal, macroclimática, dada via circulação primária) e de segunda grandeza (escala regional, mesoclimática, via circulação secundária). Essa hierarquia aplica-se todo e qualquer estudo do clima, independentemente da unidade climática estudada.

Para estudar a atmosfera segundo uma concepção dinâmica, é preciso levar em conta, primeiramente, os mecanismos de circulação geral e os sistemas atmosféricos – as massas de ar e as frentes a elas relacionadas.

## 4.1 Circulação geral da atmosfera

A atmosfera terrestre é formada por um conjunto de gases, presos ao Planeta pela atração gravitacional, cujos movimentos são descritos pelas leis da Mecânica dos Fluidos e da Termodinâmica. A movimentação do ar é alimentada pela repartição desigual da energia solar e influenciada diretamente pela rotação da Terra. O conjunto dos movimentos atmosféricos que, na escala planetária, determina zonas climáticas e, nos diferentes lugares do Planeta, define tipos de tempos, denomina-se *circulação geral da atmosfera*.

Conforme assinalado anteriormente, a quantidade de energia solar recebida pela Terra não é igual em todos os pontos da superfície do Planeta, variando principalmente em decorrência da latitude e das estações do ano. As áreas de baixas latitudes recebem mais energia do que perdem por emissão para o espaço e, nas latitudes médias e elevadas, observa-se o contrário. Há, assim, um equilíbrio no balanço de energia do Planeta, pois o excesso de energia recebido na zona intertropical é transferido pelas correntes atmosféricas e oceânicas para as zonas temperadas e polares.

A atmosfera circula permanentemente, o que torna bastante difícil captar e representar de maneira fiel as leis que regem esse dinamismo. Assim, a representação da circulação atmosférica é feita por meio da cartografia dos campos médios de pressão da atmosfera, próximos à superfície e em altitude. Esses campos de pressão, ou centros de ação da atmosfera, são definidos por observações em estações e postos meteorológicos situados sobre os continentes e sobre os oceanos, tanto em superfície quanto em altitude (com sensores a bordo de satélites). Muitas experiências realizadas em laboratório e também a aplicação de modelos matemáticos em estudos meteorológicos permitem simular a formação dos diferentes campos de pressão na atmosfera.

Os centros atmosféricos de ação, ou áreas que exercem o controle climático do Planeta, são reconhecidos como de alta pressão (*anticiclonais*) ou de baixas pressões (*ciclonais* ou *depressões*).

Convencionalmente, a circulação atmosférica é cartografada segundo o traçado das isóbaras sobre uma determinada zona ou região, por meio de dois componentes: o horizontal, que é paralelo à superfície do globo, e o vertical, perpendicular a esta e de velocidades médias mais fracas que o fluxo horizontal. Os deslocamentos verticais são responsáveis pela formação das nuvens.

Os campos de pressão atmosférica, ou centros de ação, e os ventos dominantes na superfície organizam-se em faixas zonais relativamente paralelas à linha do Equador terrestre. Embora a circulação atmosférica-padrão apresente um dinamismo regular (Fig. 4.1), ela também apresenta, às vezes, irregularidades importantes devido à influência do relevo e à desigual repartição entre terras e mares.

```
Tropopausa -----------------------------------------------------
C   ←   D   →   C   ←   D   →   C   ←   D   →   C
↓       ↑       ↓       ↑↑      ↓       ↑       ↓
D   →   C   ←   D   →   C   ←   D   →   C   ←   D
90° S      60° S     30° S      0°       30° N     60° N     90° N
Superfície do Planeta
C: Zona de convergência – D: Zona de divergência – ↑: Ascendência – ↓: Subsidência
```

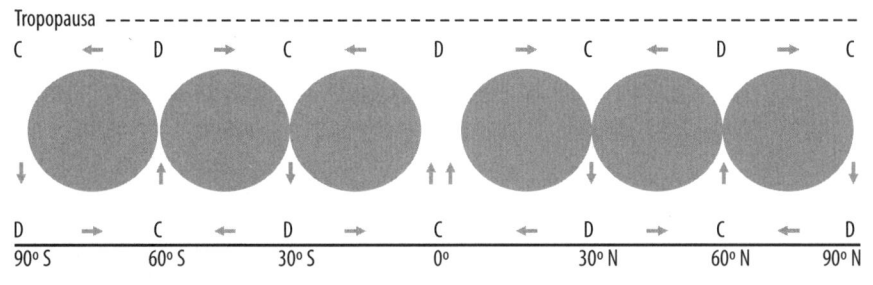

**Fig. 4.1** *Esquema da circulação geral da atmosfera com as zonas latitudinais de altas (anticiclonais) e baixas pressões (ciclonais ou depressionárias)*

As posições médias dos principais centros de ação e os ventos dominantes do Planeta, na altura da superfície, encontram-se representados na Fig. 4.2. Embora essa representação mostre apenas uma imagem da circulação global, dado que os ventos acima de uma região podem mudar de direção muito inesperadamente, ainda assim permite uma visualização do dinamismo do ar sobre a superfície. De maneira geral, os anticiclones e as depressões permanentes ou semipermanentes, no hemisfério Sul, recuam em direção sul durante a primavera e o verão, ocorrendo o inverso no hemisfério Norte.

Os *centros de ação positivos* são denominados anticiclones e caracterizam-se pela pressão atmosférica mais elevada que a de seu entorno. São áreas nas quais, em superfície, ocorre divergência do ar a partir do núcleo (fluxo de saída do ar), sendo o ar subsidente, e onde não ocorre a formação de nuvens (sobre os oceanos, pode-se encontrar nuvens baixas). Na porção central dos anticiclones, o tipo de tempo é geralmente bom, seja quente ou frio, e a circulação do ar ao seu redor se efetua para a esquerda no hemisfério Sul e para a direita no hemisfério Norte, como consequência da força de Coriolis sobre o movimento da atmosfera.

A circulação geral da atmosfera pode ser observada em três grandes zonas:
- nas latitudes baixas – ou zona intertropical;
- nas latitudes médias – ou zona temperada;
- nas altas latitudes – ou zona polar.

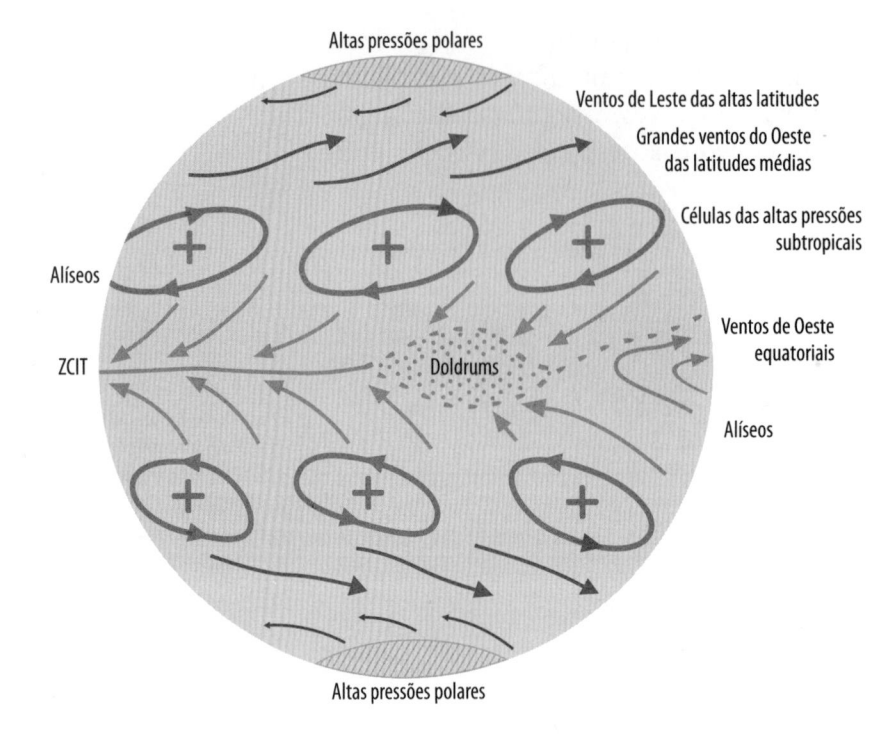

**Fig. 4.2** *Esquema simplificado da circulação geral da atmosfera em superfície, com os principais movimentos da atmosfera na escala planetária: a) a ZCIT, a região de doldrums e os ventos alísios; b) as células de altas pressões subtropicais; c) os ventos de Oeste das latitudes médias; d) os ventos de Leste das altas latitudes; e) as altas pressões polares*
*Fonte: adaptado de Estienne e Godard, 1970.*

Nas zonas subtropicais, a gênese dos anticiclones é principalmente de origem dinâmica, enquanto nas zonas polares é sobretudo térmica. Quatro zonas de altas pressões formam-se sobre a superfície do Planeta, duas em cada hemisfério (Figs. 4.1 e 4.2).

Os cinco anticiclones dinâmicos e térmicos que controlam os climas no Planeta, três no hemisfério Sul e dois no hemisfério Norte, são:

### a - No hemisfério Sul

⛆ anticiclone de Santa Helena, anticiclone Semifixo do Atlântico ou anticiclone Subtropical do Atlântico Sul, localizado sobre o oceano Atlântico;
⛆ anticiclone da Ilha de Páscoa, anticiclone Semifixo do Pacífico ou anticiclone Subtropical do Pacífico Sul, localizado sobre o oceano Pacífico;
⛆ anticiclone de Mascarenhas, localizado sobre o oceano Índico.

### b - No hemisfério Norte

⛆ anticiclone dos Açores, localizado sobre o oceano Atlântico;
⛆ anticilone da Califórnia ou anticiclone do Havaí, localizado sobre o oceano Pacífico.

A distribuição das zonas de altas e baixas pressões atmosféricas sobre a superfície do Planeta não se apresenta de maneira tão uniforme e regular como sugere a Fig. 4.1. O esquema representado somente se formaria em uma atmosfera estática e de espessura uniforme, e deve ser considerado apenas como ilustração para fins didáticos. As Figs. 4.3 e 4.4 representam um outro esquema da circulação atmosférica, que permite observar a formação de células específicas da movimentação da atmosfera, geradas pela *repartição diferencial das fontes de energia* e associadas aos movimentos verticais (ascendência/subsidência) e horizontais (advecção) da alta e baixa atmosfera. Assim, destacam-se as células de *circulação meridiana* – norte-sul (*célula de Hadley*, sobre as baixas latitudes, e *célula de Ferrel*, sobre as latitudes médias; Fig. 4.4) e leste-oeste (alíseos e aquelas das trocas horizontais dominantes nas latitudes polares) –, e de *circulação zonal* (*célula de Walker*, fenômenos circunscritos a escalas meso e macroclimáticas, ou seja, de grandes dimensões).

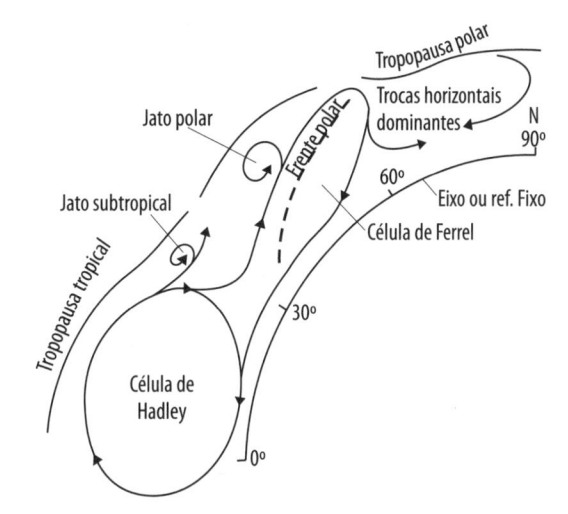

**Fig. 4.3** *Posição média das células de Hadley e de Ferrel no inverno do hemisfério Norte. Circulação meridiana entre as áreas de baixas, médias e altas latitudes no âmbito da Tropopausa*
Fonte: Beltrando e Chémery, 1995.

Na altura da *Zona de Convergência Intertropical (ZCIT)*, duas células de Hadley individualizam-se em cada hemisfério. As células de Ferrel, ao contrário, são associadas às frentes polares, e ambas tornam-se mais evidentes na situação de inverno de cada hemisfério, devido à maior variação térmica latitudinal nessa estação do ano.

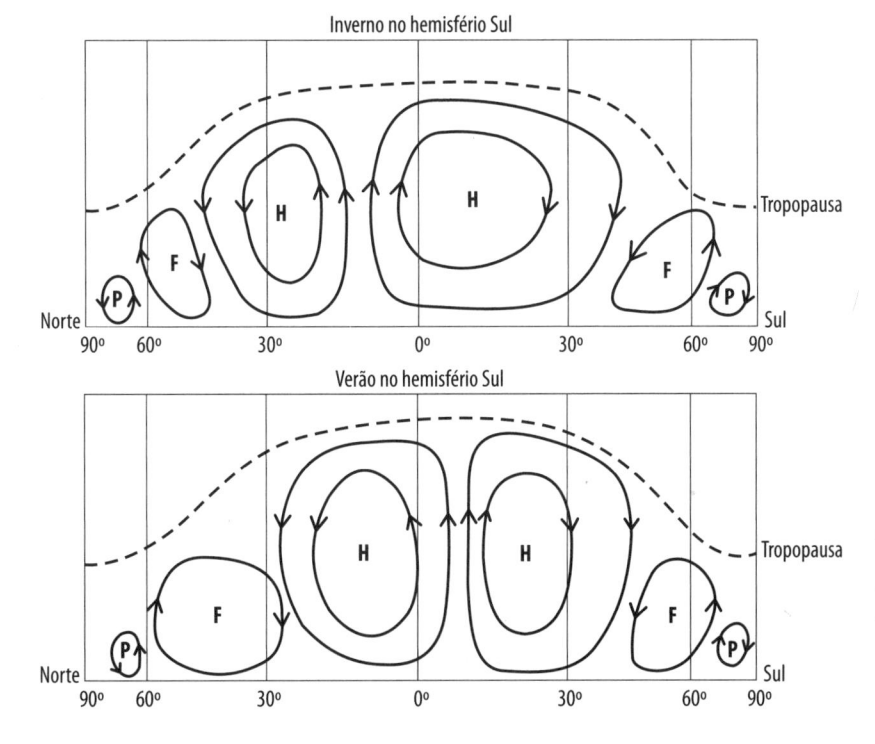

**Fig. 4.4** *A circulação atmosférica tricelular composta pelas células de Hadley (H), Ferrel (F) e Polar (P) no âmbito da Tropopausa, em situação de inverno e verão, no hemisfério Sul*
Fonte: adaptado de Frécaut e Pagney, 1978.

A célula de Walker (Fig. 4.5), ou célula do Pacífico, está relacionada à variação da pressão atmosférica entre as porções leste e oeste do oceano Pacífico, o que promove uma circulação celular zonal na região equatorial. As circulações zonais do tipo Walker são marcadas pelas zonas de ascendência acima dos continentes e na porção oeste dos oceanos (fonte quente), e pelas zonas de subsidência acima das partes orientais dos oceanos (fonte fria).

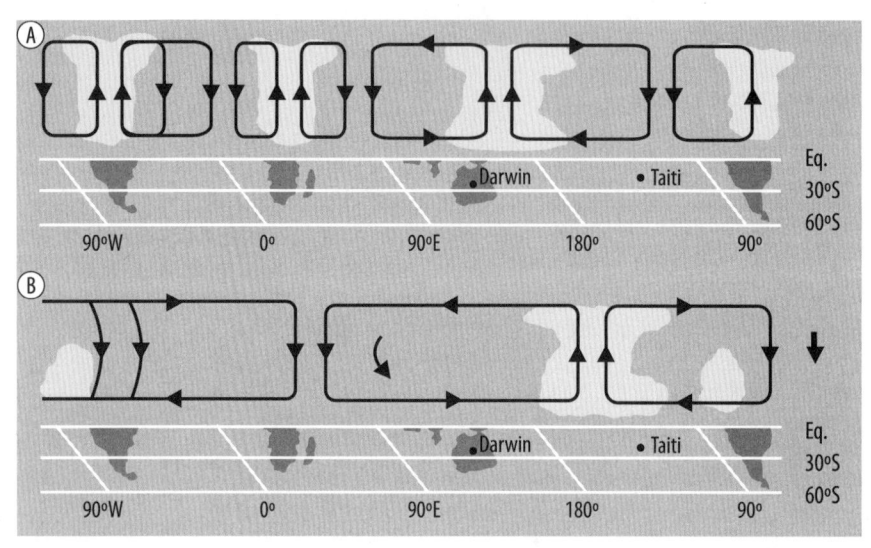

Acima, vê-se a representação esquemática da circulação de Walker para um ano normal com três células distintas sobre a África, a América do Sul e a Indonésia/Norte da Austrália. Abaixo, a mesma circulação num ano forte de El Niño. As setas para cima indicam movimentos de ar ascendentes até cerca de 10 km e que se deslocam, descendo sobre os oceanos subtropicais.

**Fig. 4.5** *Exemplo de circulação zonal, a célula de Walker, ou do Pacífico, diz respeito ao movimento do ar decorrente da variação da pressão atmosférica entre as porções Leste e Oeste daquele oceano. Em A, observa-se a circulação normal e, em B, condições de forte El Niño*
*Fonte: Berlato, 1987.*

As variações do campo de pressão atmosférica da célula de Walker sobre o Pacífico, em associação com a variação térmica da superfície oceânica, originam fenômenos conhecidos como *El Niño, La Niña* e *Oscilação Sul* (ver Cap. 7). Sobre o oceano Atlântico, observa-se a mesma circulação zonal, sendo que, a oeste, a barreira montanhosa dos Andes e a exuberante floresta amazônica desempenham importantíssimo papel na intensificação das ascendências convectivas. A célula individualiza-se com menor clareza sobre o oceano Índico e está associada aos fluxos das monções, interligando-se à célula Pacífica.

A variação sazonal da radiação solar sobre o Planeta influencia de forma direta a dinâmica da distribuição dos anticiclones e das depressões na superfície. No inverno, extensas células anticiclonais formam-se sobre regiões frias continentais nas latitudes médias, como se observa na América do Sul, América do Norte, Europa e

Ásia. Quando uma zona de alta pressão se forma nas latitudes médias pelo prolongamento de um setor anticiclônico mais estendido, ela é denominada *dorsal anticiclônica*.

As zonas de altas pressões subtropicais que se formam nas proximidades das latitudes de 30° N e S do Equador correspondem ao ramo subsidente da célula de Hadley. Em altitude, esse ramo corresponde a uma zona de convergência na qual se situa a corrente de jatos subtropical. Em superfície, a direção dos ventos que daí se originam é de leste para oeste, sendo estes os *ventos alíseos* que se dirigem dos Trópicos para o Equador, nos dois hemisférios. São secos quando se formam sobre os continentes, mas adquirem considerável umidade atmosférica ao se deslocarem sobre os oceanos tropicais. Quando se encontram na zona de baixas pressões equatoriais, esses ventos dão origem à formação da ZCIT, que recebe o nome de *Zona de Calma Equatorial* ou *doldrums* quando o encontro entre os alíseos de NE e de SE se dá entre os 10° N e S de latitude (Fig. 4.2). Quando o encontro se dá em latitudes superiores a 10°, os alíseos que ultrapassam a linha do Equador sofrem a ação da força de Coriolis e têm sua trajetória desviada, dirigindo-se para oeste. Essa é a origem do "vento de oeste intertropical" do hemisfério Norte, mais conhecido por *monção*.

Os ventos que se originam nas altas pressões subtropicais e se dirigem para os polos sopram geralmente de oeste. No hemisfério Sul, esses ventos são mais fortes porque atuam sobre uma área mais vasta do que no hemisfério Norte, devido à pequena expressão continental do primeiro, que reduz a influência da força de atrito no movimento do ar. Nas zonas polares (Fig. 4.2), ao contrário, a direção dos ventos é de leste para oeste.

As *depressões barométricas, ciclonais* ou *centros de ação negativos* são áreas de baixas pressões circundadas por altas pressões, que atraem o ar produzido nas áreas de altas pressões e em torno das quais o movimento do ar se desenvolve para a direita, no hemisfério Sul, e para a esquerda, no hemisfério Norte. Trata-se de áreas associadas a processos de convergência em superfície e de ascendência das massas de ar, onde geralmente o vapor d'água se condensa, formando nuvens e dando origem a precipitações.

As grandes zonas de baixas pressões sobre a superfície do Planeta são três, mas outras células depressionárias de gênese sazonal também podem se formar sobre os continentes superaquecidos das latitudes tropicais e temperadas. As três células depressionárias mais expressivas estão distribuídas da seguinte forma (Figs. 4.1 e 4.2):

- zona de baixas latitudes ou equatorial, como a ZCIT;
- zona dos 50°/60° de latitude do hemisfério Sul – a depressão do mar Weddel sobre o oceano Atlântico;
- zona dos 50°/60° de latitude do hemisfério Norte – a depressão da Islândia, sobre o oceano Atlântico, e a depressão das Aleutas, sobre o oceano Pacífico.

As depressões das latitudes médias são móveis e as do hemisfério Sul, mais contínuas devido à maior extensão oceânica. Essas zonas têm, principalmente, uma origem dinâmica; contudo, podem ter seus baixos valores barométricos reduzidos na base por efeito térmico quando passam acima das correntes marítimas quentes. Um exemplo dessa situação é quando a Corrente do Golfo reforça a depressão da Islândia, graças à sua condição térmica de corrente oceânica quente.

As baixas pressões térmicas sazonais formam-se no verão sobre os continentes quentes das latitudes tropicais e temperadas, e estão associadas a uma divergência de altitude e a uma convergência de superfície. A ZCIT é um dos melhores exemplos de depressão de origem termodinâmica.

### 4.1.1 Zona de Convergência Intertropical (ZCIT) e Zona de Convergência do Atlântico Sul (ZCAS)

A Zona de Convergência Intertropical (ZCIT) forma-se na área de baixas latitudes, onde o encontro dos ventos alíseos provenientes de sudeste com os de nordeste (Fig. 4.2) cria uma ascendência das massas de ar (Figs. 4.1 e 4.6), que são normalmente úmidas. Essa zona limita a circulação atmosférica entre o hemisfério Norte e o hemisfério Sul, sendo também chamada de *Equador Meteorológico* (EM), *Descontinuidade Tropical* (DI), *Zona Intertropical de Convergência* (ZIC) e *Frente Intertropical* (FIT), entre outros.

Os conceitos de Descontinuidade Tropical (DI) e de Equador Meteorológico (EM) trazem implícita uma perspectiva de divisão da atmosfera entre os dois hemisférios, enquanto as noções de convergência (ZCIT e ZIC) vinculam-se mais à descrição da ascendência do ar e à decorrente formação da expressiva massa de nuvens que caracterizam a cintura equatorial do Planeta. A ideia de Frente Intertropical (FIT) relaciona-se diretamente ao encontro das massas de ar em um plano inclinado – sub-horizontal – e na mudança rápida do ponto de orvalho que aí ocorre.

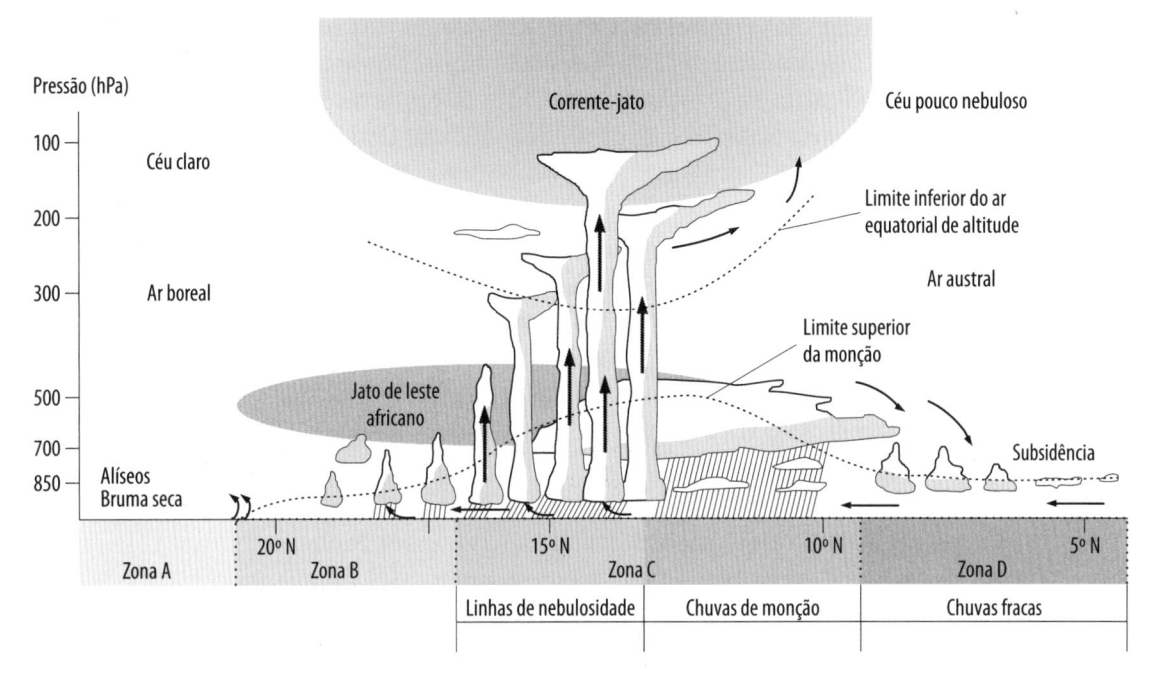

**Fig. 4.6** *Síntese climática da organização da ZCIT ao longo do meridiano de origem. No esquema, as zonas de convergência e ascendência do ar, e a consequente formação de nuvens que caracteriza a atmosfera próxima da linha do Equador*
Fonte: Beltrando e Chémery (apud Fontaine, 1989).

A ZCIT acompanha o Equador Térmico (ET) em seus deslocamentos sazonais. O ET corresponde à isoterma de máxima temperatura do globo, que, sobre os oceanos, acerca-se da linha do Equador, aprofundando-se sobre os continentes.

A ZCIT configura um divisor entre as circulações atmosféricas celulares que se localizam nas proximidades do Equador, sejam as células norte ou sul de Hadley (Fig. 4.2). Ela é móvel, uma vez que se desloca durante o ano sob a ação do movimento aparente do Sol. Ela apresenta sua posição mais ao Sul em março e mais ao Norte em setembro, com uma diferença temporal de cerca de 50 dias. A sua disposição diária e sazonal está condicionada a vários fatores, dentre os quais destacam-se a continentalidade ou a maritimidade, o relevo e a vegetação.

A ZCIT aparece de forma bastante nítida em documentos produzidos a partir do *sensoriamento remoto*, notadamente em imagens de satélite, pois a massa de nuvens (largura de algumas centenas de quilômetros) que ali se forma devido à importante ascendência zonal apresenta céu bastante coberto por nuvens, principalmente do tipo cumuliformes, que resultam em expressivas precipitações.

Sobre a América do Sul, a ZCIT apresenta seus deslocamentos em uma área entre os 5° S em março, e os 10° N em setembro. No oeste do oceano Índico, a ZCIT situa-se próxima de 15 a 18° S, em fevereiro, e de 18 a 20° N em agosto. Na África Central, entre 0°, em janeiro, e 25° N, em agosto.

A ZCAS apresenta características comuns à Zona de Convergência do Pacífico Sul (ZCPS), que se forma sobre o oceano Pacífico, e à Zona Frontal de Baiu, parte oceânica (Pacífico Oeste cruzando o Japão) e Meiyu parte continental (China). Elas são chamadas, de maneira geral, de Zonas de Convergência Subtropical (ZCST) e estão associadas a processos pluviométricos convectivos das áreas sobre as quais se formam.

A Zona de Convergência do Atlântico Sul (ZCAS) pode ser facilmente identificada em imagens de satélite por meio de uma alongada distribuição de nebulosidade de orientação NW/SE, tal qual a Linha de Instabilidade (IT), de Edmond Nimer. A ZCAS resulta da intensificação do calor e da umidade provenientes do encontro de massas de ar quentes e úmidas da Amazônia e do Atlântico Sul na porção central do Brasil. Em geral, uma ZCAS estende-se desde o sul da região Amazônica até a porção central do Atlântico Sul.

As características comuns a essas três zonas de convergência são:
- Estendem-se para leste, nos subtrópicos, a partir de regiões tropicais específicas de intensa atividade convectiva;
- Formam-se ao longo de jatos subtropicais em altos níveis e a leste de cavados semi-estacionários;
- São zonas de convergência em uma camada inferior úmida, espessa e baroclínica;
- Estão localizadas na fronteira de massas de ar tropical úmida, em regiões de forte gradiente de umidade em baixos níveis, com geração de instabilidade convectiva por processo de advecção diferencial.

### 4.1.2 Ciclone tropical

A atmosfera das regiões tropicais apresenta movimentos turbilhonares do ar em larga escala espacial, em torno de um centro de baixas pressões, geralmente acompanhados de ventos muito velozes e de fortes chuvas, que se formam sobre os oceanos, denominados *ciclones tropicais*. Pertencem à família das *perturbações tropicais* que acompanham os ventos rotacionais e ascendentes.

Embora a classificação das perturbações tropicais seja feita a partir da velocidade média por minuto do vento no centro da perturbação, ela é, na maioria das vezes, estimada por meio de imagens de satélite devido à enorme dificuldade em mensurá-la *in situ*. Três classes de perturbações tropicais foram definidas:

- *depressões tropicais* – com velocidade média inferior a 1 km/min;
- *tempestades tropicais* – com velocidade média entre 1 e 2 km/min;
- *ciclones tropicais* – com velocidade média superior a 1 km/min.

*Ciclone* é, genericamente, o termo atribuído pelos cientistas às perturbações tropicais mais velozes. Esse fenômeno, porém, recebe denominações regionais particulares, como: a) *Tufão*, no Extremo Oriente e no Noroeste do oceano Pacífico; b) *Hurricane* ou *Furacão*, no Atlântico Norte e no mar das Caraíbas; c) *Tornado* ou *Willy-Willy*, na Austrália; d) *Baggio*, nas Filipinas; e) *Travados*, em Madagascar; f) *Papagallos*, no Nordeste do Pacífico etc.

A formação de um ciclone tropical decorre da liberação de calor latente para o ar no momento da condensação em condições de convecção, processo de expressiva intensidade nas regiões tropicais. Os fluxos de calor sensível e latente do oceano para a atmosfera também são importantes para a manutenção e a intensificação do ciclone. O ciclone caracteriza-se pela transformação de uma gigantesca quantidade de energia calorífica em movimento circular ao redor de um centro de baixas pressões, em associação com a força de Coriolis e a força centrífuga da perturbação (fluxos horizontais). Movimentos de ascendência e subsidência (fluxos verticais) fornecem a energia necessária ao ciclone, bem como facilitam e acentuam a transformação do calor em movimento. Quanto mais aquecidas as águas superficiais dos oceanos, maior será a potência dos ciclones. Essa condição leva a crer que eles sejam mais numerosos e mais fortes por ocasião da ocorrência do fenômeno *El Niño*. Eles não se formam, todavia, sob quaisquer condições térmicas, mas somente em condições de temperatura superiores a 27°C, a uma profundidade de vários metros. Assim, a ocorrência dos ciclones encontra-se restrita aos oceanos tropicais (sobretudo entre 5° e 15° de latitude, mas, às vezes, até em latitudes de 22° S e 35° N) e, principalmente, no fim do verão de cada hemisfério. Deve-se considerar que a força de Coriolis é quase nula na faixa equatorial (5° N e 5° S), onde os ciclones são praticamente ausentes, assim como sobre mares marcados por ressurgências de águas frias.

A dimensão e a estrutura de um ciclone podem ser observadas a partir do sistema de nuvens que caracterizam sua formação. Um ciclone pode se estender de 500 a 1.000 km de diâmetro (Figs. 4.7 e 4.8), embora, em casos raros, essa grandeza possa ser ultrapassada. Ele é composto por três zonas: o olho, a coroa principal e a coroa exterior, assim constituídas:

- *Olho*: zona de subsidência, ventos fracos e céu claro, com raio que varia de 5 a 50 km.
- *Coroa principal*: apresenta largura variável (entre dezenas e centenas de quilômetros); a temperatura do ar e a velocidade do vento aumentam em direção ao olho do ciclone (os ventos podem ultrapassar 300 km/h nos ciclones mais potentes); a disposição das nuvens cumuliformes pode atingir até 15 km de espessura vertical. A pressão atmosférica é mais baixa nessa área, e as chuvas são abundantes.
- *Coroa exterior*: corresponde à zona de aceleração dos alíseos que alimentam o ciclone pela base, e sua largura varia de 100 a 200 km.

A rugosidade do relevo e a redução do fluxo de calor latente constituem os principais fatores para produzir a dissipação de um ciclone, pois a ascendência das massas de ar provoca o enfraquecimento da velocidade dos ventos; nessas condições, a precipitação se faz de maneira abundante. Em regiões de relevo imponente, o deslocamento do ciclone é dificultado, o que resulta no seu estacionamento e na intensificação e no prolongamento da precipitação sobre a área.

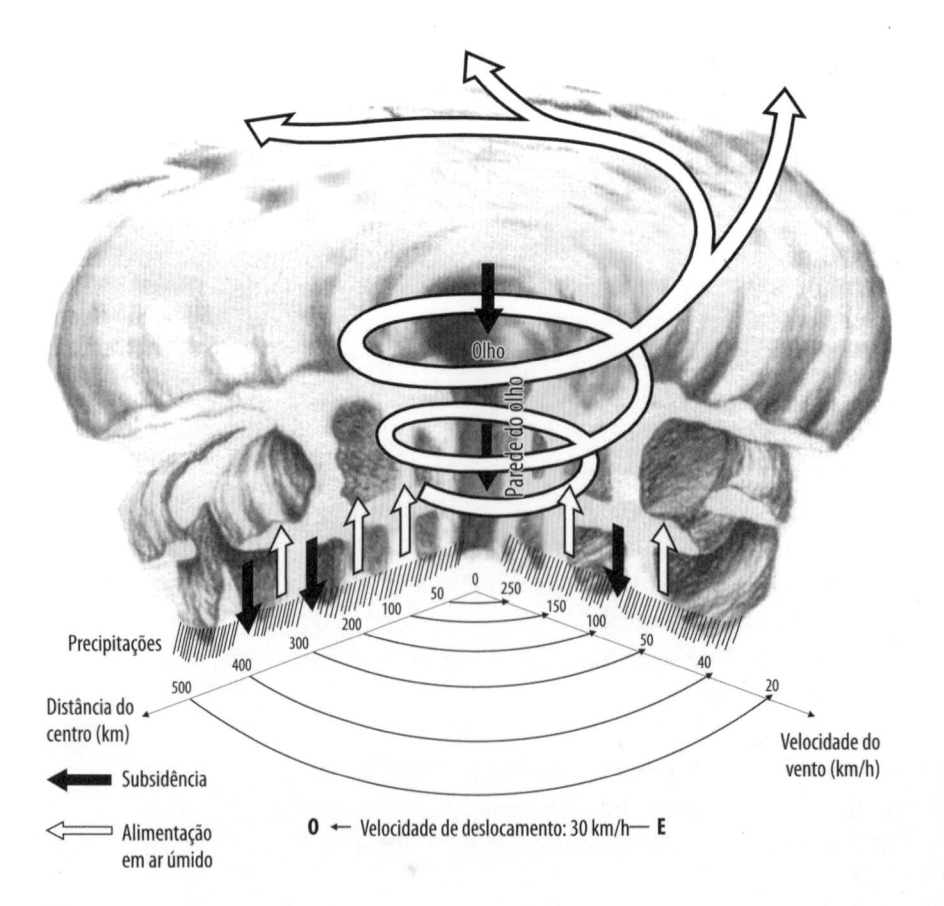

**Fig. 4.7** *Corte esquemático da estrutura de um ciclone tropical* Fonte: Beltrando e Chémery, 1995.

**Fig. 4.8** *Imagem de satélite do ciclone Catarina, fenômeno atmosférico que atingiu a parte litorânea dos Estados de Santa Catarina e Rio Grande do Sul no final do mês de março de 2004. Nesta latitude do oceano Atlântico, formam-se muitos fenômenos dessa natureza, todavia, raros são aqueles que atingem a magnitude do Catarina ou que excepcionalmente atingem o litoral brasileiro*
Fonte: Simepar, 2004.

Um ciclone normalmente se desloca de leste para oeste, no fluxo dos alíseos, a uma velocidade média sobre o mar de aproximadamente 30 km/h. Durante seu deslocamento sobre o oceano, o nível do mar pode se elevar de 3 a 8 m, o que ocasiona impactos consideráveis para os navios e para as costas baixas, sobretudo quando estas são densamente povoadas. Quando um ciclone passa acima de um continente ou de uma massa de água mais fria, sua trajetória média toma uma aparência parabólica, dobrando-se para o norte, no hemisfério Norte, e para o sul, no hemisfério Sul.

A melhor forma de se proteger dos ciclones é por meio da previsão, pois o homem ainda não conseguiu equipar-se o suficiente para controlar a enorme quantidade de energia envolvida nesses fenômenos. A Meteorologia mundial possui inúmeros recursos técnicos capazes de fazer o monitoramento permanente da temperatura superficial dos oceanos e, portanto, a previsão de ocorrência dos ciclones. Porém, esta não é uma atividade muito fácil, pois os ciclones podem mudar de trajetória de uma maneira bastante imprevisível, e um erro de algumas dezenas de quilômetros é capaz de produzir consequências dramáticas. A sociedade, sobretudo dos países não desenvolvidos, ainda é muito vitimada por esses fenômenos, devido à carência de aparato técnico e tecnológico, e da falta de informação e esclarecimentos sobre o assunto.

## 4.2 Centros de ação

Os centros de ação são extensas zonas de alta ou de baixa pressão atmosférica que dão origem aos movimentos da atmosfera, portanto, aos fluxos de ventos predominantes e aos diferentes tipos de tempo. O movimento do ar se faz geralmente dos centros de ação positivos, de alta pressão (anticiclonais), para os negativos, de baixa pressão (ciclonais ou depressionários), conforme se pode observar na Fig. 4.9, que ilustra o movimento genérico do ar no hemisfério Sul. Influenciados pela força de Coriolis, os movimentos do ar tendem a deslocar-se do centro de ação positivo (A) em direção ao centro de ação negativo (B), movendo-se para a esquerda ao sair do centro anticiclonal.

A dimensão horizontal dos centros de ação positivos e dos depressionários varia de algumas centenas a alguns milhares de quilômetros e, na dimensão vertical, podem estender-se de algumas centenas de metros a mais de 15 km.

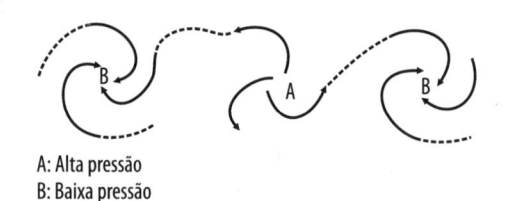

A: Alta pressão
B: Baixa pressão

Os centros de ação atmosférica são, de maneira geral, sazonalmente móveis (Fig. 4.10), ou seja, apresentam deslocamentos ao longo do ano, sobretudo devido à variação da radiação dos dois hemisférios. Assim, quando é verão no hemisfério Sul, os anticiclones e suas massas de ar apresentam seus mais expressivos deslocamentos em direção sul, ocorrendo o oposto no inverno, e vice-versa para o hemisfério Norte.

**Fig. 4.9** *Esquema da circulação do ar no hemisfério Sul*

### 4.2.1 Centros de ação da América do Sul

A dinâmica e a circulação atmosférica da América do Sul são controladas pela interação de sete centros de ação, que conjugam suas participações ao longo do ano e são distribuídos em cinco centros positivos e dois negativos (Fig. 4.11).

#### Centros de ação positivos

*Anticiclone dos Açores*. Situa-se na faixa das altas pressões subtropicais do hemisfério Norte sobre o oceano Atlântico (próximo aos 30° N), entre a África e a América Central. Sua influência sobre a circulação atmosférica da América do Sul se faz sentir, sobretudo, quando da ocorrência do solstício de verão do hemisfério Sul, pois o avanço da frente polar do hemisfério Norte em direção sul provoca o seu deslocamento nessa direção. Assim, interagindo com os ventos alísios de nordeste, sua ação será observada de forma mais direta na porção norte e nordeste do continente sul-americano.

*Anticiclone da Amazônia* ou *Doldrums*. Ao mesmo tempo que atua como uma área de baixas pressões em relação ao oceano Atlântico e que atrai, portanto, o ar úmido de nordeste dali proveniente – o que intensifica bastante a umidade da região –, a bacia amazônica atua também como um importante centro produtor e exportador de massa de ar. Mesmo sendo uma área onde as temperaturas são consideravelmente eleva-

4 – Circulação e dinâmica atmosférica

**A** - Alta pressão    **B** - Baixa pressão

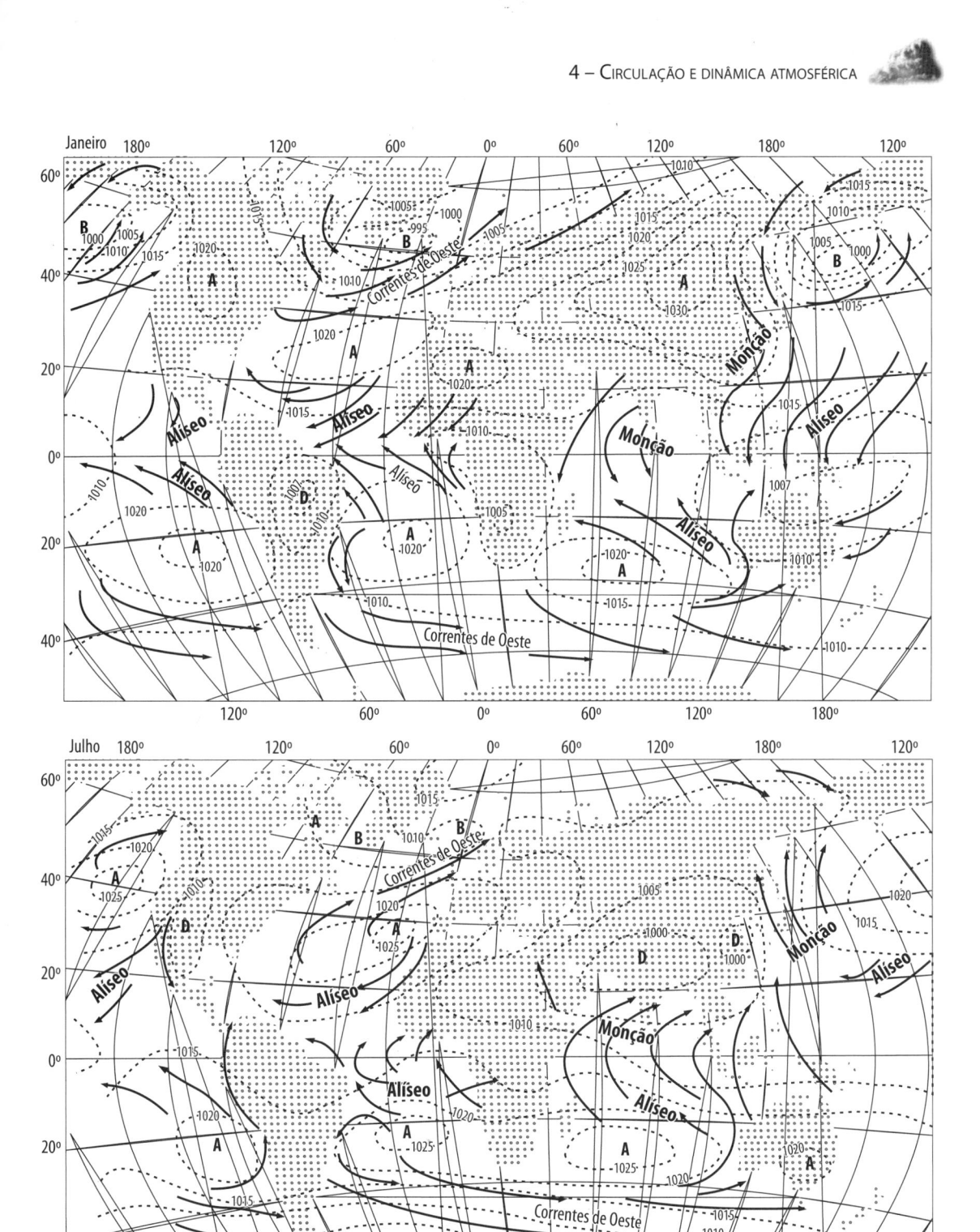

**Fig. 4.10** *Repartição média da pressão atmosférica (em milibares) e dos principais fluxos atmosféricos na superfície do globo, em janeiro e em julho*
Fonte: Estienne e Godard, 1970.

das, garantindo a formação de centro de baixas pressões, as modestas cotas do relevo da bacia, comparadas às elevações circundantes (Planalto das Guianas, ao norte, Cordilheira dos Andes, a oeste, e Planalto brasileiro, ao sul) e associadas à divergência dos alíseos no interior do continente, conferem-lhe características de uma região produtora e exportadora de massas de ar, sobretudo durante o verão austral, quando o centro de ação atinge latitudes bem mais altas. A denominação *doldrum* (do inglês, calmaria, apatia) diz respeito à predominância da circulação convectiva do ar na região da ZCIT, que historicamente marcou a navegação em caravelas na área – já que para esse tipo de transporte importava o deslocamento horizontal do ar em relação à superfície, e não o vertical.

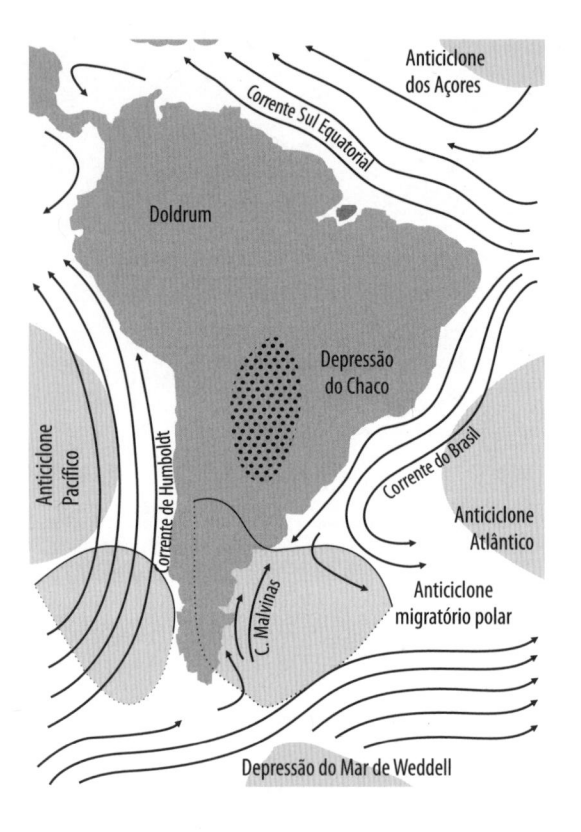

**Fig. 4.11** *Principais centros de ação da América do Sul*
*Fonte: Danni-Oliveira, 1999, adaptado de Monteiro, 1973.*

🌧 *Anticiclone Semifixo do Atlântico Sul.* Assim como o anticiclone semifixo do Pacífico Sul, sua característica de mobilidade decorre do deslocamento sazonal do centro de altas pressões, que se posiciona mais próximo da costa oeste dos continentes no verão, quando é atraído pelo campo de baixas pressões que se forma sobre ele, ou mais afastado no inverno, quando o campo de pressões mais baixas posiciona-se sobre o oceano. Os dois centros apresentam um deslocamento sazonal no sentido leste-oeste e decorrem do movimento subsidente do ar nas proximidades dos 30° S, ou seja, na faixa das altas pressões subtropicais, sendo que o anticiclone semifixo do Atlântico tem uma considerável influência sobre todos os climas da porção central, nordeste, sudeste e sul do Brasil, com maior destaque no verão.

🌧 *Anticiclone Semifixo do Pacífico.* Apresenta as mesmas características do anticiclone semifixo do Atlântico, porém, diferencia-se deste pela pouca abrangência da região influenciada por ele sobre o continente. Nesse caso, a pequena área de atuação desse centro sobre o continente é uma consequência direta da força de atrito do relevo (atuando como uma barreira) sobre a circulação do ar, representada pela cordilheira dos Andes, que impede a passagem do ar quente e úmido proveniente do anticiclone do Pacífico sobre o oeste sul-americano.

🌧 *Anticiclone Migratório Polar.* Forma-se no extremo sul da América do Sul, em latitudes subpolares, devido ao acúmulo do ar polar oriundo dos turbilhões polares sobre os oceanos. A condição de centro migratório de alta pressão deve-se ao fato de que este campo de pressão atmosférica posiciona-se, no inverno, sobre latitudes mais baixas (até as proximidade dos 30° S, na altura do norte da Argentina e Uruguai) devido à queda sazonal da radiação no hemisfério Sul e, no verão, recua para latitudes mais elevadas (próximo aos 60° S, ao sul da Terra do Fogo), impelido para o sul pela elevação do fluxo de energia do hemisfério Sul nessa época do ano.

### Centros de ação negativos

⛆ *Depressão do Chaco*. A elevação sazonal das temperaturas do continente, mais expressivas do que sobre o oceano, por ocasião do solstício de verão, acentua as condições favoráveis à formação de um centro de baixas pressões na latitude da faixa de altas pressões subtropicais no hemisfério Sul. Assim, a depressão do Chaco constitui um centro de baixas pressões de origem térmica. Nessas condições, a região atrai para o interior do continente o ar quente e úmido dos centros anticiclonais que o circundam: o anticiclone semifixo do Atlântico, nessa época do ano posicionado mais próximo ao continente, e o centro de ação da Amazônia, com maior deslocamento em direção ao sul. No inverno, a situação inverte-se, e a depressão do Chaco geralmente atrai o anticiclone migratório polar em direção norte, facilitando a propagação do ar polar até as baixas latitudes sul-americanas, principalmente devido às ondulações da frente polar atlântica, que aproveita a calha natural do relevo regional para seu deslocamento.

⛆ *Depressão dos 60° de Latitude Sul*. Situa-se na faixa subpolar das baixas pressões do globo, sobre os mares vizinhos à Península Antártica (mar de Weddel e de Ross), consideravelmente distante do continente sul-americano, embora desempenhe um importante papel sobre a dinâmica de sua atmosfera. Quando esses centros de baixas pressões subpolares são reforçados pela propagação de ciclones, eles exercem uma atração dos sistemas intertropicais em direção sul, pois o campo de pressões negativas é reforçado.

## 4.3 As massas de ar

A conceituação de uma *massa de ar* é geralmente imprecisa devido, em particular, à dificuldade de se conceber a atmosfera dividida em espaços independentes. Todavia, tendo em vista a necessidade de compreendê-la melhor e trabalhá-la didaticamente, várias definições foram propostas para as massas de ar. Uma, mais simples, define a massa de ar como uma unidade aerológica, ou seja, uma porção da atmosfera, de extensão considerável, com características térmicas e higrométricas homogêneas.

A extensão das massas de ar, seja na dimensão horizontal ou vertical, pode variar de algumas centenas a alguns milhares de quilômetros.

Para a sua formação, a massa de ar requer três condições básicas: superfícies com considerável planura e extensão, baixa altitude e homogeneidade quanto às características superficiais. Assim, ela somente se forma sobre os oceanos, mares e planícies continentais. Na maioria das vezes, as massas de ar originam-se nos lugares onde as circulações são mais lentas e as situações atmosféricas, mais estáveis, como nas regiões das altas pressões subtropicais e polares (Fig. 4.12).

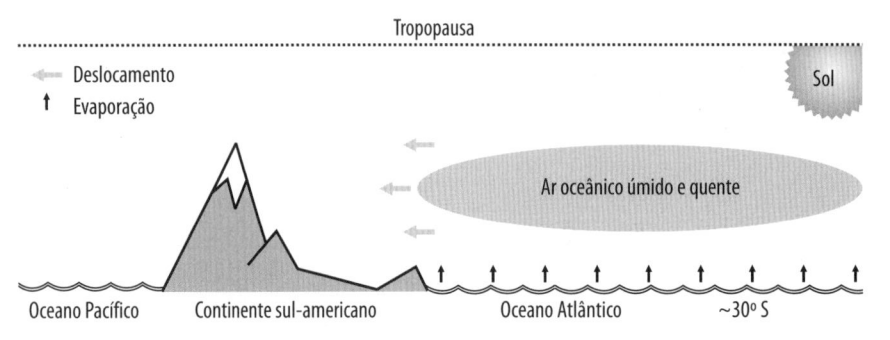

**Fig. 4.12** *Esquema demonstrativo da formação de uma massa de ar quente e úmida tropical*

Ao se deslocarem de suas regiões de origem, das quais adquirem as características termo-higrométricas principais, as massas de ar influenciam as regiões por onde passam, trazendo para essas áreas novas condições de temperatura e umidade, e sendo, ao mesmo tempo, influenciadas por elas. A massa de ar polar atlântica (MPA), por exemplo, é fria e seca na Patagônia, sua região de origem; porém, ao atingir o litoral brasileiro, encontra-se bem mais aquecida e torna-se úmida. Ao mesmo tempo em que provoca queda nas temperaturas, no Brasil, ela se aquece devido à maior radiação das baixas latitudes e adquire considerável umidade ao deslocar-se sobre as águas mais aquecidas do Atlântico subtropical e tropical. Assim, *a movimentação de uma massa* de ar é marcada por uma *alteração permanente de suas características*, o que ressalta o dinamismo da atmosfera na sua interação com a superfície a partir do movimento do ar.

Uma massa de ar que possui as características principais de sua área de formação, que ainda não sofreu modificação expressiva de suas condições originais, é chamada *massa de ar primária*, ao passo que aquela que apresenta modificação significativa como resultado da influência das condições superficiais das novas áreas por onde passa é chamada de *massa de ar secundária*. Na Patagônia, a MPA é, por exemplo, uma massa primária e, ao deslocar-se sobre o litoral brasileiro, é uma massa secundária.

A temperatura e a umidade são as duas principais características de uma massa de ar.

A posição zonal da área de origem de uma massa de ar define sua condição térmica. Assim, as massas originadas nas baixas latitudes são quentes; nas médias latitudes são frias e, nas altas latitudes, glaciais (Quadro 4.1).

O teor de umidade de uma massa de ar depende da natureza da superfície onde ela se origina, ou seja, uma massa de ar será úmida quando se formar sobre regiões marítimas ou oceânicas (de latitudes baixas e médias) e seca, sobre regiões continentais. Um caso particular, todavia, é a massa de ar equatorial continental (MEC), que se origina na região Amazônica e é úmida mesmo formando-se sobre o continente, pois recebe um elevadíssimo aporte da umidade superficial por evapotranspiração e pela ação de ventos de leste, que trazem umidade oceânica (Quadro 4.1).

A estrutura vertical das massas de ar está diretamente relacionada aos processos de radiação e convecção que determinam sua formação. Quando uma massa de ar se resfria por radiação a partir de sua base, seu gradiente térmico vertical é geralmente fraco, o ar é muito estável e ela é denominada radiativa; em alguns casos, o gradiente pode ser positivo, o que dá origem a *inversões térmicas*. Quando predomina a convecção, a massa de ar é aquecida por condução na sua base, onde se observa uma expressiva alteração do seu gradiente térmico com a altitude e a ocorrência de uma forte instabilidade em seu interior (Quadro 4.1).

**Quadro 4.1** *Tipologia e designação das massas de ar*

| Origem | Abreviação | Característica |
|---|---|---|
| Ártico e Antártida | A | Glacial |
| Polar (50°-70° lat.) | P | Fria |
| Tropical e Equatorial | T e E | Quente |
| Marítima | M | Úmida |
| Continental | C | Seca |
| Radiativa | R | Estável |
| Convectiva | C | Instável |

*Fonte: modificado de Beltrando e Chémery, 1995.*

Há quatro tipos básicos de massas de ar, resultantes da combinação entre a temperatura e a umidade do ar:
- *quente e úmida*: é formada nas baixas latitudes (zona equatorial-tropical), sobre os oceanos ou, excepcionalmente, sobre a Amazônia;
- *quente e seca*: é formada nas baixas latitudes (zona equatorial-tropical), sobre os continentes;

🌧 *fria e úmida*: é formada nas latitudes médias (zona temperada), sobre os oceanos;
🌧 *fria e seca*: é formada sobre os continentes nas latitudes médias (zona temperada) e nas altas latitudes (zona polar).

A variação sazonal da radiação nos diferentes lugares do Planeta, associada aos outros fatores da movimentação do ar, produz o *dinamismo das massas de ar* sobre sua superfície. Assim, as massas de ar percorrem longos trajetos em seus deslocamentos a partir de suas áreas de origem. O ar tropical tende a escoar em direção aos polos e chega a atingir a zona temperada, enquanto o ar frio tende a escoar em direção ao Equador e chega a atingir até a latitude 0°. Esses movimentos possibilitam importantes *trocas de energia* entre as regiões deficitárias e aquelas de representativa entrada de energia.

Durante o inverno de cada hemisfério, o ar polar e o ar frio das médias e altas latitudes encontram excelentes condições para um melhor deslocamento em direção às médias e baixas latitudes, e, geralmente, produzem sobre essas áreas tipos de tempo marcados por quedas térmicas e higrométricas quando sobre os continentes. Nos litorais e oceanos, as quedas térmicas se fazem acompanhar pela elevação da umidade do ar. Durante o verão, a situação inverte-se, e o ar quente e úmido equatorial e tropical desenvolve seus mais longos e expressivos deslocamentos em direção às médias latitudes, com menor pressão que o ar das latitudes médias e altas. O ar quente tem deslocamentos bem menos expressivos em direção aos polos do que o ar frio e polar na direção do Equador. Assim, predominam sobre os continentes tipos de tempo quente e seco e, nas fachadas litorâneas, sobretudo ocidentais dos continentes, quente e úmido.

Os deslocamentos das massas de ar no sentido Equador-polo sempre permitem o contato de massas de ar de características diferentes, o que gera as *descontinuidades atmosféricas* ou *frentes*, fenômeno atmosférico que marca os climas das regiões subtropicais e temperadas. Todavia, duas massas de ar podem se misturar quando se deslocam lado a lado por vários dias.

## 4.4 Frentes

O encontro de duas massas de ar de características diferentes produz uma zona ou superfície de descontinuidade (térmica, anemométrica, barométrica, higrométrica etc.) no interior da atmosfera, genericamente denominada frente. Essa superfície de descontinuidade ou de transição é estreita e inclinada, e nela os elementos climáticos apresentam variação abrupta. Denomina-se *frontogênese* o processo de origem das frentes, e *frontólise* sua dissipação.

## 4 – CIRCULAÇÃO E DINÂMICA ATMOSFÉRICA

A escola norueguesa de Climatologia deu origem à abordagem das frentes na dinâmica da atmosfera e considera, com base nas condições atmosféricas das médias e altas latitudes do hemisfério Norte, que existem dois tipos de frente no Planeta: a *frente ártica/antártica* e as *frentes polares*. A ZCIT não entra nessa classificação, pois, nas proximidades da linha do Equador, não se observa expressiva variação térmica entre as massas de ar que se encontram.

A *frente ártica/antártica* é ativa sobretudo no inverno e corresponde ao contato das massas de ar glacial ártica/antártica (formadas sobre as zonas cobertas de gelo) e das massas de ar polares (relativamente menos frias), provenientes dos oceanos.

A frente polar, que predomina nas latitudes médias e baixas, separa o ar polar do ar tropical. Dois tipos básicos de frente polar são conhecidos: a *frente fria*, na qual o ar frio polar avança sobre a região do ar quente tropical, e a *frente quente*, na qual o ar quente avança sobre a região do ar frio. A passagem de um desses tipos de frente sobre uma determinada região é acompanhada por instabilidade atmosférica, alternância de tipos de tempo e, genericamente, ocorrência de precipitações. São elas que marcam o dinamismo da atmosfera dessas zonas do globo e caracterizam a sucessão dos tipos de tempo, pois se formam sobre áreas nas quais as massas de ar que se encontram apresentam consideráveis contrastes térmicos; assim, a frente polar caracteriza-se por ser fortemente ativa.

As frentes avançam sobre a superfície em forma de arco, cuja origem é um centro de alta pressão e a ponta do arco corresponde a um centro de baixa pressão (Fig. 4.13). As frentes frias desenham, no hemisfério Sul, um arco que avança em direção norte com a embocadura voltada para sul, enquanto as frentes quentes traçam um desenho na forma inversa.

Uma frente fria ocorre quando o ar frio, mais denso e mais pesado, empurra o ar quente para cima e para frente, fazendo-o se retirar da área, tanto por elevação quanto por advecção.

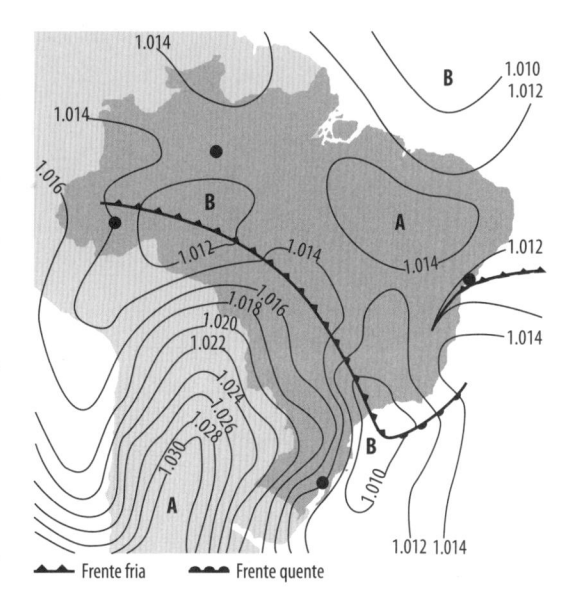

**Fig. 4.13** *Carta sinóptica do Brasil, de 23 de abril de 1971, evidenciando os campos de alta (A) e de baixa (B) pressão sobre o continente, além da propagação de uma frente fria sobre o Brasil central, do centro de mais alta pressão (1.030 mb) para os de pressões menores (1.014 e 1.012 mb). Observa-se também o deslocamento de uma frente quente sobre a porção Sudeste do País, além de uma outra frente fria sobre o litoral do Nordeste*

As *frentes frias* podem apresentar:

- *Deslocamento rápido e instabilidade*: ocorre quando as diferenças de temperatura e pressão das massas de ar e de seus centros de ação são muito acentuadas; nesse caso, as nuvens dispõem-se em uma faixa estreita ao longo da linha de descontinuidade. Nuvens altos-cúmulos, estratos-cúmulos, cúmulos e cúmulos-nimbos anunciam a chegada da frente. Uma importante coluna de nimbos-estratos e estratos marca a passagem da porção mais intensa da frente, cuja precipitação e ocorrência de trovoadas é de grande intensidade devido às expressivas correntes convectivas. Após a passagem dessa *faixa de instabilidade*, predominam as nuvens altos-cúmulos e cúmulos, e o tempo torna-se estável, com céu limpo e predomínio de baixas temperaturas (Fig. 4.14).

- *Deslocamento lento e estabilidade*: com os centros de ação das massas de ar concorrentes bem distantes um do outro ou com baixa diferença barométrica, as nuvens acumulam-se ao longo da linha de descontinuidade e o céu pode apresentar-se coberto por uma extensão de cerca de 500 km. As nuvens cirros, em altitude, associadas às estratos-cúmulos e estratos mais próximas à superfície, marcam a chegada de uma frente fria de deslocamento lento. Na linha de frente, há um predomínio de nimbos-estratos, que cobrem totalmente o céu e dão origem à precipitação, geralmente bastante intensa e acompanhada de trovoadas. Após a passagem desse tipo de frente, mais lenta, a pressão atmosférica eleva-se, e predominam as baixas temperaturas (Fig. 4.15).

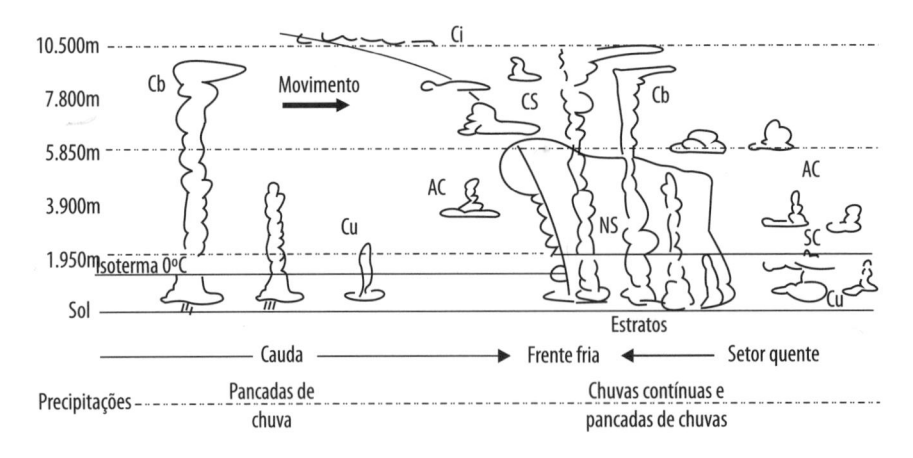

**Fig. 4.14** Corte vertical da atmosfera ilustrando a formação de uma frente quente estável

Frentes frias de deslocamento rápido ocorrem, principalmente, entre as regiões polares e as regiões subtropicais, enquanto as de deslocamento lento predominam na faixa intertropical.

Quando o ar quente consegue empurrar o ar frio de uma determinada localidade, ocorre uma *frente quente*. A menor densidade do ar quente e o atrito com a superfície fazem com que o ar quente

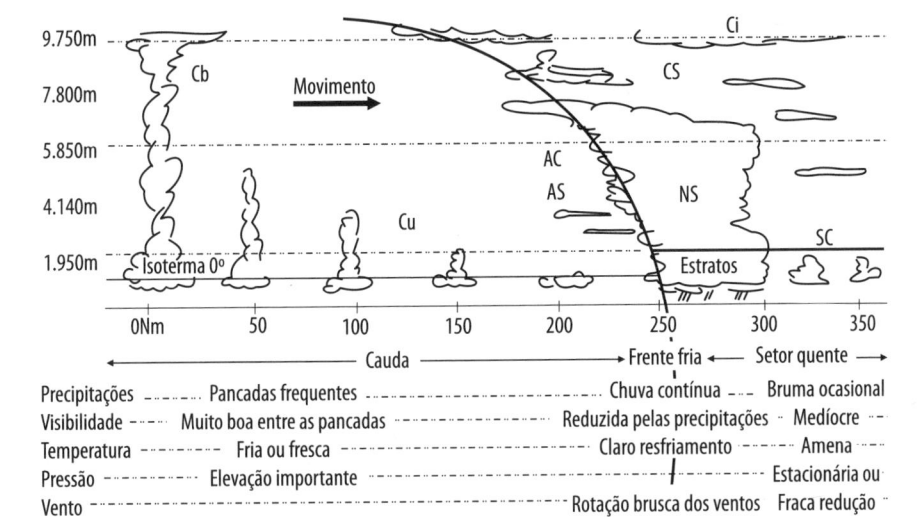

**Fig. 4.15** *Corte vertical da atmosfera que ilustra a formação de uma frente fria estável ou de deslocamento lento*

| | Cauda | Frente fria | Setor quente |
|---|---|---|---|
| Precipitações | Pancadas frequentes | Chuva contínua | Bruma ocasional |
| Visibilidade | Muito boa entre as pancadas | Reduzida pelas precipitações | Medíocre |
| Temperatura | Fria ou fresca | Claro resfriamento | Amena |
| Pressão | Elevação importante | | Estacionária ou |
| Vento | | Rotação brusca dos ventos | Fraca redução |

tenha, em relação à frente fria, mais dificuldade de empurrar o ar frio adjacente. Consequentemente, a linha da frente quente configura-se como uma *cunha* formada pelo ar frio na base e o quente *sobre ele* (Fig. 4.16).

A ocorrência de frentes quentes é geralmente marcada por uma massa de nuvens de considerável extensão, e as chuvas que caracterizam sua passagem são contínuas e de pequena intensidade, acompanhadas pela formação de nevoeiros na superfície.

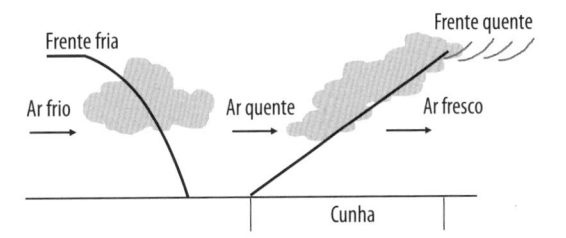

**Fig. 4.16** *Cunha da frente quente*

As frentes quentes podem ocorrer de duas maneiras:

a) Em uma *frente quente de deslocamento lento* (Fig. 4.17), cerca de 300 km antes da passagem da linha de frente na superfície, o céu cobre-se de nuvens cirros, cirros-estratos, altos-cúmulos, altos-estratos, cúmulos e estratos-cúmulos. A chuva contínua ocorre quando predominam nuvens estratos e nimbos-estratos com rotação dos ventos. Após a passagem da chuva, a temperatura apresenta leve aquecimento.

b) Em uma *frente quente de deslocamento rápido* (Fig. 4.18), a massa de nuvens nimbos-estratos é mais extensa na base e, dentro dela, formam-se cúmulos-nimbos que podem dar origem a chuvas rápidas. De maneira geral, o céu apresenta-se bem menos coberto do que na frente quente de deslocamento lento.

A passagem de um sistema frontal sobre uma determinada região é geralmente marcada pela *perturbação atmosférica*. Quando esta acontece e é caracterizada por uma expulsão progressiva, em altitude, do ar quente, com o posterior desaparecimento deste, trata-se de uma *oclusão*, quando a frente fria encontra-se com a frente quente, (pois a frente fria avança mais rápido do que a frente quente). Esse fato ocorre quando os setores frios anterior e posterior da frente entram em contato, o que origina a chamada *frente oclusa* ou oclusão (Figs. 4.19 e 4.20), gerando o processo de *frontólise*.

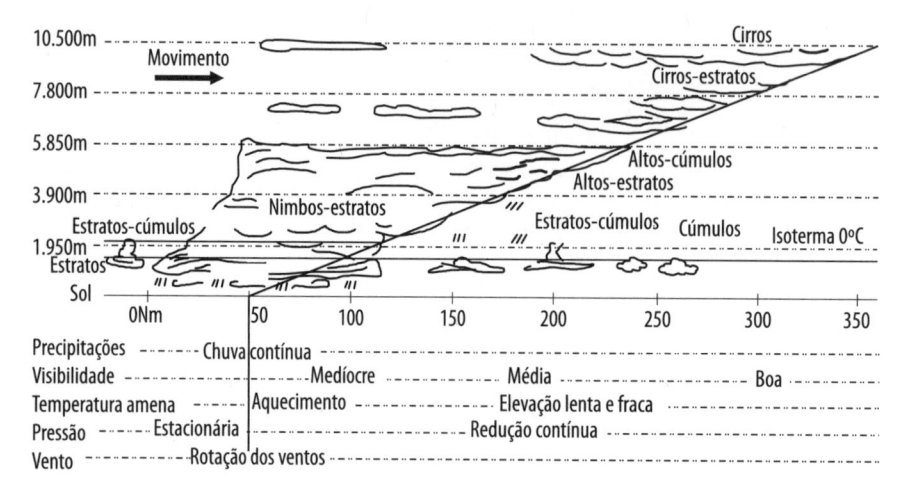

**Fig. 4.17** Corte vertical da atmosfera com a formação de uma frente quente estável

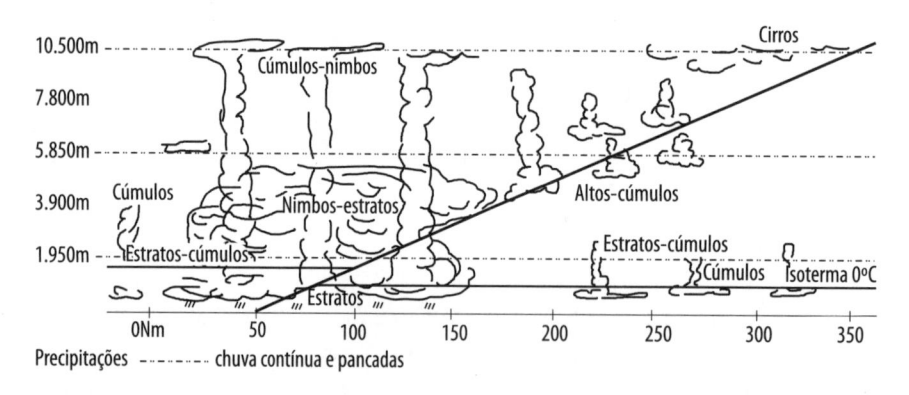

**Fig. 4.18** Corte vertical da atmosfera que evidencia a formação de uma frente quente instável

A frontogênese relativa à *frente polar atlântica* (FPA) desempenha um papel fundamental na definição dos tipos de tempo predominantes e na configuração climática da América do Sul. A atuação, em particular, da FPA, resulta no intenso dinamismo que se observa praticamente em todo o continente sul-americano (Fig. 4.21). Suas mais expressivas atuações, quanto à intensidade e à dimensão espacial e temporal, ocorrem no inverno e na primavera, decaindo no outono e no verão.

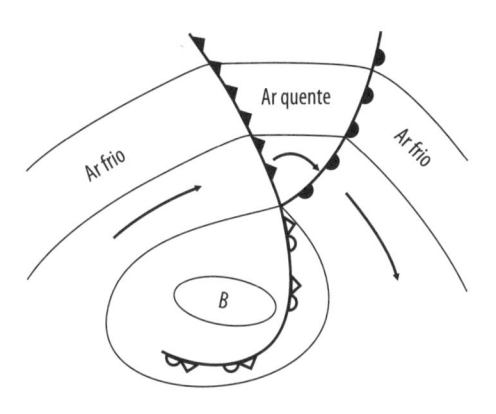

**Fig. 4.19** *Esquema horizontal da formação de uma oclusão*

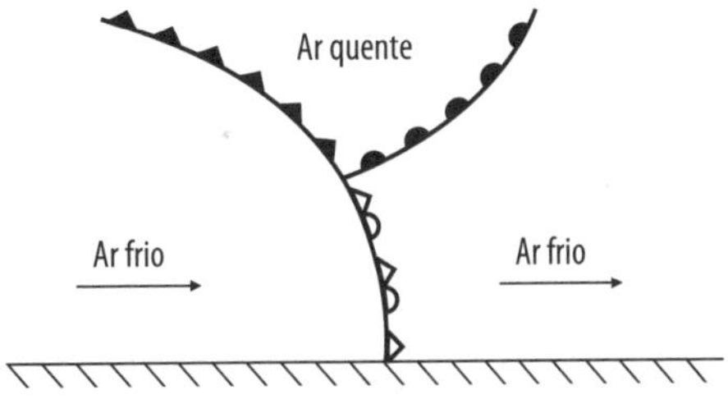

**Fig. 4.20** *Esquema vertical da formação de uma oclusão*

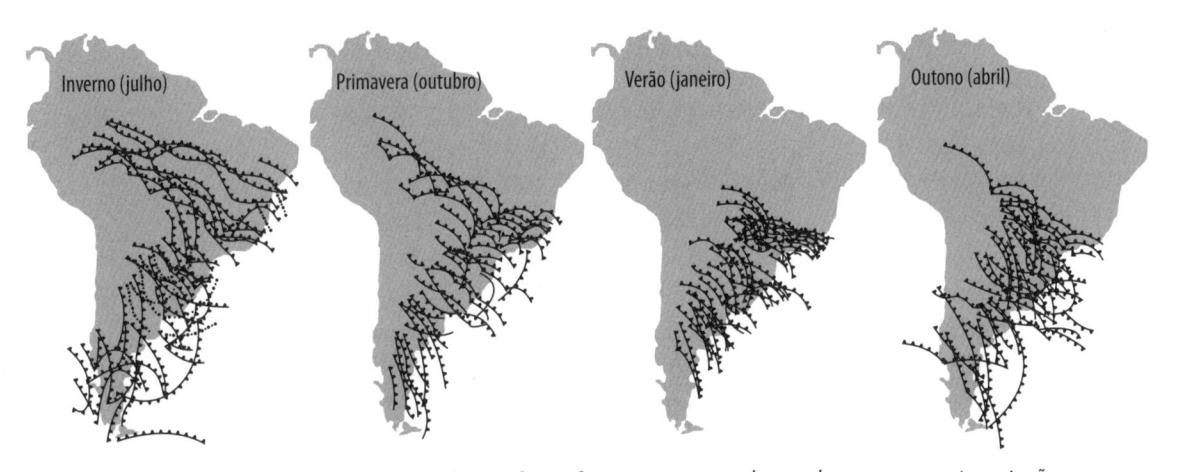

**Fig. 4.21** *Variação espacial da ocorrência de frentes frias e frentes quentes ao longo do ano, nas quatro estações, na América do Sul*
Fonte: Monteiro, 1968.

## 4.5 As massas de ar da América do Sul e sua dinâmica

A dinâmica atmosférica da América do Sul, devido, principalmente, à sazonalidade da radiação, à considerável extensão longitudinal do continente e ao afunilamento deste com o aumento da latitude, além da configuração do relevo, é marcada pela atuação de massas de ar equatoriais, tropicais e polares. Dentro de cada uma dessas faixas ou zonas, a dinâmica do ar é fortemente marcada pela atuação das massas de ar que dentro delas se originam, pela sua interação com massas oriundas de outras zonas e pelos fenômenos correlacionados e/ou derivados dessa interação.

Consoante com essas características do aspecto geográfico da América do Sul, observa-se na região uma pequena quantidade de massas de ar de origem continental (Fig. 4.22); predominam as de origem oceânica, que propiciam ao continente a formação de ambientes climáticos com considerável umidade. Devido à dinâmica atmosférica associada ao relevo, paisagens semiáridas e até mesmo desérticas formam-se sobre o continente sul-americano.

De maneira geral, pode-se distinguir *três grupos* de massas de ar de grande extensão que, ao interagirem com outras, de regiões diferentes, comandam a dinâmica atmosférica sul-americana e dão origem aos tipos de tempo dessa região.

### a - Na faixa equatorial

*Massa equatorial do Atlântico norte e sul (MEAN e MEAS)*: as massas de ar quente e úmido formadas nos anticiclones dos Açores (norte) e de Santa Helena (sul) são denominadas massa equatorial do Atlântico norte (MEAN) e massa equatorial do Atlântico sul (MEAS), respectivamente. Ambas são atraídas para o continente em função da diferença de pressão entre as superfícies continental e oceânica.

Essas massas de ar atuam principalmente nas porções norte (MEAN) e extremo nordeste (MEAS) da América do Sul (Fig. 4.22), cuja maior amplitude térmica se dá no verão, quando o ar frio do hemisfério Norte impulsiona a expansão do anticiclone dos Açores para sul, originando a massa de ar equatorial atlântica nas mais baixas latitudes do hemisfério Norte. Ao mesmo tempo, a MEAS tem sua maior expressão devido ao posicionamento do anticiclone de Santa Helena, que favorece sua atuação sobre o litoral do Nordeste brasileiro.

*Massa de ar equatorial continental (MEC)*: a célula de divergência dos alíseos, ou *doldrums*, localizada na porção centro-ocidental da planície Amazônia, produz uma massa de ar cujas características principais são a elevada temperatura, a proximidade da linha do Equador e a umidade. A massa de ar que ali se origina apresenta um aspecto singular dentre as massas continentais: é úmida, pois se origina sobre uma superfície com farta e caudalosa rede de drenagem coberta por uma exuberante e densa floresta, além de ter sua atmosfera enriquecida com a umidade oceânica proveniente de leste (ZCIT) e de nordeste (MEAN).

A atuação máxima dessa massa de ar dá-se principalmente durante o verão austral, época em que o ar quente encontra mais facilidade de desenvolvimento em direção sul. Assim, o ar quente e úmido equatorial continental influencia a atmosfera de toda a porção interiorana da América do Sul, pois desloca-se por meio de *correntes de noroeste*,

*oeste* e *sudoeste* a partir de seu centro de ação, como se pode observar nas Figs. 4.11 e 4.22. Esses deslocamentos recebem também a denominação, por alguns autores, de *ondas de calor de noroeste* no centro-sul do Brasil.

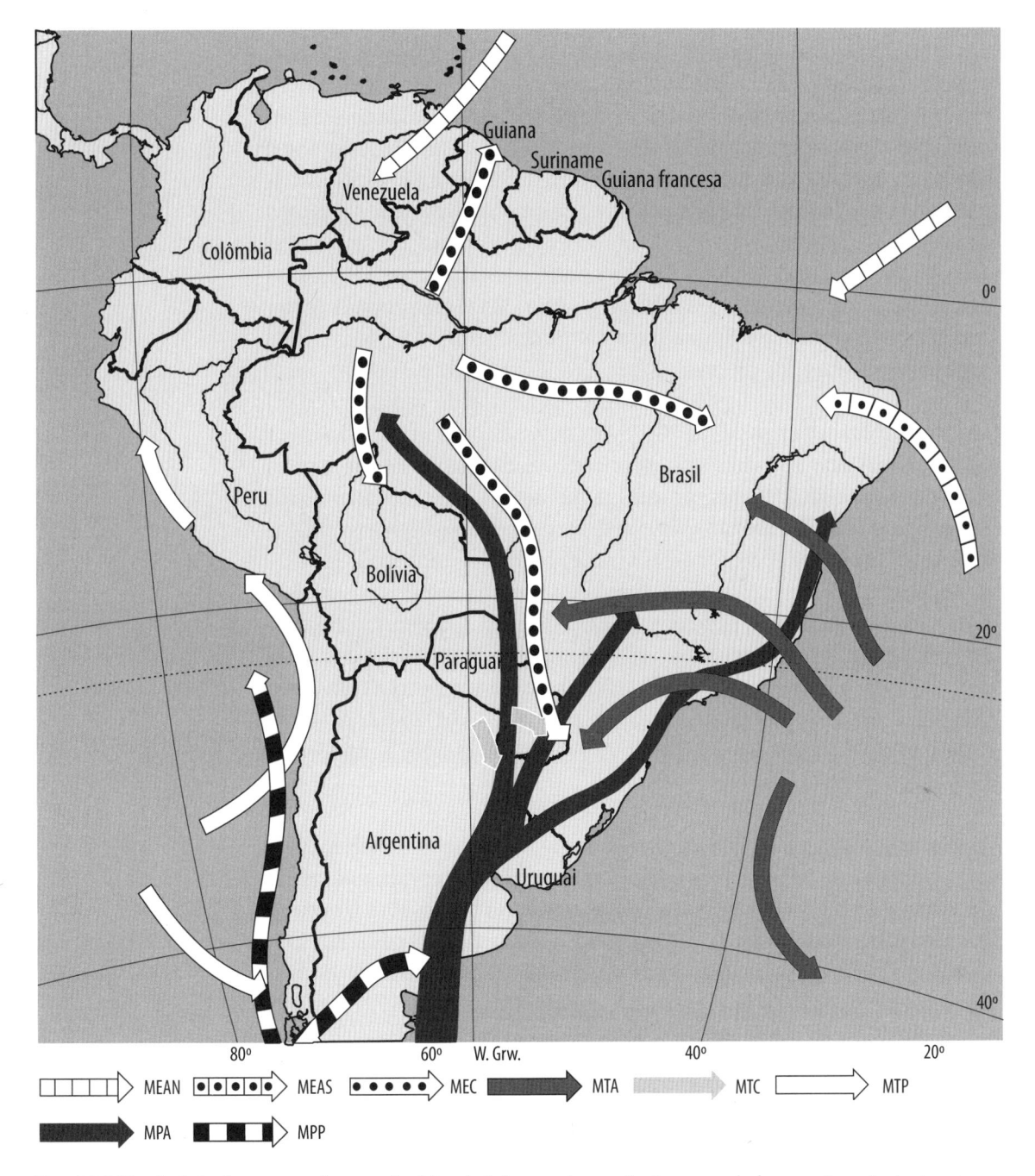

**Fig. 4.22** *Distribuição das massas de ar na América do Sul segundo suas fontes e seus deslocamentos principais*
*Fonte: Monteiro, 1968.*

### b - Na faixa tropical

*Massa tropical atlântica (MTA)*: é uma das principais massas de ar da dinâmica atmosférica da América do Sul e, particularmente, do Brasil, onde desempenha considerável influência na definição dos tipos climáticos. Origina-se no centro de altas pressões subtropicais do Atlântico e possui, portanto, características de temperatura e umidade elevadas. Sua mais expressiva atuação nos climas do Brasil, por meio de correntes de leste e de nordeste, dá-se no verão, quando, atraída pelas relativas baixas pressões que se formam sobre o continente, traz para a atmosfera deste bastante umidade e calor, reforçando as características da tropicalidade climática do País. Ela atua, todavia, durante o ano todo nos climas do Brasil, principalmente na porção litorânea, onde, devido à orografia, provoca considerável precipitação, sendo mais expressiva no verão. *Ondas de calor de nordeste e de leste* são também denominações atribuídas por alguns autores aos deslocamentos da MTA na porção leste-sudeste-sul e central do Brasil, para onde conduzem calor e umidade oriundos do Atlântico tropical.

*Massa tropical continental (MTC)*: evidencia-se como um bolsão de ar de características próprias, que se desloca e consegue interagir com o ar de outras localidades. Forma-se na região central da América do Sul, no final do inverno e início da primavera, antes de começar a estação chuvosa. Assim, sobre a área, forma-se uma condição de divergência atmosférica, que dá origem a uma massa de ar quente e seca. Durante as outras estações do ano, de maneira geral, a depressão do Chaco atua como uma área de atração de massas de ar de outras regiões, cujos centros de ação apresentam-se mais intensos que aquele de sua área de origem. Dessa forma, a região é facilmente dominada pelo ar polar, no inverno, e pelo ar quente e úmido do Equador, no verão.

*Massa tropical pacífica (MTP)*: apresenta as mesmas características e o dinamismo da MTA, porém, sua atuação sobre o continente se dá de forma oposta, ou seja, ela atua predominantemente sobre o oceano Pacífico, desviada de sua trajetória para o interior do continente, por influência da cordilheira dos Andes. Assim, seu calor e umidade específicos atingem somente uma pequena parte do continente. A trajetória dessa massa é desviada em direção nordeste-norte-noroeste, como se pode observar na Fig. 4.22, o que faz com que a umidade atmosférica se precipite sobre o oceano Pacífico. Nessas condições, o litoral tropical oeste da América do Sul atesta baixíssimos índices de pluviosidade e umidade do ar, dando origem a paisagens semiáridas e desérticas, como o deserto do Atacama. Essas características refletem também a baixa umidade do ar que decorre da corrente de Humboldt, que se movimenta na costa oeste do continente.

### c - Na faixa subpolar

*Massa polar (MP)*: o acúmulo de ar polar sobre o oceano Atlântico, na altura centro-sul da Patagônia, dá origem à massa de ar polar, de característica fria e úmida. Porém, antes da formação da Massa Polar Atlântica (MPA) no extremo sul da América do Sul, observa-se a origem da massa de ar polar – de temperaturas mais baixas e de menor teor de umidade que os seus dois sub-ramos que irão se formar no seu deslocamento. A massa polar é atraída pelas baixas pressões tropicais e equatoriais e recebe influências da força de atrito com o relevo sobre o qual se movimenta.

A disposição longitudinal dos alinhamentos gerais do relevo sul-americano e de suas calhas naturais facilita o deslocamento da massa polar em direção norte (Fig. 4.23). Quando atinge a cordilheira dos Andes, no extremo sul da América do Sul, ela se divide em dois ramos: o Pacífico (MPP) e o Atlântico (MPA) (Fig. 4.22). O ramo Pacífico, associado à corrente marinha fria de Humboldt, desloca-se normalmente até latitudes inferiores à linha do trópico de Capricórnio. O ramo Atlântico, favorecido pela calha natural da drenagem da bacia Platina, atinge latitudes bem menores que o ramo Pacífico, o que torna possível sua atuação sobre toda a porção centro-sul-leste da América do Sul. Quando o centro migratório polar encontra-se com intensidade expressiva, a MPA consegue se desenvolver até a latitude 0° e, em condições mais extremas, até mesmo ultrapassar a linha do Equador. Em tais condições, sua atuação sobre a Amazônia provoca a ocorrência do fenômeno conhecido regionalmente por *friagem*.

Ao atingir a latitude do rio da Prata, a MPA subdivide-se em dois grandes ramos. Um deles adentra o continente, aproveitando-se da calha natural do relevo formada pelos rios da Prata, Paraguai, Paraná etc. É a esse ramo que se associam a queda térmica de inverno, no interior do Brasil, e os reduzidos índices de umidade do ar e de pluviosidade observados no centro do continente, nessa época do ano. O outro sub-ramo desloca-se pela fachada litorânea e associa-se, já na altura do Brasil, à MTA, dando origem às chuvas predominantes entre finais de verão e inverno no leste do Brasil.

Dos permanentes deslocamentos da MPA em direção norte e do choque entre suas características e as do ambiente climático tropical e equatorial originam-se os *mecanismos frontogenéticos austrais*.

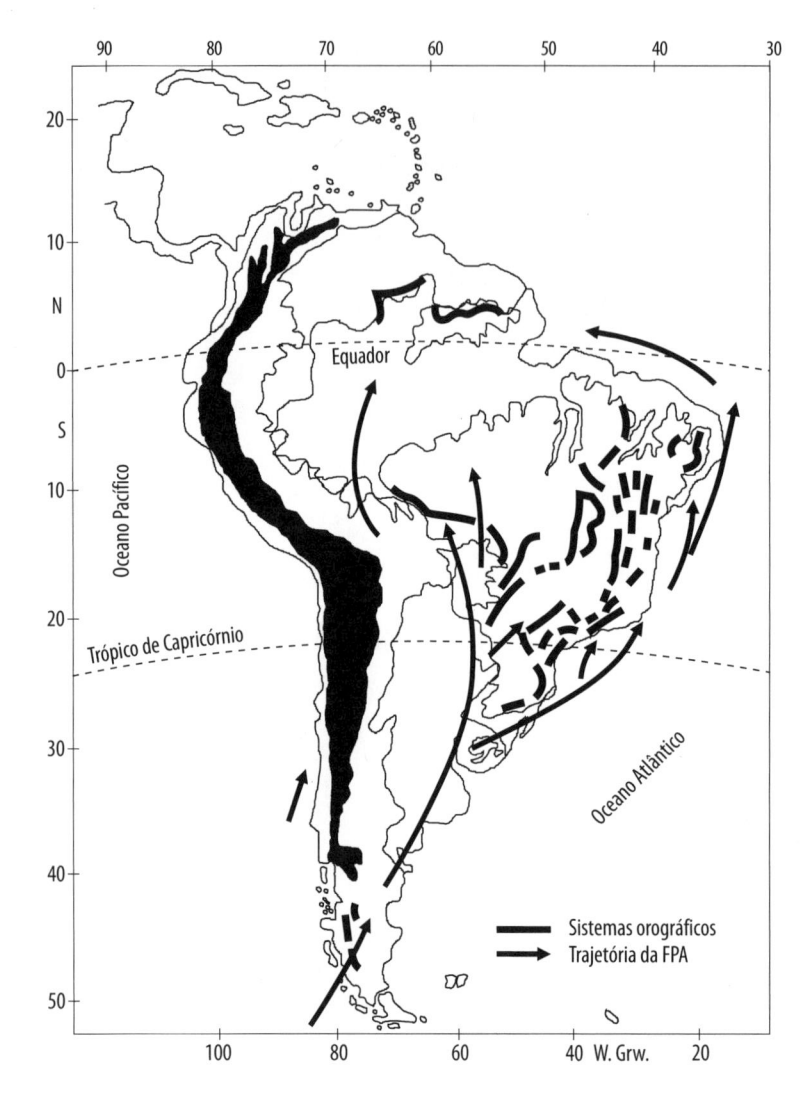

**Fig. 4.23** *Trajetória da MPA na América do Sul e a influência do relevo nos seus deslocamentos. Observa-se que sua trajetória principal se faz pelos litorais e pelas planícies interioranas do continente Fonte: Monteiro, 1968.*

# 5 – Classificações climáticas: os tipos climáticos da Terra

Para oferecer uma compreensão dos diferentes climas da Terra, a Climatologia defronta-se, de maneira permanente, com o desafio de converter a grande massa de dados meteorológicos e climáticos disponíveis, que diferenciam os diversos lugares da superfície da Terra, em medidas estatísticas para avaliar os aspectos significativos do clima em relação a outras variáveis espaciais. Na tentativa de resolver esse problema, os estudiosos da atmosfera aplicam o princípio da classificação para expressar os diferentes agrupamentos das características da atmosfera sobre os distintos lugares do Planeta.

Dessa maneira, torna-se possível encontrar respostas para questões como:

- A Terra possui somente um ou vários tipos climáticos?
- Como se diferenciam os climas do Planeta?
- Por que existem tipos climáticos diferentes dentro de uma mesma zona climática (por exemplo, climas frios dentro da zona tropical-equatorial)?
- Quais são os principais tipos climáticos encontrados na superfície da Terra?
- Quais são suas características principais?

Vários esquemas de classificação climática têm sido desenvolvidos pelos estudiosos da atmosfera para responder a essas questões. Alguns incluem o maior número possível de parâmetros meteorológicos e climáticos, com o intuito de dividir os climas do Planeta em grupos distintos, em sua maioria identificados por nomes e/ou símbolos. Entretanto, pela natureza variada do clima, a sua classificação, que é uma preocupação antiga de climatologistas e meteorologistas, deve considerar aspectos relacionados à *escala*, aos *objetivos* e aos *dados disponíveis*.

Com base nesse universo informativo constituído por dados meteorológicos e climáticos, pode-se reconhecer classes e subconjuntos que forneçam um arcabouço eficiente, a fim de apreender melhor esses dados e manejá-los com mais facilidade para a compreensão das complexas variações do clima do mundo. Isso é possível porque há, em diversas áreas da superfície terrestre, uma tendência à repetição de valores semelhantes produzidos pelo efeito de combinações de fatores também relativamente semelhantes. Essa tarefa é geograficamente útil, pois, mesmo refletindo uma certa redução, leva a uma compreensão da realidade espacial. Assim, uma classificação conduz, necessariamente, a uma dada *compartimentação do espaço*, que consiste em classificar para regionalizar e regionalizar para facilitar a representação do conhecimento.

Embora dois lugares na superfície da Terra não possuam climas idênticos, é possível definir áreas onde a combinação de diversos elementos e fatores resulta em um conjunto de condições climáticas relativamente homogêneo entre diferentes lugares. Atribui-se a essa região o nome de *região climática*.

Uma vez que o clima sobre uma localidade é a síntese de todos os elementos meteorológicos e climáticos em uma combinação singular, a qual resulta da interação dos *controles* e dos *processos climáticos* a partir da sucessão habitual dos tipos de tempo, pode-se reconhecer uma variedade de tipos climáticos sobre a superfície terrestre.

É necessário valer-se de critérios adequados para classificar o clima. Uma boa classificação deve estar embasada em longas séries estatísticas de dados meteorológicos de diferentes localidades. Essa tarefa é extremamente útil e facilita o exercício de mapeamento das regiões climáticas. Assim, a classificação climática resulta da necessidade de sintetizar e agrupar elementos climáticos similares em classes ou tipos climáticos, a partir dos quais as regiões climáticas são mapeadas, o que permite olhar a superfície da Terra como um mosaico composto por unidades climáticas individualizadas e complementares.

As classificações climáticas encerram os seguintes objetivos, que se inter-relacionam como ferramentas científicas fundamentais:
- ordenar grande volume de informações;
- possibilitar a rápida recuperação da informação;
- facilitar a comunicação.

A técnica do mapeamento contribui para o alcance desses objetivos.

Apesar de útil, o exercício da classificação climática é difícil, pois enfrenta certos problemas comuns a qualquer tipo de classificação. Como a classificação climática é mais um produto da engenhosidade humana do que um fenômeno da natureza, ela é artificial, subjetiva e apresenta dificuldades para estabelecer fronteiras. Outra dificuldade relaciona-se à inadequação dos dados meteorológicos e climáticos disponíveis, tanto em termos de distribuição espacial como em duração e confiabilidade.

Em razão disso, deve-se levar em conta que as delimitações espaciais dos tipos climáticos implicam principalmente expressões de parâmetros estatísticos, e as fronteiras entre os diferentes domínios climáticos exprimem verdadeiras *áreas de transição* entre eles, nas quais os elementos que compõem os climas possuem "uniformidade" menos expressiva, ou seja, sua maior variabilidade espaçotemporal dificulta a formação de tipos mais consolidados.

Como o clima é extremamente dinâmico, sofre flutuações e variações ao longo do tempo cronológico; portanto, os limites ou fronteiras climáticas também variam. Além disso, como são vários os elementos constituintes do fenômeno climático, a escolha dos parâmetros de maior significado para identificar tipos climáticos distintos apresenta-se como um problema a ser superado. A definição da quantidade de variáveis meteorológicas e climatológicas a serem combinadas para estabelecer uma classificação climática depende dos objetivos a que ela se destina. Dessa forma, a discriminação dos propósitos que motivam a classificação climática é a primeira tarefa para uma classificação bem-sucedida.

Os elementos climáticos usados com mais frequência para caracterizar o clima sobre qualquer região são a *temperatura* e a *pluviosidade* e, na maioria das vezes, são utilizados apenas os *valores médios*, o que revela um conhecimento muito genérico e parcial da realidade climática.

## 5.1 Abordagens aplicadas à classificação climática

Os esquemas de classificação climática procuram incluir o maior número possível de elementos, a fim de dividir os diferentes climas em grupos claramente definidos.

Uma das maiores dificuldades relaciona-se ao próprio conceito de clima, que, segundo Blair (1964),

> representa um conceito abstrato e complexo e que, não possuindo existência concreta em determinado instante, é algo que não pode ser calculado exatamente. Ao descrever o clima de um certo lugar, não é possível ter conhecimento de todas as mudanças atmosféricas, sendo necessário simplificar e generalizar.

Os principais elementos do clima e a diversidade de suas manifestações espaciais (temperatura, precipitação, radiação, vento) têm servido de base para as *classificações climáticas*. Talvez a primeira base para uma classificação dos climas tenha se originado da simetria entre as isotermas e os paralelos, estabelecendo um critério zonal, do qual resultaram as conhecidas zonas climáticas: equatorial, tropical, subtropical, ártica e polar.

A temperatura permite, em função da forma da Terra e da obliquidade do eixo em relação à eclítica, identificar *faixas distintas na superfície do Globo*, fornecendo o primeiro indicador climático, que são:

- regiões quentes de baixas latitudes, sem inverno (faixa intertropical);
- regiões temperadas com estações bem definidas (latitudes médias);
- regiões frias de altas latitudes, com verões pouco acentuados (proximidade dos círculos polares);
- regiões polares sem verão (envolvendo os polos).

Sabe-se, porém, que é insatisfatório considerar unicamente a temperatura como base de um sistema de classificação climática, uma vez que, para definir as regiões úmidas, secas ou desérticas, é preciso considerar a pluviosidade, dentre outros elementos.

A precipitação pluviométrica dos totais mensais e anuais e de seu regime possibilita uma certa individualização dos diversos tipos climáticos, permitindo estabelecer classes que identifiquem facilmente os climas superúmidos, úmidos, subúmidos, semiáridos e áridos. Todavia, esse tipo de classificação também é insatisfatório por incluir na mesma categoria, por exemplo, os climas frios árticos e os de desertos quentes de latitudes baixas.

Como a proporção de precipitação que permanece no solo é determinada pela evaporação, e esta, por sua vez, é controlada pela temperatura do ar, que depende diretamente da quantidade de energia, parece evidente que um sistema de classificação climática deve levar em conta esses elementos ou pelo menos a temperatura e a pluviosidade, além da maneira como elas se distribuem ao longo do ano.

Wilhelm Köppen, partindo da classificação das plantas segundo o calor e a umidade que necessitam para viver, publicada em 1874 por Auguste de Candolle, ensaiou a primeira tentativa de classificação climática baseada na associação entre a temperatura, a pluviosidade e a distribuição da vegetação.

Da associação entre a temperatura e a precipitação, Emmanuel de Martonne idealizou um dos primeiros *índices de aridez* conhecidos, a partir da fórmula:

$$I = \frac{P}{T + 10}$$

onde:
I = Índice de aridez;
P = Precipitação anual (mm);
T = Temperatura média anual (°C).

Posteriormente, Henri Gaussen propôs a relação de 2 milímetros de chuva para cada grau centígrado de temperatura, a fim de definir mês seco, isto é, quando o total pluviométrico mensal for igual ou inferior ao dobro da temperatura média do mesmo mês, de acordo com a fórmula:

$$P < 2T$$

Ao aplicar-se a fórmula anterior, obtém-se o índice de aridez ou *índice xerotérmico* de Gaussen, com os qual traça-se um gráfico conhecido como *curva ombrotérmica*.

Portanto, a definição das zonas e dos domínios climáticos requer não apenas o conhecimento dos distintos valores totais de temperatura e de pluviosidade, mas também sua repartição ao longo do ano e as anomalias ao longo de vários anos, características dadas pelos atributos genéticos ou dinâmicos da atmosfera. Ao retomar-se os conceitos e as abordagens ligados ao fenômeno climatológico, discutidos no Cap. 1, percebe-se claramente que a classificação climática, base indispensável à análise e à explicação do fenômeno climático, sempre esteve vinculada ao aspecto conceitual de clima, à questão das escalas do fato climático e sua ordem de grandeza, que orientaram as duas correntes de análise climática: a analítica e a genética.

## 5.2 Modelos analíticos de classificação climática

A atmosfera pode ser considerada a mais dinâmica e móvel de todas as esferas terrestres. Apesar do conhecido reducionismo na aplicação do método analítico para a apreensão dessa camada gasosa, recurso utilizado por várias ciências, ele é, ainda hoje, o mais utilizado para o estudo da Climatologia. De certo modo, a Climatologia clássica tenta ser fiel aos propósitos geográficos quando recomenda o estudo do conjunto de fenômenos atmosféricos em contato com a superfície terrestre, ou seja, as condições atmosféricas de um determinado lugar são fortemente influenciadas pela superfície sobre a qual se formam. Todavia, dada a complexidade dos fenômenos atmosféricos, a tarefa de simplificação e generalização dos diferentes ambientes climáticos não pode ser reduzida à utilização de simples valores numéricos dos elementos do clima, analisados separadamente, na perspectiva da definição de tipologias climáticas.

O método analítico encontra, na concepção de clima formulada por Julius Hann (1882), uma clara perspectiva analítico-separativa dos elementos climáticos, pois tem por base as leis físicas que regem o seu comportamento.

A Climatologia deve investigar os diversos elementos do clima e definir as *condições médias* ("estado médios") observadas em dada região, para estabelecer as relações entre os diferentes estados atmosféricos. Em outras palavras, pretendendo atingir a síntese pelo estado médio, associaria os fatos observados, mas não chegaria à explicação da gênese dos fenômenos atmosféricos e do clima.

Apoiados em concepções clássicas do clima, como as de Hann, Martonne, Köppen e Gaussen, vários climatologistas desenvolveram seus próprios sistemas de classificação com o intuito de adaptá-los às suas regiões de interesse. Portanto, há uma considerável quantidade de classificações climáticas no Planeta, embora algumas sejam de conhecimento e aplicação mais geral do que outras.

Essa diferenciação favorece algumas classificações, seja pela sua maior abrangência com relação à tipologia estabelecida, seja pela sua boa divulgação. Esse aspecto, entre outros, reflete o maior investimento na ciência em países desenvolvidos, pois as classificações mais conhecidas são, em sua maioria, propostas por estudiosos desses países.

O *método analítico* ou *estático* tem sido amplamente difundido e aceito por estudiosos do mundo todo, devido, principalmente, a sua facilidade de uso e simplicidade de aplicação. Essas características decorrem de seu aspecto quantitativo, pois o método analítico prende-se mais aos valores médios dos elementos do clima para expressar as diferentes *unidades climáticas*. Esse método marca bem o caráter local da combinação dos elementos meteorológicos que compõem o clima, todavia pode ser considerado insuficiente sob dois pontos de vista:

♣ enfatiza o estado médio, o que é uma completa abstração da realidade e leva ao abuso das médias aritméticas para caracterizar os elementos do clima;

♣ apresenta um caráter estático, artificial, pelo fato de não considerar a evolução dos fenômenos climáticos.

Não se trata de querer invalidar a importância dos valores médios dos elementos climáticos. Eles são necessários para a elaboração de classificações climáticas com base no uso de dados obtidos em longos períodos de observação e mensuração dos fenômenos meteorológicos utilizados para estabelecer as variações temporais dos elementos climáticos no espaço geográfico e no tempo cronológico. Os valores médios dos parâmetros climáticos servem, sobretudo, para uma aproximação muito genérica do clima e não devem substituir suas características particulares reveladas pela análise detalhada das unidades. Os tipos de tempo, desde os mais repetitivos até os mais efêmeros, são detalhes importantes de um tipo climático, que acabam mascarados pelos valores estatísticos médios.

Na atualidade, há mais de 200 esquemas de classificação climática, a maioria considerada empírica ou analítica e uma minoria, como genética ou dinâmica. Entre os numerosos modelos de classificação climática que seguem a abordagem analítico-separativa, destacam-se os de Köppen (1918 a 1936) e o de Thornthwaite (1948 e 1955), atualizados e hoje muito utilizados em várias partes do mundo, principalmente no Ocidente.

### 5.2.1 Classificação climática de Köppen

Wilhelm Köppen, desde o final do século XIX até a década de 1930, elaborou vários esquemas de classificação dos climas, os quais serviram de inspiração a outros que, direta ou indiretamente, derivaram deles. É reconhecido como o primeiro a classificar os climas levando em conta, simultaneamente, a *temperatura* e a *precipitação*, porém, fixando limites ajustados à distribuição dos tipos de vegetação. Sua classificação de 1918 é considerada a *primeira classificação climática planetária* com base científica, sendo ainda hoje a mais utilizada no Brasil e no mundo.

O modelo de Köppen é simples e compreende um conjunto de letras maiúsculas e minúsculas para designar os grandes grupos climáticos, os subgrupos ou ainda as subdivisões que indicam características especiais sazonais. Os *cinco grandes grupos climáticos* principais são designados pelas letras maiúsculas A, B, C, D e E, e correspondem às regiões fundamentais, do Equador aos Polos. Essas regiões são divididas em subgrupos, considerando a distribuição sazonal da precipitação acrescida das características da temperatura, totalizando *24 tipos climáticos*, apresentados a seguir:

A - Climas tropicais chuvosos
B - Climas secos
C - Climas temperados chuvosos e moderadamente quentes
D - Climas frios com neve-floresta
E - Climas polares

A eles acrescenta-se um grupo de climas de terras altas, não diferenciados e representados pelo símbolo H. Cada um dos climas A, B, C, D e E é posteriormente subdividido com a utilização de características adicionais de temperatura e precipitação pluvial, conforme listado a seguir:

| A | CLIMAS TROPICAIS CHUVOSOS |
|---|---|
| Af | Clima tropical chuvoso de floresta |
| Aw | Clima de savana |
| Am | Clima tropical de monção |
| **B** | **CLIMAS SECOS** |
| BSh | Clima quente de estepe |
| BSk | Clima frio de estepe |
| BWh | Clima quente de deserto |
| BWk | Clima frio de deserto |
| **C** | **CLIMAS TEMPERADOS CHUVOSOS E MODERADAMENTE QUENTES** |
| Cfa | Úmido em todas as estações, verão quente |
| Cfb | Úmido em todas as estações, verão moderadamente quente |
| Cfc | Úmido em todas as estações, verão moderadamente frio e curto |
| Cwa | Chuva de verão, verão quente |
| Cwb | Chuva de verão, verão moderadamente quente |
| Csa | Chuva de inverno, verão quente |
| Csb | Chuva de inverno, verão moderadamente quente |
| **D** | **CLIMAS FRIOS COM NEVE-FLORESTA** |
| Dfa | Úmido em todas as estações, verão quente |
| Dfb | Úmido em todas as estações, verão frio |
| Dfc | Úmido em todas as estações, verão moderadamente frio e curto |
| Dfd | Úmido em todas as estações, inverno intenso |
| Dwa | Chuva de verão, verão quente |
| Dwb | Chuva de verão, verão moderadamente quente |
| Dwc | Chuva de verão, verão moderadamente frio |
| Dwd | Chuva de verão, inverno intenso |
| **E** | **CLIMAS POLARES** |
| ET | Tundra |
| EF | Neve e gelo perpétuos |

As principais categorias (A, B, C, D e E) estão baseadas principalmente em critérios de temperatura, da seguinte forma:

A - O mês mais frio tem temperatura média superior a 18°C. A isoterma de inverno de 18°C é crítica para a sobrevivência de certas plantas tropicais. A precipitação pluvial anual é maior do que a evapotranspiração anual.

B - A evapotranspiração potencial média anual é maior do que a precipitação média anual. Não existe excedente de água, por isso, nenhum rio permanente origina-se aqui.

C - O mês mais frio tem temperatura média entre –3°C e 18°C. O mês mais moderadamente quente tem uma temperatura média maior do que 10°C. A isoterma de 10°C de verão correlaciona-se com o limite, na direção do polo, do crescimento de árvores, e a isoterma de –3°C indica o limite na direção do Equador do *permafrost* (subcamada do solo constantemente gelada).

D - O mês mais frio tem temperatura média abaixo de –3°C, e o mês mais moderadamente quente tem temperatura média maior do que 10°C.

E - O mês mais moderadamente quente tem temperatura média menor do que 10°C. O mês mais moderadamente quente de ET tem temperatura média entre 0°C e 10°C. O mês mais moderadamente quente EF tem temperatura média menor do que 0°C.

As subdivisões de cada uma das principais categorias são feitas de acordo com:
1. a distribuição *sazonal da precipitação*
   $f$ = nenhuma estação seca, úmido o ano todo (A, C e D)
   $m$ = de monção, com uma breve estação seca e com chuvas intensas durante o resto do ano (A)
   $w$ = chuva de verão (A, C e D)
   $S$ = estação seca de verão (B)
   $W$ = estação seca de inverno (B)
2. as características adicionais de *temperatura*
   $a$ = verão quente, o mês mais quente tem temperatura média maior do que 22°C
   $b$ = verão moderadamente quente, o mês mais quente tem temperatura média inferior a 22°C
   $c$ = verão breve e moderadamente frio, menos do que quatro meses têm temperatura média maior do que 10°C
   $d$ = inverno muito frio, o mês mais frio tem temperatura média menor do que –38°C

Para as *regiões áridas* (BW e BS) são utilizados:
   $h$ = quente, temperatura média anual maior do que 18°C
   $k$ = moderadamente frio, temperatura média anual menor do que 18°C

Apesar dos méritos da grande aceitação pela simplicidade e facilidade de uso, a classificação de Köppen recebe críticas pelo caráter empírico do seu modelo, por não justificar o uso de alguns critérios numéricos, ou pelo uso de critérios rígidos de limites climáticos e pela ausência da categoria climática subúmida.

### 5.2.2 Classificação climática de Thornthwaite

C. W. Thornthwaite publicou sua primeira classificação climática na *Geographical Review*, em 1933, que foi posteriormente alterada. Em 1948, o autor propôs uma classificação climática semelhante à de Wilhelm Köppen quanto ao caráter quantitativo e ao uso de símbolos e fórmulas, porém, sem o emprego de valores absolutos de temperatura e umidade como critério para determinar os limites de cada tipo climático.

Em sua proposta, o autor introduziu novos valores, como a eficiência da temperatura e a precipitação efetiva, além de tomar como base para sua classificação dois índices climáticos principais: o *índice de umidade* e a *evapotranspiração potencial*. Esta última, considerada um índice de energia disponível, pode ser calculada com a utilização de uma fórmula empírica baseada na temperatura, e o índice de umidade é obtido pela fórmula:

$$Im = \frac{100S - 60D}{EP}$$

onde:
S = excedente de água anual;
D = deficiência de água anual;
EP = evapotranspiração potencial anual.

Com esses dois índices, o autor idealizou *120 tipos climáticos*, dos quais apenas 32 foram efetivamente representados no mapa-múndi. Os tipos climáticos ou províncias são classificados quanto ao grau de umidade e quanto à eficiência térmica, e delimitados a partir das categorias estabelecidas pelos valores do índice de umidade e da evapotranspiração potencial, respectivamente.

Uma revisão posterior (Thornthwaite e Mather, 1955) levou em conta a diversidade de armazenamento de umidade no solo, segundo a cobertura vegetal e o tipo de solo, denominada pelos autores de retenção de umidade no solo.

O modelo de classificação climática de Thornthwaite tem sido largamente utilizado em diversas regiões do mundo e muito difundido no Brasil, porém, até o presente não se publicou nenhum mapa em escala mundial com a aplicação dessa tipologia. Apesar de considerado útil em muitos setores, como a Agricultura, a Ecologia e outros ligados à economia dos recursos hídricos, várias críticas são dirigidas a esse modelo classificatório, principalmente pela dificuldade de manejo e, segundo o próprio autor, por carecer de um refinamento matemático.

| | Tipo de umidade climática | Índice de umidade |
|---|---|---|
| A | Superúmido | acima de 100 |
| B4 | Úmido | de 80 a 100 |
| B3 | Úmido | de 60 a 80 |
| B2 | Úmido | de 40 a 60 |
| B1 | Úmido | de 20 a 40 |
| C2 | Subúmido chuvoso | de 0 a 20 |
| C1 | Subúmido seco | de −33,3 a 0 |
| D | Semiárido | de −66,7 a −33,3 |
| E | Árido | de −100 a −66,7 |

*Eficiência térmica e sua concentração no verão*

| Eficiência térmica | | | Concentração no verão | |
|---|---|---|---|---|
| Tipo | | EP (cm) | Tipo | Concentração (%) |
| A' | Megatérmico | acima de 114 | a' | Abaixo de 48,0 |
| B'4 | Mesotérmico | de 99,7 a 114,0 | b'4 | de 48,0 a 51,9 |
| B'3 | Mesotérmico | de 85,5 a 99,7 | b'3 | de 51,9 a 56,3 |
| B'2 | Mesotérmico | de 71,2 a 85,5 | b'2 | de 56,3 a 61,6 |
| B'1 | Mesotérmico | de 57,0 a 71,2 | b' | de 61,6 a 68,0 |
| C'2 | Microtérmico | de 42,7 a 57,0 | c'2 | de 68,0 a 76,3 |
| C'1 | Microtérmico | de 28,5 a 42,7 | c'1 | de 76,3 a 88,0 |
| D' | Tundra | de 14,2 a 28,5 | d' | Acima de 88,0 |
| E' | Geada | Abaixo de 14,2 | | |

A adequação sazonal da umidade é determinada para os climas úmidos pelos valores do índice de aridez:

$$\frac{D}{EP} \times 100$$

onde:
$D$ = o déficit de água;
$EP$ = evapotranspiração potencial.

A adequação sazonal da umidade para os climas secos é determinada pelos valores da umidade:

$$\frac{S}{EP} \times 100$$

onde:
$S$ = excedente de água;
$EP$ = evapotranspiração potencial.

*Adequação sazonal de umidade*

| CLIMAS ÚMIDOS (A, B, C2) | | ÍNDICE DE ARIDEZ |
|---|---|---|
| r | Pouco ou nenhum déficit hídrico | 0 - 10 |
| s | Déficit moderado de verão | 10 - 20 |
| w | Déficit moderado de inverno | 10 - 20 |
| $s_2$ | Grande déficit de verão | Acima de 20 |
| $w_2$ | Grande déficit de inverno | Acima de 20 |
| CLIMAS SECOS (C, D, E) | | ÍNDICE DE UMIDADE |
| d | Pequeno ou nenhum excedente de água | 0 - 16,7 |
| s | Excedente moderado de inverno | 16,7 - 33,3 |
| w | Excedente moderado de verão | 16,7 - 33,3 |
| $s_2$ | Grande excedente de inverno | Acima de 33,3 |
| $w_2$ | Grande excedente de verão | Acima de 33,3 |

### 5.3 Modelos genéticos de classificação climática

Até a Primeira Guerra Mundial, houve uma aproximação estreita entre os estudos da Física (Meteorologia) e da Climatologia (Geografia). Assim, importantes contribuições foram incorporadas com os estudos de Bjerknes, Solberg e Bergeron, da chamada *Escola Escandinava*, particularmente na Meteorologia sinótica e na abordagem dinâmica, com o desenvolvimento dos conceitos de massas de ar e frentes. Tais conhecimentos foram bem aplicados e aperfeiçoados por estudiosos nos Estados Unidos, onde o sueco Rossby acrescentou avanços importantes na teoria da circulação geral da atmosfera, principalmente por ocasião da Segunda Guerra Mundial. A guerra teve uma repercussão paradigmática na Climatologia, pois dela decorreu o surgimento da concepção de Climatologia moderna, dinâmica ou genética.

No âmbito da abordagem geográfica do clima, consideram-se de elevada importância as contribuições dos geógrafos franceses Maximilian Sorre e Pierre Pédelaborde no desenvolvimento da Climatologia dinâmica.

Maximilian Sorre (1943) elaborou uma importante revisão do conceito de clima e defendeu a necessidade de tratá-lo sob uma *perspectiva dinâmica*. De acordo com sua perspectiva, a unidade de análises dos fenômenos climáticos é o tempo meteorológico, que se expressa por uma combinação de propriedades e elementos atmosféricos e apresenta-se como um fator singular, com poucas chances de se reproduzir identicamente a cada momento e em cada lugar. Já o ritmo constitui-se de estados comparáveis periodicamente, que podem ser agrupados em um número limitado de tipos sazonais, cuja sucessão é regulada pelas leis da dinâmica atmosférica.

Pierre Pédelaborde demonstrou que o *tipo de tempo* constitui a noção central na abordagem da Climatologia dinâmica. Ao analisar a circulação atmosférica na Europa Ocidental e apresentar a natureza, a direção, a trajetória e a frequência dos seis tipos de tempo principais, ele desenvolveu uma abordagem meteorológica do clima que, malgrado a importante contribuição, não evidenciava muitas relações entre os fenômenos atmosféricos e outros fatos do domínio geográfico.

Tanto na concepção clássica como na moderna, o enquadramento das diferentes escalas do clima tem merecido uma profunda reflexão entre geógrafos de várias partes do mundo, questão da maior importância no problema da classificação climática e da distribuição dos diferentes tipos de clima.

Um dos sérios inconvenientes da maioria dos sistemas de classificação climática é objetivar atingir a classificação zonal com base em variações quantitativas dos elementos climáticos na escala local.

A circulação e a dinâmica atmosférica constituem a *base genética dos climas*, pois têm a origem dos fenômenos climáticos como fundamento do critério classificatório. O sistema genético proporciona uma explicação dos sistemas classificados, por meio qualitativo, e por isso é denominado sistema climático explicativo-descritivo, ao contrário do sistema climático empírico-quantitativo, em que a análise é fortemente baseada em expressões numéricas ou matemáticas.

Os princípios da classificação genética estão baseados na situação dos mananciais ou fontes de massas de ar e na natureza de seus movimentos e dos processos frontológicos. Um dos mais difundidos exemplos desse tipo de classificação climática é o de Arthur Strahler, apresentado em meados do século XX.

### 5.3.1 Classificação climática de Strahler

Esta classificação climática, de ordem genética, é considerada bastante simples e muito eficaz. Arthur Strahler propôs a classificação dos climas do mundo baseada nos *controles climáticos* (centros de ação, massas de ar e processos frontológicos) e nas características das precipitações sobre os lugares. Dessa maneira, seu esquema classificou os climas do Planeta em três tipos principais: os climas das latitudes baixas, o clima das latitudes médias e o clima das latitudes altas.

Essas três grandes divisões apresentam subdivisões, totalizando 14 tipos distintos de regiões climáticas. Além desses tipos, acrescenta-se um particular, definido pela altitude do relevo como controlador da dinâmica atmosférica, que é o clima das terras altas. A classificação de Strahler foi assim divulgada:

1. *Climas das latitudes baixas* (controlados pelas *massas de ar equatoriais e tropicais*)
   a) Equatorial úmido
   b) Litorâneo com ventos alíseos
   c) Desértico tropical e de estepe
   d) Desértico da costa ocidental
   e) Tropical seco-úmido
2. *Climas das latitudes médias* (controlados pelas *massas de ar tropicais e massas de ar polares*)
   a) Subtropical úmido
   b) Marítimo da costa ocidental
   c) Mediterrâneo
   d) Desértico e de estepe de latitude média
   e) Continental úmido
3. *Climas das latitudes altas* (controlados pelas *massas de ar polares*)
   a) Continental subártico
   b) Marítimo subártico
   c) Tundra
   d) Calota de gelo
   e) Climas de terras altas (ocorrem nas principais terras altas do mundo, como altiplanos e cadeias de montanhas).

## 5.4 Os grandes domínios climáticos do mundo

A representação do comportamento climático e das áreas de transição apresenta-se como um desafio para a cartografia da tipologia e da classificação climática. Assim, toda classificação deve ter por base a definição de *graus de similaridade* resultantes da circulação atmosférica, bem como das famílias de tipos de tempo de determinado lugar.

A variação espacial da temperatura faz com que a distribuição dos climas no Planeta não obedeça rigorosamente à posição latitudinal, o que é reforçado pela variação espaçotemporal das precipitações.

# 5 – CLASSIFICAÇÕES CLIMÁTICAS: OS TIPOS CLIMÁTICOS DA TERRA

Dessa maneira, a superposição de zonas térmicas a chuvosas e secas resulta em um complexo mosaico, no qual se distinguem vastos conjuntos relativamente homogêneos que constituem os diferentes domínios climáticos.

A delimitação dos domínios climáticos é um dos principais desafios para a classificação climática. Seria cômoda a adoção de valores numéricos com espaçamentos constantes, como nos mapas de isotermas e de isoietas, porém, deve-se levar em conta que as mudanças notáveis na paisagem não se situam em valores convencionais, mas na definição dos controles que atuam em sua delimitação.

Os grandes domínios climáticos do mundo, apresentados a seguir, estão baseados na classificação proposta por Arthur Strahler, que teve como fundamento os conhecimentos sobre a circulação geral da atmosfera, associada à origem, à natureza, ao movimento das massas de ar e às perturbações frontais, responsáveis pela gênese dos sistemas atmosféricos, como se pode observar na Fig. 5.1. Trata-se de uma classificação explicativo-descritiva, que tem como base as causas e os efeitos determinados pela circulação atmosférica secundária.

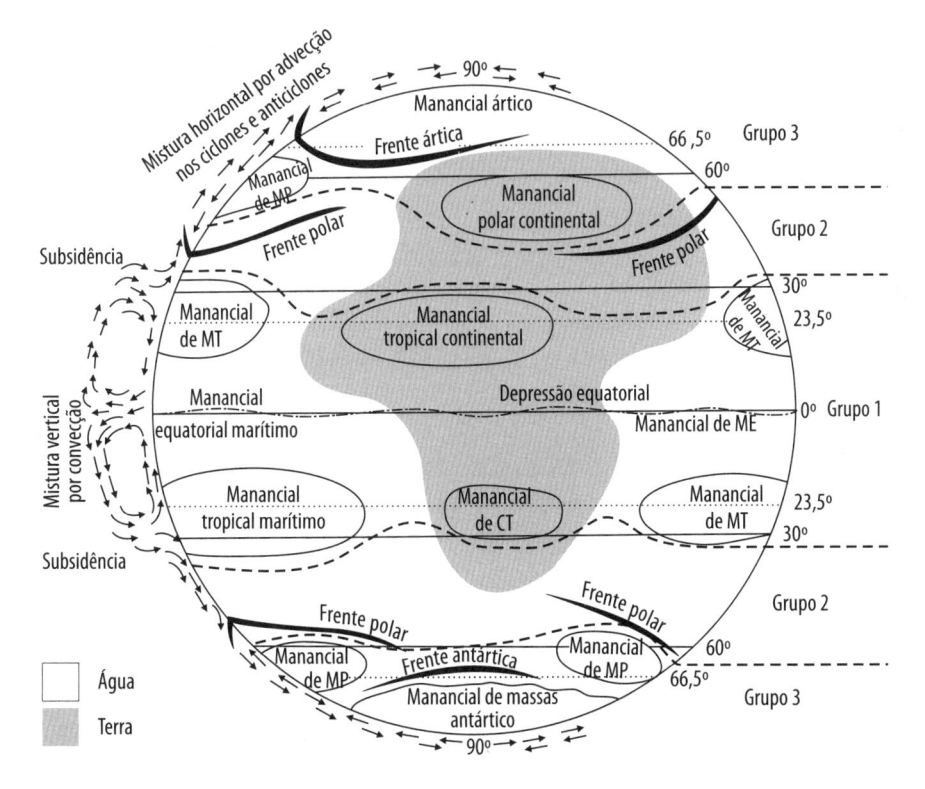

**Fig. 5.1** *Diagrama global que ilustra os fundamentos dos três principais grupos climáticos*

Dessa maneira, as diferentes regiões do mundo podem ser agrupadas em três grandes grupos ou zonas climáticas fundamentais, subdivididas em 14 tipos ou domínios climáticos básicos, com características bioclimáticas peculiares a partir da combinação de seus regimes climáticos (Fig. 5.2).

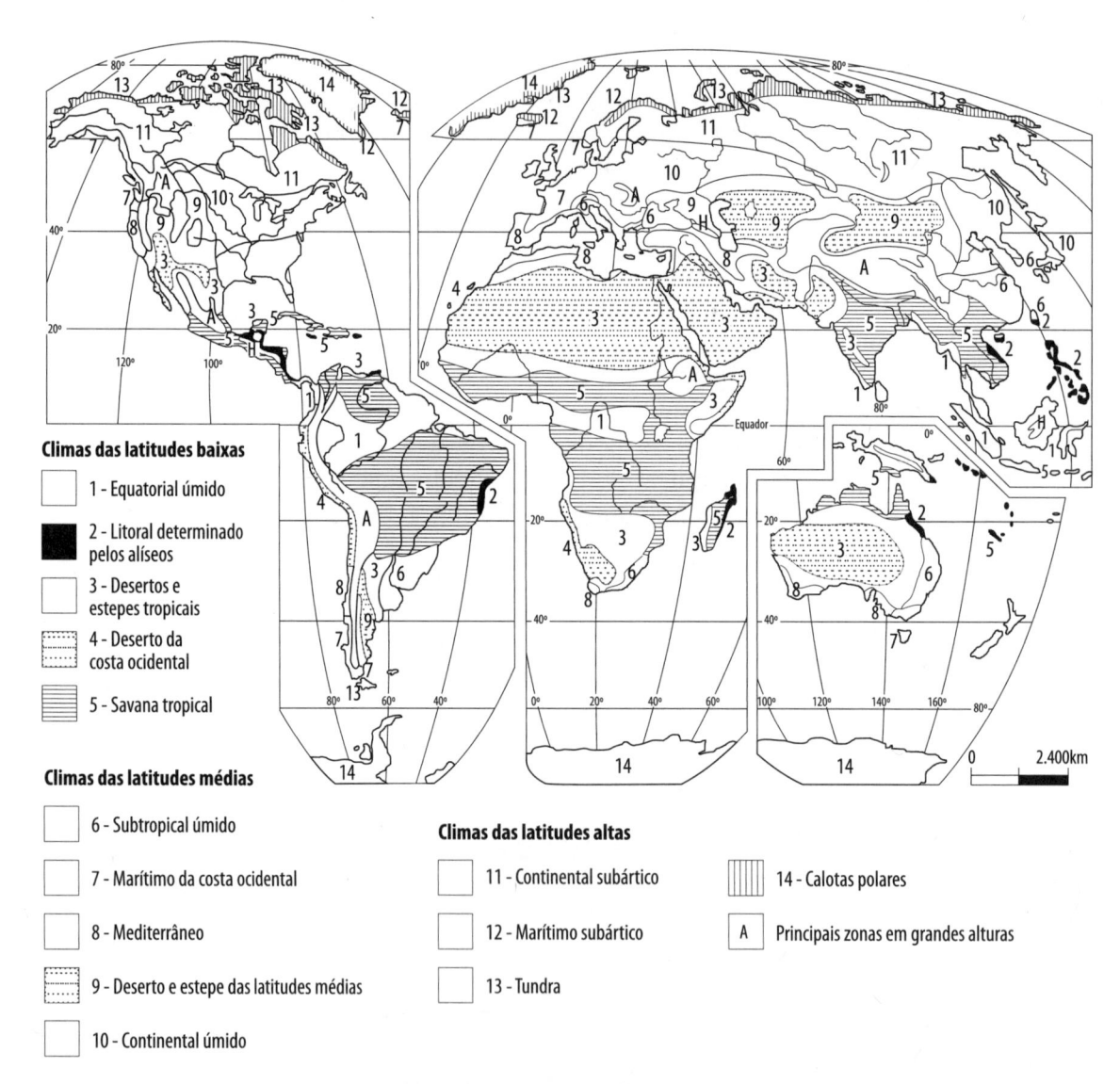

**Climas das latitudes baixas**
- 1 - Equatorial úmido
- 2 - Litoral determinado pelos alíseos
- 3 - Desertos e estepes tropicais
- 4 - Deserto da costa ocidental
- 5 - Savana tropical

**Climas das latitudes médias**
- 6 - Subtropical úmido
- 7 - Marítimo da costa ocidental
- 8 - Mediterrâneo
- 9 - Deserto e estepe das latitudes médias
- 10 - Continental úmido

**Climas das latitudes altas**
- 11 - Continental subártico
- 12 - Marítimo subártico
- 13 - Tundra
- 14 - Calotas polares
- A - Principais zonas em grandes alturas

**Fig. 5.2** *Mapa-múndi generalizado e simplificado, mostrando a distribuição dos 14 climas. Em muitos aspectos, essas regiões climáticas correspondem às regiões definidas por G. T. Trewartha*

## Grupo 1 – Zona climática das latitudes baixas

Regulada por massas de ar equatoriais e tropicais, engloba os climas controlados pela dinâmica subtropical das células de alta pressão ou anticiclonais, fonte das massas de ar tropicais e pela baixa equatorial situada entre elas, onde o ar convergente está em constante ascensão, originando a Convergência Intertropical (CIT). Os tipos fundamentais são descritos a seguir.

### Domínio climático equatorial úmido

Caracteriza principalmente a faixa entre 10° S e N do Equador, estendendo-se a 20° N de latitude na Ásia (Índia, Birmânia e Tailândia), e corresponde à Zona de Convergência Intertropical (ZCIT), sob o domínio de massas de ar equatoriais (ME) e das massas tropicais marítimas quentes e úmidas (MTM). É favorecido por intensa insolação durante todo o ano, o que justifica as temperaturas elevadas em todos os meses, próximas de 27°C, com pequena variação mensal, ao contrário da amplitude térmica diária, que é expressiva, superior a 8°C. As precipitações são abundantes, com significativas variações mensais causadas pelo deslocamento da CIT, que induz variações nas características das massas de ar.

As variações no regime das precipitações ao longo do ano nessa zona de latitudes baixas, em ambos os lados do Equador, são visíveis, uma vez que algumas localidades apresentam curvas de precipitação com dois máximos e dois mínimos mensais. Tais características justificam o tipo de vegetação de árvores de grande porte e abundância de espécies, a intensa ação química sobre os solos e as rochas e a facilidade para os processos de lixiviação dos solos. Esse tipo climático pode ser analisado a partir do climatograma correspondente à cidade de Iquitos (Peru), localizada na Amazônia sul-americana a 3,5° S (Fig. 5.3).

Embora esse domínio climático seja predominante na faixa até 10° de ambos os hemisférios, na Ásia, em latitudes de até 25° N, ocorre um clima quente e úmido, com elevada precipitação anual, considerado um tipo especial de clima monçônico, que apresenta um pequeno período seco quando atua a monção de inverno. Ao contrário, em junho e julho, quando atua a monção de verão, os índices de chuva são extremamente elevados.

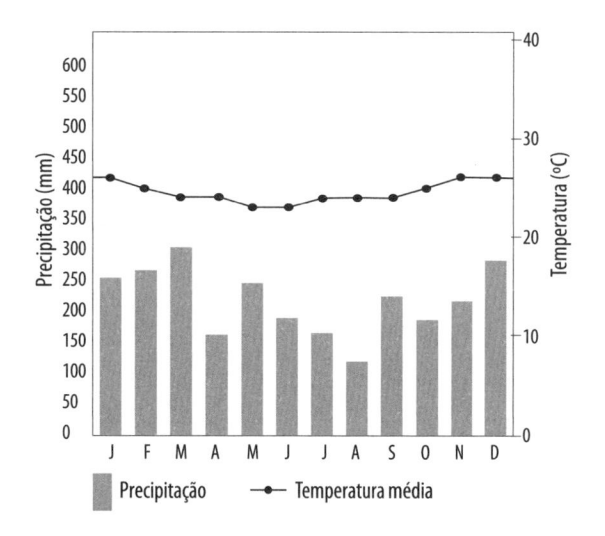

**Fig. 5.3** *Clima equatorial úmido. Iquitos, Peru (3,5° S)*

## Domínio climático litorâneo determinado pelos ventos alíseos

Constituído por clima quente e úmido das costas orientais dos continentes (América do Sul e Central, Madagascar, Indochina, Filipinas e nordeste da Austrália), entre 10° e 25° de latitude, expostas às massas de ar tropicais marítimas úmidas (MTM), percorridas por ventos de leste (alíseos). A pluviosidade total anual é elevada, em torno de 2.000 mm, com uma pequena estação seca e temperaturas constantemente altas, com pequena amplitude térmica em função da influência moderadora do oceano, como exemplificado (Fig. 5.4) por Belize (Honduras), na América Central. Tais características possibilitam o desenvolvimento da exuberante floresta tropical.

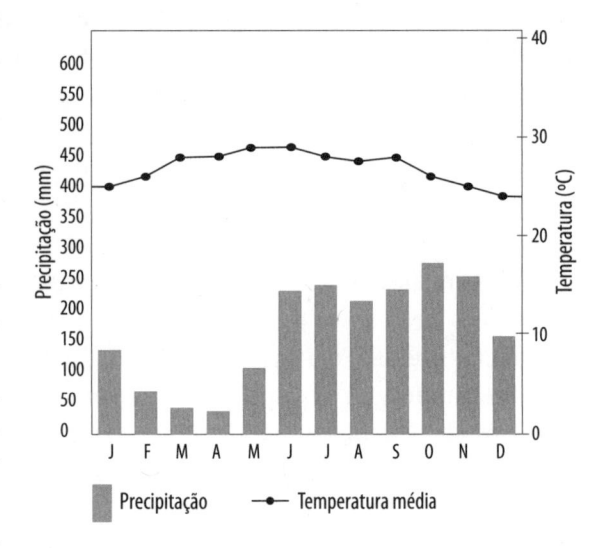

**Fig. 5.4** *Clima litorâneo determinado por ventos alíseos. Belize, Honduras (17° N)*

## Domínio climático de estepe e desertos tropicais

Aparece entre as faixas de 15° e 35° de latitude N e S, centrada entre os trópicos, onde se localiza a região de origem das massas de ar tropicais continentais (MTC), geradas pelos movimentos de subsidência de ar das células de altas pressões continentais da região tropical. Ocorre na Arábia, no Irã, no Paquistão, norte da África e do México, no sudoeste dos Estados Unidos, no Chaco sul-americano, na África do Sul e na Austrália. Nessas regiões, originam-se climas áridos e semiáridos, caracterizados por deficiência de chuvas e máximas térmicas elevadas, porém, com moderadas variações anuais.

Nessa região de aridez predominante, a precipitação pluviométrica é caracterizada pela grande variabilidade, e a amplitude térmica diária é significativamente maior que a anual. Entretanto, deve-se distinguir as zonas semiáridas, com cerca de 200 mm de precipitação anual, das zonas autenticamente áridas ou desérticas, com precipitação anual extremamente reduzida ou até ausência de chuva em vários anos.

O climatograma da cidade de Yuma (Arizona, EUA) ilustra bem as características desse domínio climático (Fig. 5.5), de baixíssima pluviosidade média mensal (cerca de 80 mm anuais) e considerável variação térmica.

## Domínio climático de deserto da costa ocidental

As costas ocidentais nas latitudes entre 15° e 30° são extremamente secas, com precipitações muito reduzidas, em torno de 250 mm anuais. Aí surgem climas secos e relativamente frescos devido à presença de correntes frias, com frequentes nevoeiros e pequena variação anual de temperatura. Essas áreas costeiras ocidentais áridas encontram-se sob o domínio de células de alta pressão subtropicais oceânicas, geradoras de massas marítimas estáveis e secas devido ao movimento regular de subsidência de ar. Ocorrem na Península da Califórnia, na margem Atlântica do Saara, no litoral do Equador e do Peru, no Chile setentrional, no sudoeste africano e na porção extrema ocidental da Austrália.

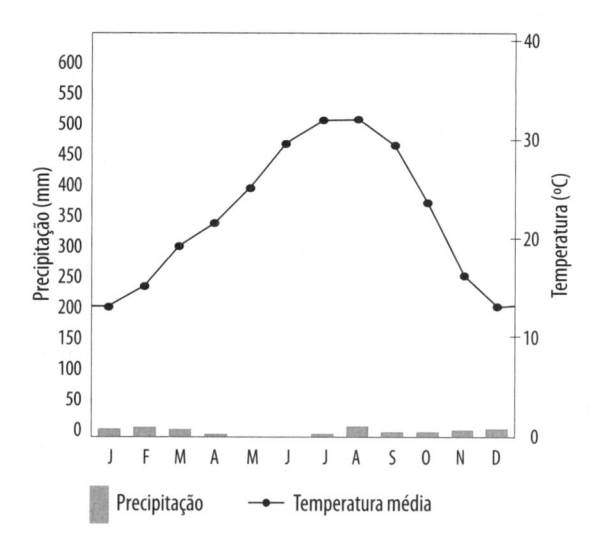

**Fig. 5.5** *Clima de estepes e desertos tropicais. Yuma, Arizona, EUA*

## Domínio climático tropical úmido-seco

Nas regiões localizadas entre 5° e 25° de latitude N e S, a franja intermediária ao longo dos trópicos de Câncer e de Capricórnio, encontra-se um tipo de clima de transição entre o equatorial e o desértico. É o clima úmido-seco tropical, que tem uma estação úmida no verão, gerada por massas de ar equatoriais e tropicais, e uma estação seca no inverno, determinada por massas de ar tropicais e continentais estáveis. Esse domínio climático é encontrado no sul do México, na Costa do Marfim, na África ocidental, no sul do Sudão, na Índia, no interior da Birmânia, na Tailândia, no Laos, na Colômbia, no Brasil central, na Venezuela e no norte da Austrália. O climatograma referente à cidade de Timbó (República da Guiné) ilustra bem esse tipo climático (Fig. 5.6).

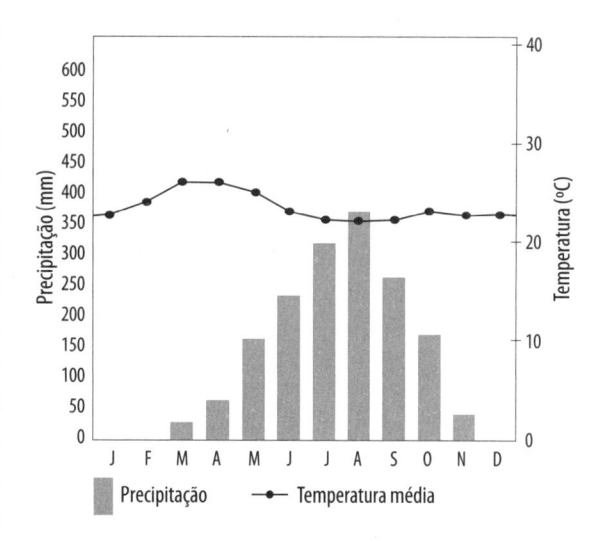

**Fig. 5.6** *Clima tropical úmido-seco. Timbó, República da Guiné (10°40' N)*

## Grupo 2 – Zona climática das latitudes médias

Controlada por massas de ar tropicais e polares, inclui os climas situados na zona de intensa interação das massas tropicais que se movem em direção aos polos e das massas polares que se deslocam em direção ao Equador, dando origem à frente polar, na qual se desenvolvem perturbações ciclônicas de movimento de leste. Embora a região esteja sob o domínio de duas massas, nenhuma delas tem controle exclusivo. Os tipos fundamentais são descritos a seguir.

### Domínio climático subtropical úmido

As massas de ar tropicais marítimas (MTM), úmidas e instáveis, alcançam as costas orientais dos continentes e movem-se para o interior. Carregam o calor e a umidade ao longo de frentes quentes e frias, onde o ar tropical encontra o ar polar. Esse modelo geral de clima, denominado subtropical úmido, surge nas latitudes de 25° a 35° N e S, sob domínio, no verão, das bordas ocidentais das células de altas pressões oceânicas, gerando chuvas copiosas e temperaturas e umidades elevadas. A precipitação é abundante durante todo o ano, porém, em geral, as máximas ocorrem no verão. No inverno, os avanços frequentes das massas polares e as perturbações ciclônicas geram temperaturas baixas, com amplitude térmica de moderada magnitude e chuvas frequentes. A precipitação invernal, algumas vezes em forma de neve, é do tipo frontal.

As regiões sudoeste dos Estados Unidos e da China, sul da Coreia e do Japão, sul do Brasil, região Platina, sudeste da África e da Austrália são dominadas por clima subtropical úmido, ilustrado pelo climatograma (Fig. 5.7) relativo à cidade de Charleston (EUA).

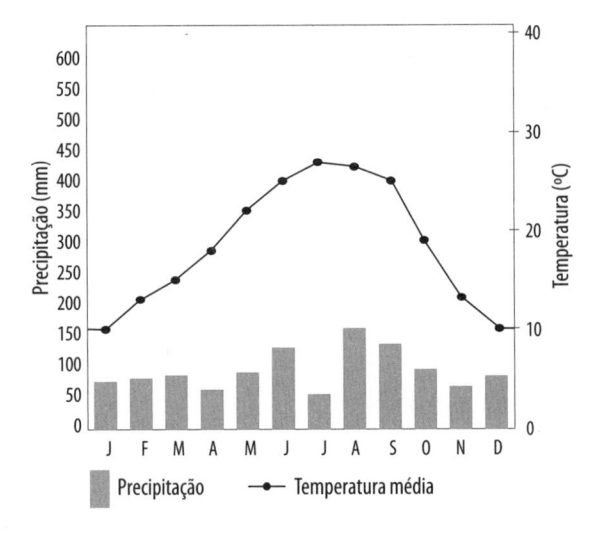

**Fig. 5.7** *Clima subtropical úmido. Charleston, Carolina do Sul, EUA*

### Domínio climático marítimo da costa ocidental

Este tipo de clima marítimo surge nas costas ocidentais das latitudes médias (entre 40° e 60° de latitude N e S), expostas às perturbações ciclônicas que migram de oeste para leste ao longo das frentes polares, dando origem à nebulosidade elevada e às precipitações abundantes e bem distribuídas ao longo do ano. Por isso, condições extremas de frio e seca são raras.

Nas latitudes médias, as cadeias montanhosas costeiras exercem importante influência sobre a precipitação. Enquanto as costas montanhosas da Colúmbia Britânica, Noruega, Alasca e Chile recebem de 155 a 2.000 mm de precipitação anual, nas costas de relevo baixo, como o norte da França e o sul da Inglaterra, esses índices caem para 750 mm a 1.000 mm.

As principais regiões de ocorrência desse domínio climático são: litoral pacífico da América do Norte, norte da Europa, Chile meridional, sul da Austrália e Nova Zelândia.

Em consequência da proximidade com o oceano, as variações térmicas anuais são de pequenas amplitudes, tendo como características gerais verões relativamente frescos e invernos suaves, regime térmico que combina com o regime climático mediterrâneo. O climatograma relativo à cidade de Brest (França) ilustra o tipo climático marítimo da costa ocidental (Fig. 5.8).

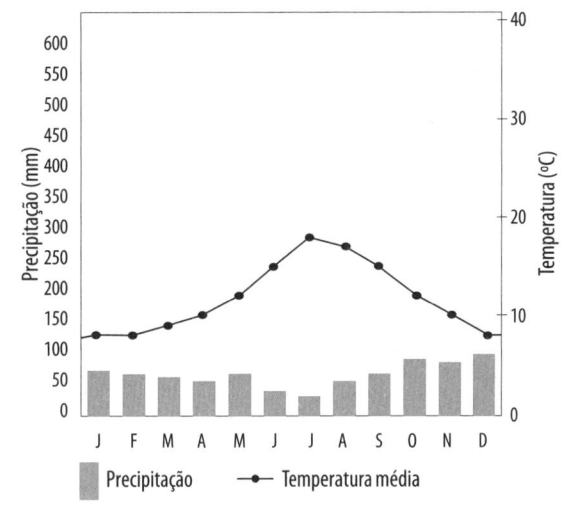

**Fig. 5.8** *Clima marítimo da costa ocidental. Brest, França (49° N)*

### Domínio climático mediterrâneo (clima subtropical com verão seco)

As costas ocidentais situadas entre as latitudes de 30° e 45° constituem uma zona sujeita à alternância de estações úmidas e secas, porque é uma faixa de transição entre o clima seco, dos desertos dos litorais tropicais, e os climas oceânicos úmidos, das costas ocidentais. Em geral, essas regiões apresentam verões quentes e secos, e invernos brandos e chuvosos, provocados pelo domínio das massas tropicais estáveis no verão e das massas polares marítimas e suas perturbações frontais no inverno, dando origem à acentuada pluviosidade nessa estação.

O clima subtropical com verão seco estende-se particularmente pelos países do mediterrâneo, por isso a denominação clima mediterrâneo. Ao coincidir a estação seca com as altas temperaturas de verão, o clima mediterrâneo experimenta um grande déficit de água em meados e fins de verão, porém as chuvas de inverno restabelecem rapidamente a umidade que, já no início da primavera, costuma aparecer em excesso. Esse tipo climático é encontrado na bacia do Mediterrâneo, na Califórnia, no Chile central, no sudeste da África e na Austrália, e suas características podem ser observadas no climatograma (Fig. 5.9) da cidade de Monterrey (Califórnia, EUA).

### Domínio climático de deserto e estepe das latitudes médias

Compreende os desertos e estepes interiores das latitudes médias (entre 35° e 50° de latitude), abrangidos por alinhamentos montanhosos e resguardados das invasões das massas de ar marítimas, tropicais e polares. Como nessas latitudes o movimento do ar é predominantemente de oeste para leste, as massas de ar tropicais marítimas orientais dificilmente alcançam essas áreas, porque são barradas por montanhas, como a cadeia do Himalaia, que impede a passagem do ar tropical úmido procedente do Índico.

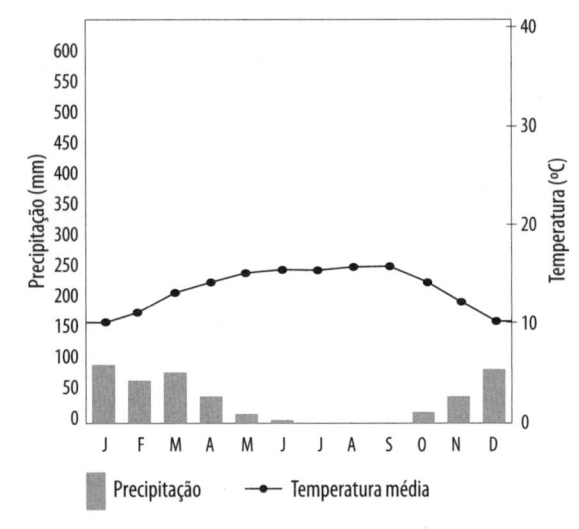

**Fig. 5.9** *Clima mediterrâneo. Monterrey, Califórnia, EUA*

Nessas regiões, deve-se levar em conta importantes fatores climáticos relacionados às massas de ar. No verão, essas regiões de grandes extensões continentais sofrem intenso aquecimento, convertendo-se temporariamente em mananciais de massas de ar tropicais continentais (MTC). No inverno, o controle é exercido pelas massas polares continentais (MPC, fria e seca), originando elevada amplitude térmica anual. Esses desertos estão separados por cadeias montanhosas das massas de ar úmidas tropicais marítimas e polares marítimas e, por isso, não ocorrem as precipitações abundantes que caracterizam as costas ocidentais. A ascensão forçada do ar sobre essas cordilheiras que, ao descer a encosta protegida do vento, é aquecido adiabaticamente, priva as massas de ar marítimas de sua umidade e aumenta a sua temperatura. As regiões como o interior dos Estados Unidos, a faixa que se estende do mar Negro à Mongólia e a Patagônia no hemisfério Sul, situadas na sombra de chuva, estão em desfavoráveis condições de receber precipitação, o que pode ser observado no climatograma (Fig. 5.10) da cidade de Pueblo (Colorado, EUA).

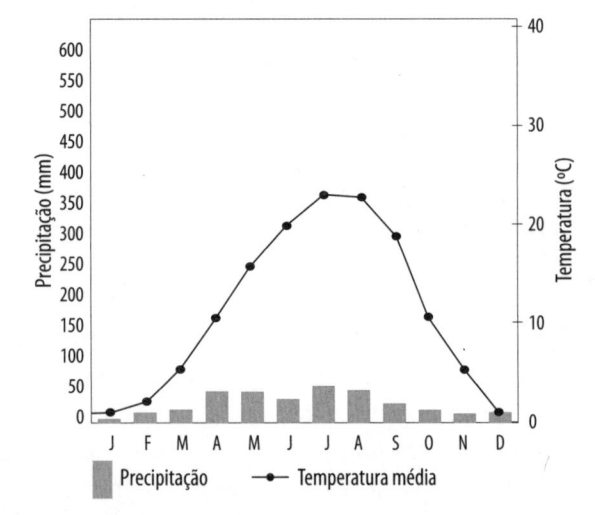

**Fig. 5.10** *Climas desérticos e de estepes de latitudes médias. Pueblo, Colorado, EUA (38° N)*

### Domínio climático continental úmido

A vasta região de latitudes médias, entre 40° N e 55° N, situa-se na zona intermediária entre os mananciais de massas de ar continentais polares (MPC) do norte/noroeste e de massas de ar tropicais continentais (MTC) ou marítimas (MTM) de sul/sudeste. Nessa zona frontal polar, a interação das massas de ar polares e tropicais é máxima ao longo das frentes frias e quentes associadas aos ciclones que se deslocam para leste.

No inverno, dominam as massas de ar polares continentais, e o ar é predominantemente frio, enquanto no verão dominam as massas de ar tropicais, que produzem temperaturas elevadas. A intensa e frequente atividade frontal determina uma grande variabilidade das condições do tempo, com abundante precipitação o ano todo e forte contraste térmico sazonal, o que origina, por sua vez, um tipo de clima continental e úmido. A continentalidade, refletindo-se em grande amplitude térmica anual, é o traço climático dominante dessa região.

O clima continental úmido ocorre no norte e nordeste dos Estados Unidos, sudeste do Canadá, norte da Europa e China, sul da Mandchúria, centro e leste da Rússia (climatograma de Moscou, Fig. 5.11), Coreia e norte do Japão.

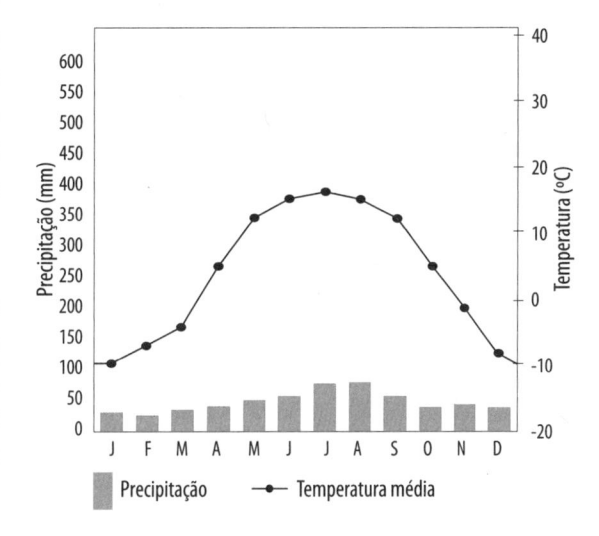

**Fig. 5.11** *Clima continental úmido. Moscou, Rússia (56° N)*

## Grupo 3 – Zona climática das latitudes altas

Compreende os climas sob o domínio das massas de ar polares, árticas e antárticas. Esses climas se localizam entre os paralelos de 50° e 70° de latitude, onde ocorre o encontro permanente das massas de ar árticas com o ar polar continental, ao longo da zona frontal ártica, criando uma série de ciclones que se movimentam na direção leste, resultando em baixas temperaturas, reduzidas precipitações e pouca evaporação. Nesse grupo, reconhecem-se os tipos climáticos subártico continental, marítimo subártico, de tundra e das calotas glaciais. Embora o domínio climático das terras altas não se enquadre neste grupo, Strahler o incluiu mesmo assim, para efeito de análise.

### Domínio climático subártico continental – fonte dos mananciais de massas de ar polares continentais (MPC)

Esse tipo climático é encontrado nas grandes massas continentais da América do Norte e da Eurásia, entre 50° e 70° de latitude norte, que representam os mananciais das massas de ar polares continentais. As regiões aí situadas possuem as variações sazonais de temperatura absoluta mais expressivas da Terra, alcançando -61°C na Sibéria. O inverno é a estação predominante do clima subártico, com temperaturas médias mensais inferiores a 0°C durante seis ou sete meses consecutivos, garantindo um solo permanentemente gelado, pois o curto calor estival só garante o degelo da camada superficial. A precipitação anual é escassa, com máximo definido na curta estação de verão. A precipitação em forma de neve é particularmente importante no inverno, embora represente somente alguns poucos milímetros na precipitação desses meses. Estão incluídas, no domínio climático subártico, a faixa que se estende do Alasca ao Labrador e da Escandinávia à Sibéria. O climatograma referente à cidade de Alberta (Canadá) é utilizado para ilustrar esse tipo climático (Fig. 5.12).

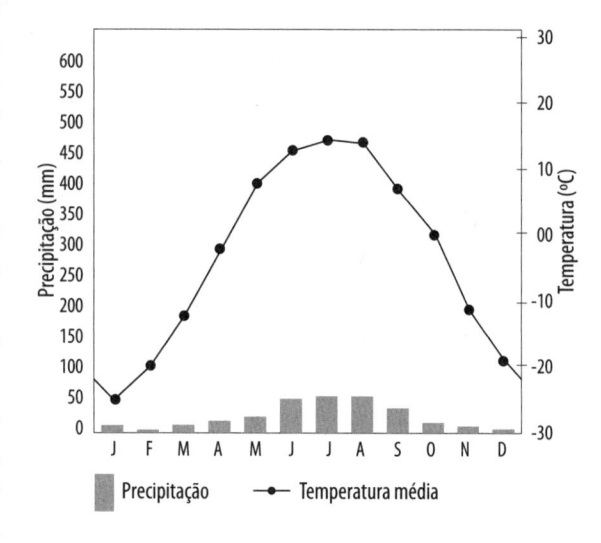

**Fig. 5.12** *Clima subártico continental. Vermilion, Alberta, Canadá*

### Domínio climático marítimo subártico

Na zona de latitudes subárticas, entre 45° e 65° de latitude, encontra-se o domínio do clima marítimo subártico. Esse clima caracteriza-se por massas de ar polares marítimas (MPM) durante todo o ano, favorecendo a pluviosidade elevada e a pequena amplitude térmica anual, o que não é comum para essa latitude, coincidindo com as regiões-fonte das massas de ar do Atlântico Norte, Pacífico Norte e oceanos meridionais.

Fortes ventos, elevada nebulosidade e frequência de dias com precipitação são as características mais marcantes das regiões dominadas por clima marítimo subártico. Elas se localizam no mar de Behring, no Atlântico Norte, sul da Groenlândia, norte da Islândia e extremo norte da Noruega. No hemisfério Sul, esse clima limita-se às partes meridionais da América do Sul: ilhas Malvinas, ilha Geórgia do Sul e outras pequenas ilhas.

### Domínio climático de tundra

As bordas setentrionais da América do Norte e da Eurásia que se estendem do Círculo Polar Ártico até o paralelo 75° N constituem a zona controlada por massas de ar árticas, encontrando-se mais precisamente na zona frontal denominada frente ártica, com frequente mau tempo.

Sob tais condições, desenvolve-se o clima de tundra, que apresenta algumas características especiais: a amplitude térmica anual é grande, mas não tanto quanto no clima subártico; a temperatura média do mês mais quente é de 4°C e a do mês mais frio é inferior a –18°C; a precipitação anual é baixa e mais concentrada nos meses de verão. No hemisfério Sul, o clima de tundra é mais uniforme por não haver influência continental, como acontece no hemisfério Norte. O climatograma da cidade de Upernivik (Groenlândia) ilustra esse tipo de clima (Fig. 5.13).

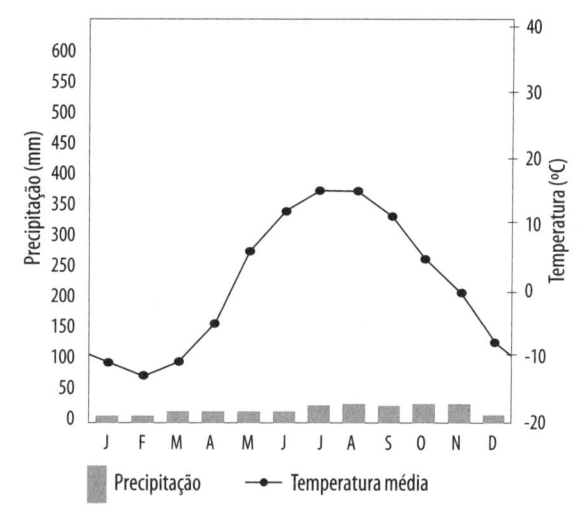

**Fig. 5.13** *Clima de tundra. Upervinik, Groenlândia*

### Domínio climático das calotas glaciais (banquizas de gelo)

As calotas de gelo continentais da Groenlândia, a Antártida e a extensa zona de gelos flutuantes do Polo Norte constituem as três vastas regiões de gelo da Terra.

As calotas de gelo continentais caracterizam-se por temperaturas muito baixas durante todo o ano. Em nenhum mês é registrada temperatura média acima de 0°C. As médias indicam –35°C na Groenlândia, mas, no oceano Glacial Ártico, a temperatura é mais elevada (–23°C), devido à influência moderada da água.

As tempestades ciclônicas penetram com frequência na Groenlândia e são, provavelmente, a principal fonte de alimentação da camada de gelo nessa região.

No interior da calota de gelo antártico, encontram-se as mais baixas temperaturas já registradas na Terra. Merecem destaque pelos valores térmicos muito baixos as estações meteorológicas Amundesen-Scott, com temperatura em torno de –60°C, e Vostok, com recorde de –87°C, no dia 25 de agosto de 1958, considerado, até o presente, o lugar mais frio do mundo.

### Climas de Terras Altas

As zonas de grandes altitudes das cadeias montanhosas do mundo dão origem a tipos climáticos particulares que apresentam, em comum, temperaturas baixas devido ao resfriamento adiabático. Todavia, subtipos particulares podem se formar quando se leva em consideração a maior proximidade das massas oceânicas, o que se reflete de maneira direta no comportamento da temperatura e da umidade desse tipo climático. Até uma altitude aproximada de 3.000 a 5.000 metros, a precipitação é elevada, para, então, diminuir acima dessa cota. A queda de neve e a nebulosidade também aumentam com a altitude. Nas áreas tropicais, os climas de terras altas apresentam, em geral, amplitude térmica diurna maior do que a anual.

Os climas de terras altas formam-se sobre as cadeias montanhosas e as terras altas das latitudes baixa e média. Alguns exemplos são os Andes (América do Sul), as Montanhas Rochosas e Sierra Nevada (América do Norte), os Alpes (Europa) e o Himalaia (Ásia).

# 6 – BRASIL: ASPECTOS TERMOPLUVIOMÉTRICOS E TIPOS CLIMÁTICOS

O Brasil é um país de dimensões continentais, e a tropicalidade é uma de suas principais características, como se viu no Cap. 1. Ainda que se estenda quase todo na zona intertropical do Planeta, o território brasileiro apresenta uma considerável variedade de tipos climáticos, o que se reflete na formação de um rico e diversificado mosaico de paisagens naturais.

Além das características geográficas próprias do "continente Brasil", um conjunto de centros de ação e de massas de ar quentes, frias, úmidas e secas participa na formação dos climas do País. Assim, este capítulo dedica atenção especial aos mecanismos controladores dos tipos de tempo e aos parâmetros quantitativos definidores dos climas brasileiros para, em seguida, apresentar uma classificação climática do País.

## 6.1 Dinâmica atmosférica

O dinamismo da atmosfera brasileira é controlado diretamente por *seis centros de ação*. As características desse dinamismo e das massas de ar produzidas ao longo do ano são descritas a seguir.

🌿 Na porção norte do Brasil, nas proximidades da linha do Equador, encontram-se o *anticiclone dos Açores,* no hemisfério Norte, e o anticiclone do Atlântico, também chamado de Santa Helena, no hemisfério Sul, produtores da MEAN (associada aos alíseos de NE) e da MEAS (associada aos alíseos de SE), respectivamente. Sobre o País, na altura da *planície amazônica*, forma-se um centro de ação produtor da MEC que, com as duas massas anteriores, propicia condições de umidade e calor à atmosfera regional. As duas primeiras atuam principalmente na porção norte e nordeste do País, enquanto a última atua de maneira mais direta no interior do continente e reforça as características do verão quente e úmido na porção centro-sul, influenciando até mesmo localidades como o Uruguai e o norte da Argentina. O avanço dessas massas de ar provenientes do norte deriva chuvas na porção norte e centro-sul do País, e elas atuam pelas *linhas de instabilidade* e de *ondas de calor* de norte e noroeste.

A convergência intertropical (CIT) exerce importante papel na definição da dinâmica atmosférica da porção norte e de parte do nordeste do Brasil. A formação de situações de calmaria associada aos processos de convecção, que tão claramente marcam o entorno da linha do Equador, caracteriza as expressivas nebulosidade e pluviosidade de toda a área que, por sua posição geográfica e altitude, em geral é quente.

🌿 Na altura dos 30° de latitude sul, aproximadamente, encontram-se os centros de ação tropicais, um oceânico – *anticiclone do Atlântico* – e o outro continental – *depressão do Chaco*, caracterizados como semifixos devido à oscilação sazonal leste-oeste de suas posições. Essa movimentação decorre da variação anual de suas condições barométricas, pois há uma expressiva diferença entre o balanço de radiação continental e oceânica nas estações de inverno e verão.

Com melhor desempenho sobre o continente na estação de verão, as duas massas de ar dali resultantes, a MTA e a MTC, reforçam as características das elevadas temperaturas no centro-sul, leste e sul do território brasileiro entre setembro e abril. A MTA, por meio das ondas de calor de leste e de nordeste, contribui para a elevação dos totais pluviométricos da área, enquanto a MTC atua na redução da umidade em alguns curtos períodos nessa época do ano.

🍂 O *anticiclone migratório polar* que afeta o Brasil origina-se pelo acúmulo de ar polar nas regiões de baixas pressões da zona subpolar do Pacífico Sul, que se desloca de sudeste para nordeste e se subdivide em dois ramos, devido ao atrito e bloqueio exercidos pela cordilheira dos Andes, formando a MPA e a MPP. O ar produzido nessa latitude possui as características de baixas temperatura e umidade, porém, à medida que avança em direção norte, adquire umidade e as temperaturas elevam-se. A expressiva participação da MPA nos climas do Brasil resulta em um considerável controle na formação dos tipos de tempo do País, notadamente na porção centro-sul e oriental, caracterizando os *processos frontogenéticos* (FPA) e a estação de inverno dos climas brasileiros. Esse sistema atua, em boa parte das vezes, por meio das *ondas de frio de leste e de sudeste*.

A FPA é um fator importante no controle dos climas do País, pois atua permanentemente na porção centro-sul e participa do controle dos climas da porção centro-norte-nordeste, particularmente em parte do outono, inverno e primavera. Uma parcela considerável do dinamismo das chuvas e da circulação atmosférica dessas áreas tem origem nos processos frontogenéticos da FPA.

A essa latitude também se encontra, sobre o oceano Atlântico, a *depressão do mar de Weddel*, célula de baixas pressões mantida pelos ciclones transientes formados nas latitudes médias e subtropicais que se propagam para sudeste. Em oposição a ela, atuam as depressões do Chaco e da Amazônia, que atraem em direção norte os sistemas polar e tropical.

Associada à variação sazonal do balanço de radiação e aos fatores geográficos, a atuação dos sistemas atmosféricos, ao longo do ano, possibilita compreender a formação dos climas do Brasil a partir de sua gênese.

## 6.2 Variabilidade temporoespacial da temperatura do ar

A distribuição das temperaturas no Brasil segue o padrão latitudinal de distribuição de energia no globo terrestre e, consequentemente, das zonas climáticas, em decorrência da disposição do território brasileiro e de sua localização geográfica. A distribuição das temperaturas médias anuais crescentes de sul para norte evidencia essa similaridade, reforçada pelo fato de o País não apresentar nenhuma

# 6 – Brasil: aspectos termopluviométricos e tipos climáticos

feição topográfica notável a ponto de a desconfigurar de forma acentuada.

A configuração do País (assim como do continente sul-americano) assemelha-se a um triângulo isósceles, com um dos vértices apontando para o sul e a base, para o norte. A maior parte do território brasileiro (94%) está inserida nas zonas climáticas equatorial (55%) e tropical (39%), o que lhe confere uma predominância de climas quentes com fracas amplitudes térmicas. Os 6% restantes correspondem ao setor meridional brasileiro, incluído na faixa climática subtropical, onde as temperaturas são, em média, mais baixas e as amplitudes térmicas mais acentuadas do que na zona climática equatorial.

A *variabilidade térmica do espaço brasileiro*, retratada por seus valores médios anuais, expressa também a importante ação do relevo e da dinâmica das massas de ar que nele atuam. As isotermas da Fig. 6.1 mostram as temperaturas médias anuais de 1961 a 2001. O traçado de isolinhas implica uma homogeneização e interpolação dos dados, o que, somado à escassez de estações meteorológicas das regiões brasileiras mais interiorizadas (Fig. 6.2), notadamente nas regiões Norte e Centro-Oeste, resulta em uma certa generalização da variação espacial da temperatura no País.

No Brasil, as mais elevadas temperaturas médias anuais estão entre 26,1°C e 28°C, e ocorrem ao longo da planície do rio Amazonas e do setor norte da planície costeira, região que sofre a atuação da MEC e MEA. Essa região possui farta disponibilidade de energia devido à localização na faixa latitudinal entre 7° S e 5° N, onde o ângulo de incidência da radiação solar apresenta valores elevados no decorrer do ano. Além dessas características, a área é palco de encontro dos ventos alíseos (quentes),

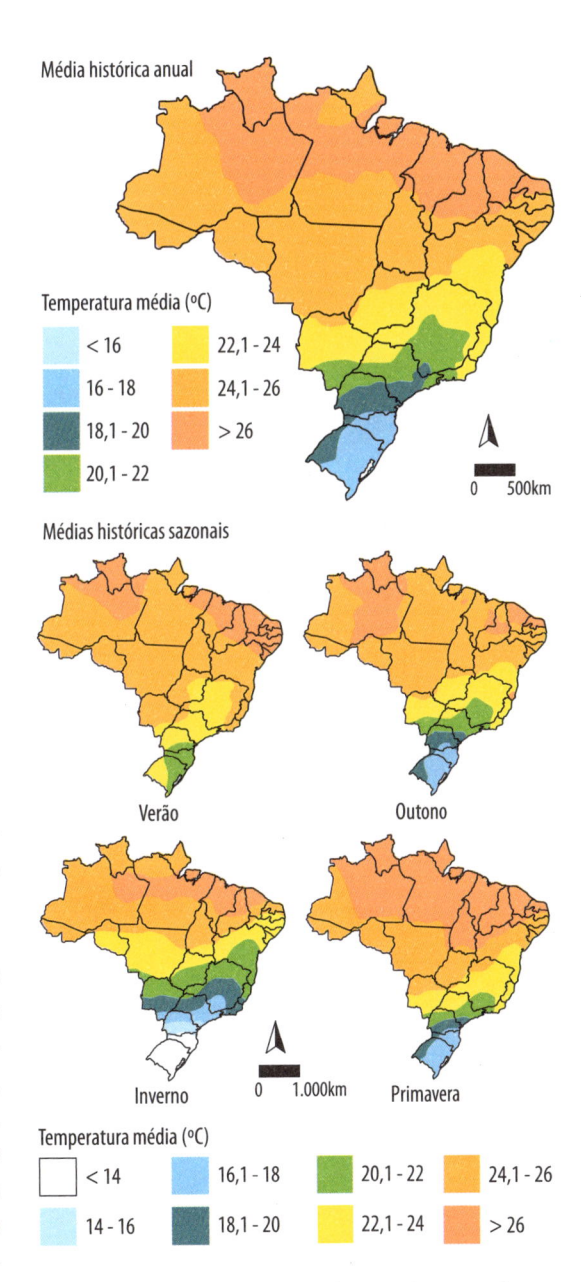

**Fig. 6.1** *Brasil: temperatura média anual e sazonal (1961-2001)*
Fonte: Eduardo V. de Paula (base cartográfica: IBGE dados meteorológicos: INMET/ número de estações: 227).

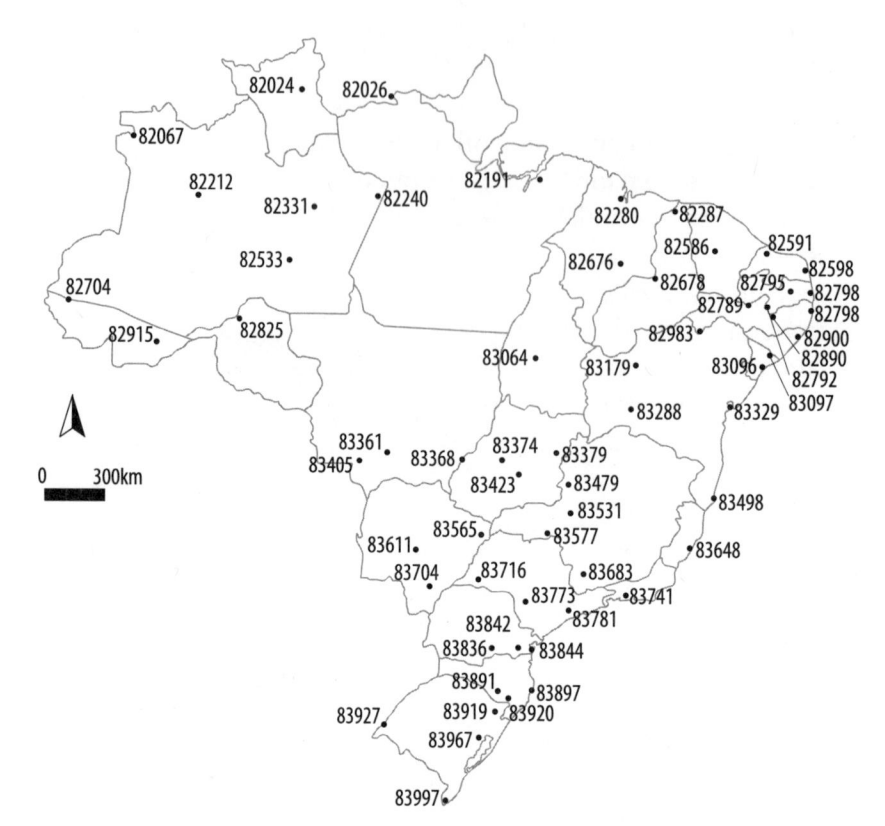

**Fig. 6.2** *Parte das estações selecionadas para os climatogramas*
Fonte: Eduardo V. de Paula (IBGE).

provenientes de nordeste e sudeste (que caracterizam a ZCIT), e da atuação das massas de ar equatoriais e tropical. A partir desse setor setentrional, há um gradativo rebaixamento das temperaturas em direção ao sul do País. É nessa porção nordeste do País que se insere a região brasileira com os maiores valores médios de temperaturas máximas, superiores a 32°C, abrangendo boa parte do domínio da caatinga e a porção NW do cerrado (Fig. 6.3).

Sob o efeito da continentalidade, a classe seguinte de temperaturas médias anuais (24,1°C a 26°C) ocorre na maior área nacional. Estende-se de forma diferenciada do litoral para o interior do País e abrange, no setor oriental brasileiro, uma estreita faixa que vai do Rio Grande do Norte ao norte da Bahia. Contudo, interiorizando-se para oeste, essa faixa térmica alarga-se para norte e para sul nas terras onde predominam os cerrados e parte da floresta amazônica (atuação da MEC, MTC e MTA), compreendendo os Estados do Tocantins, Mato Grosso, Rondônia, Acre, norte de Goiás e sul do Pará e do Amazonas.

Inserida totalmente na *faixa tropical brasileira*, a distribuição das temperaturas médias anuais da classe subsequente (22,1°C a

24°C) passa a denotar de maneira mais demarcada a influência do relevo e a ação moderadora das incursões mais avançadas da massa polar atlântica (MPA). Controlada expressivamente pelas principais serras e chapadas de grande parte da porção sudeste do Brasil, extremo sul do Nordeste e da região Centro-Oeste, essa zona térmica estende-se do litoral centro-sul da Bahia, do Estado do Espírito Santo e de grande parte do Rio de Janeiro até o Pantanal sul-mato-grossense, perpassando quase todo o Estado de Minas Gerais e o centro-sul do Estado de Goiás.

Ainda na zona tropical, em seu setor meridional, há uma faixa de transição entre os climas quentes e os climas frios do País, em que as temperaturas médias anuais relativamente baixas, que variam de 19,1°C a 22°C, demarcam a ação mais efetiva da MPA. Esses valores de temperaturas anuais ocorrem nos Estados do Paraná (norte), Mato Grosso do Sul (sul) e São Paulo, adentrando o sul de Minas Gerais sob efeito da topografia da serra da Mantiqueira.

É na região Sul brasileira, inserida na faixa dos climas subtropicais, sob as rotineiras incursões da MPA, que ocorrem os valores mais baixos de temperatura. Os índices térmicos anuais são inferiores a 19°C e acentuados pela ação das serras gaúcha e catarinense, que forçam as temperaturas médias anuais para valores entre 16°C e 17°C. Nessa região são registradas as menores médias de temperaturas mínimas, inferiores a 10°C, demarcando os locais mais frios do País (Fig. 6.4). No Estado do Paraná, esses valores são registrados em sua porção mais meridional e nas maiores elevações da serra do Mar.

A atuação das massas tropical atlântica (MTA), tropical continental (MTC) e equatorial continental (MEC), no âmbito da região

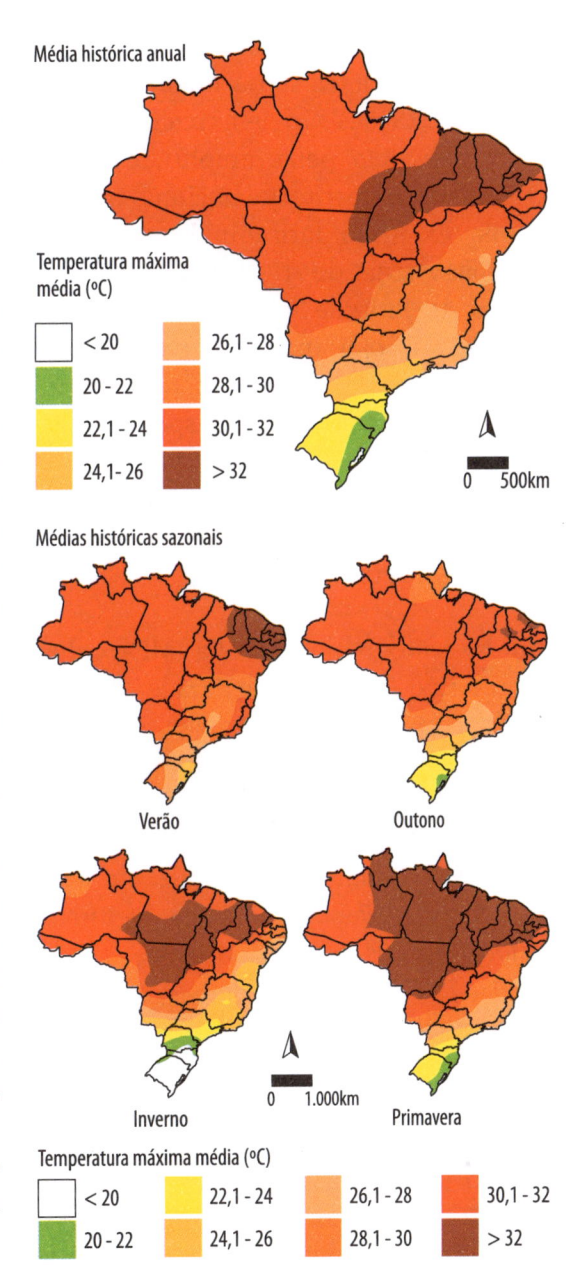

**Fig. 6.3** *Brasil: temperatura máxima anual e sazonal (1961-2001)*
Fonte: Eduardo V. de Paula (base cartográfica: IBGE dados meteorológicos: INMET/ número de estações: 240).

Sul, particularmente nas estações de verão, outono e primavera, atestam elevados índices térmicos.

A sazonalidade térmica no País somente é expressiva nas suas porções mais meridionais, uma vez que a maior parte de seu território encontra-se na faixa intertropical, onde as estações são demarcadas mais pelas chuvas do que pelas amplitudes térmicas. O fato de o território nacional apresentar ampla extensão latitudinal, estendendo-se de pouco mais de 4° N a pouco menos de 34° S de latitude, organiza a distribuição de energia solar incidente (ver Cap. 3), de modo a favorecer elevadas temperaturas o ano todo nas latitudes correspondentes a sua porção intertropical. As exceções ficam por conta das serras mais elevadas dessa porção do território, que amenizam as altas temperaturas de verão.

No inverno, a atuação da MPA, aliada à diminuição da disponibilidade de energia solar, responde pelas baixas temperaturas médias de toda a região Sul, parte do sul da região Centro-Oeste e boa parte da região Sudeste. A predominância da atuação da MPA e sua maior capacidade em rebaixar as temperaturas nesta época legitimam os valores médios inferiores a 18°C.

Contudo, o inverno gera condições para que os avanços da MPA ganhem terreno no País, para amenizar as suas temperaturas médias de 4° S a cerca de 23° S de latitude, constituindo uma faixa onde seus valores variam de 25°C a 18°C, notadamente nas áreas serranas e nas chapadas. Nas ocasiões em que o País é dominado por vigorosas incursões da MPA, de rápida e ampla capacidade de penetração no continente, há, na região Norte, significativa redução de suas temperaturas mínimas de inverno, com índices entre 14°C e 17°C, o que caracteriza o fenômeno conhecido

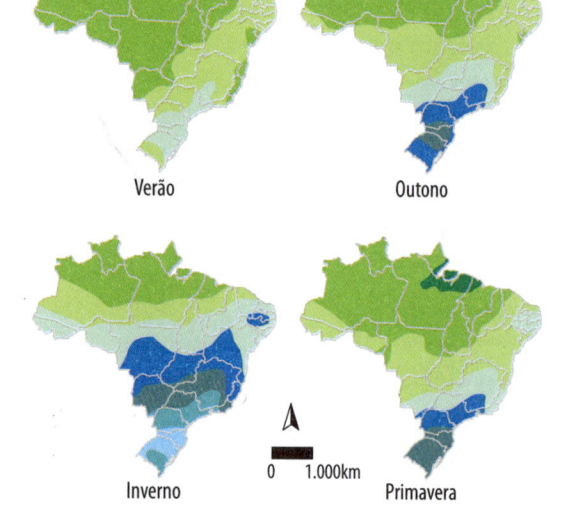

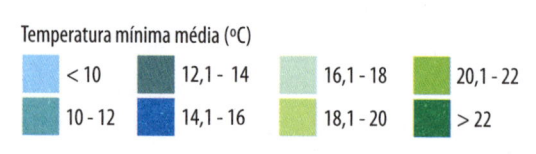

**Fig. 6.4** Brasil: temperatura mínima anual e sazonal (1961-2001)
Fonte: Eduardo V. de Paula (base cartográfica: IBGE dados meteorológicos: INMET/número de estações: 229).

como friagem. Nessas ocasiões, o sul do País fica sujeito a fortes geadas, a temperaturas mínimas inferiores a 0°C e à ocorrência de precipitação niveal em suas terras mais elevadas.

No verão, com a farta disponibilidade de energia típica da época e com a MPA enfraquecida e apresentando uma rota de avanço mais oceânica e de menor extensão em seus deslocamentos, o País é dominado pelas massas de ar tropicais e equatoriais. Nesse período, a maior parte do País – região Centro-Oeste, praticamente toda a região Norte e grande parte da Nordeste – alcança temperaturas médias anuais entre 24°C e 26°C, sob o domínio das massas equatorial continental (MEC), equatorial atlântica (MEA), tropical continental (MTC) e tropical atlântica (MTA), esta, muitas vezes, modificada em pseudotropical continental (pTC).

Por outro lado, a atuação mais costeira da MPA nessa época e a influência do relevo das serras Geral e do Mar no setor oriental da região Sul mantêm as menores temperaturas médias anuais de verão, variando entre 20°C e 22°C. No setor interiorano do Sul do País, as temperaturas médias anuais ficam entre 23°C e 24°C, em decorrência da própria continentalidade e da atuação das massas MTC, MEC, MTA, pTC e MPA, nessa ocasião extremamente tropicalizada, mais seca e com temperaturas mais elevadas.

As temperaturas médias anuais de verão mais elevadas (entre 27°C e 28°C) ocorrem no setor norte do semiárido nordestino (Estados do Ceará e Rio Grande do Norte). Destaca-se a faixa de temperaturas entre 26°C e 27°C, correspondente ao Estado de Roraima e ao norte do Amazonas e do Maranhão.

Nas estações intermediárias, outono e primavera, o padrão de variação espacial das temperaturas médias anuais segue as estações precedentes.

As temperaturas máximas médias registradas no País alcançam índices superiores a 32°C. No verão, esses valores restringem-se a grande parte do Nordeste brasileiro. No inverno, essas elevadas temperaturas ocorrem em áreas mais restritas dessa região e expandem-se para o interior do continente, cobrindo boa parte dos Estados do Pará, Tocantins e Mato Grosso, particularmente pelo maior poder de penetração da MTA nessa época do ano e na primavera. Por ocasião dessa estação, a isoterma de 32°C contorna ampla região, correspondendo a quase todo o Norte e Nordeste e boa parte do Centro-Oeste, uma vez que ainda é preponderante a atuação mais interiorizada da MTC e que essa parcela do território passa a apresentar maiores índices de insolação, devido ao deslocamento da declinação do Sol para essas latitudes e também por ser a alteração mais seca.

## 6.3 Variabilidade temporoespacial das chuvas

A distribuição e a variabilidade das chuvas no Brasil estão associadas à atuação e à sazonalidade dos sistemas convectivos de macro e mesoescala e, em especial, da *frente polar atlântica* (FPA). Isso explica as diferenças dos regimes pluviométricos encontrados e que se expressam na diversidade climática do País, com tipos chuvosos, semiáridos, tropicais e subtropicais. As chuvas abundantes e relativamente permanentes da região Norte contrastam com a escassez e a concentração das chuvas que ocorrem no Nordeste brasileiro. A sazonalidade das chuvas mantém-se na região Centro-Oeste, embora seus valores sejam significativamente superiores aos nordestinos. Nas regiões Sudeste e Sul, particularmente nesta última, as chuvas voltam a ser relativamente bem distribuídas ao longo do ano, embora com valores inferiores aos da Amazônia.

A distribuição espacial dos totais médios anuais de chuva no Brasil (Fig. 6.5) coloca em foco os dois grandes contrastes pluviométricos: a região Norte, com as mais elevadas médias (superiores a 2.800 mm), centradas na Amazônia Ocidental e em parte da planície da foz do rio Amazonas (atuação das ZCIT, MEC e MEAN associadas), e o sertão nordestino, com valores médios anuais entre 1.200 e menos de 125 mm, pois as massas de ar MEC, MEAs, MTA e MPA chegam com umidade insuficiente para produzir chuvas abundantes, dentre outros fatores.

Além do setor amazônico, todo o território centro-sul do Brasil contrapõe-se aos baixos índices do sertão nordestino, com totais anuais médios entre 1.500 a 2.000 mm, o que lhe garante farta disponibilidade de água, retratada em sua alta produção agropastoril e em sua farta rede hidrográfica. Entretanto, mais do que os totais de chuva, são as variabilidades estacional e intra-anual que repercutem de forma dramática na vida dos brasileiros.

Os problemas gerados pela variabilidade das chuvas, expressos em sua escassez ou excesso, atingem desde os "vastos territórios dos sertões secos, onde imperam climas muito quentes e chuvas escassas, periódicas e irregulares [...], provavelmente a região semiárida mais povoada do mundo [...] e a que possui a estrutura agrária mais rígida" (Ab'Sáber, 2003, p. 92), até as longas avenidas da metrópole paulistana – a mais rica do País e uma das mais populosas do mundo, que, por ocasião das chuvas concentradas de verão, vive o caos com congestionamentos superiores a 100 km. Da mesma maneira, os veranicos muito intensos e prolongados na porção centro-sul do País durante o inverno são negativos para a produção agrícola, e as chuvas concentradas de verão desencadeiam movimentos de massa nos morros ocupados por favelas nas cidades do Rio de Janeiro, Belo Horizonte e Salvador, entre outras, frequentemente causando mortes e consideráveis perdas materiais à população e ao poder público.

A maioria das terras brasileiras está na faixa tropical-equatorial do globo, o que lhe confere uma distribuição temporal das chuvas marcada pela sazonalidade e por regimes pluviométricos diversificados. Nos quentes verões tropicais, a maior parcela do território fica à mercê dos mais elevados índices de chuva. No inverno, ao contrário, em grande parte do País, esses índices ficam muito reduzidos.

Na região Sudeste, as chuvas de verão são provocadas sobretudo pela atuação da frente polar atlântica (FPA), que, em suas incursões nessa época mais úmida e dinamizada, com a presença frequente de calhas induzidas, geradoras de chuvas, recebe oposição da massa tropical atlântica (MTA). A intensidade dos típicos aguaceiros estivais, provocados pela FPA, depende da permanência e das oscilações da frente, cujas fortes chuvas muitas vezes são provocadas por seu recuo como frente quente. As linhas de instabilidade de noroeste (INW) também contribuem com os índices pluviométricos dessa

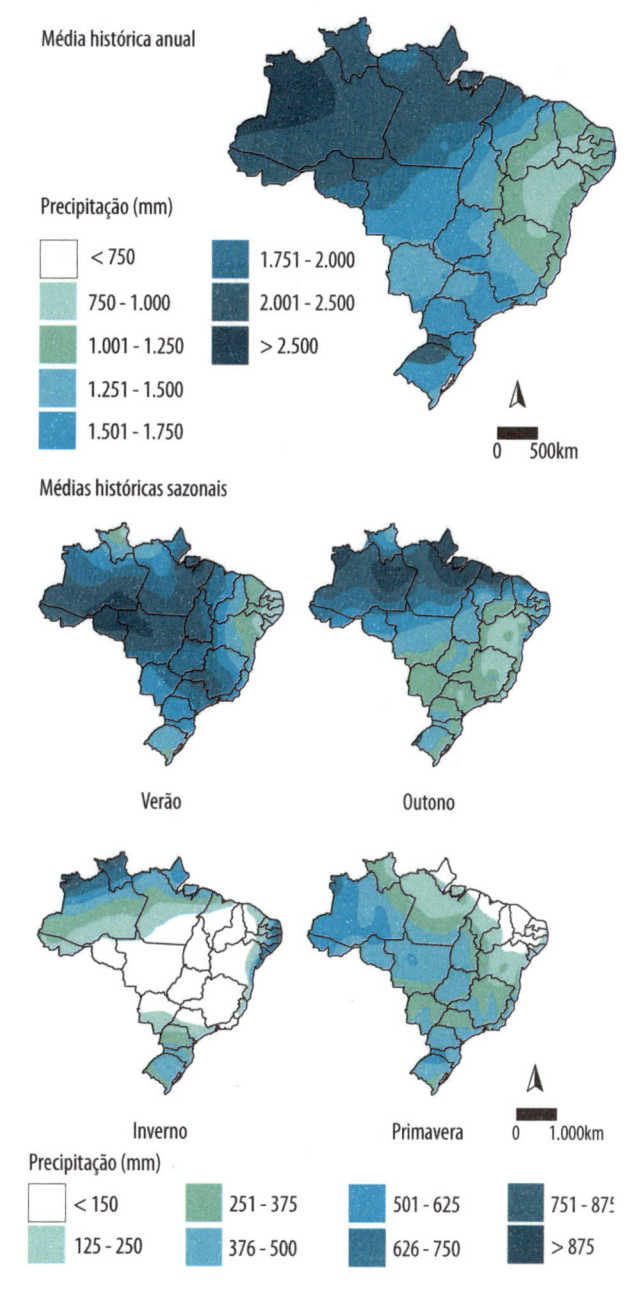

**Fig. 6.5** *Brasil: pluviosidade média anual e sazonal (1961-2001) Fonte: Eduardo V. de Paula (base cartográfica: ANELL dados pluviométricos: INMET).*

época, notadamente quando a massa equatorial continental (MEC), de acentuada umidade específica, tem sua atuação facilitada pelo aprofundamento da massa tropical continental (MTC). Da mesma forma, na região Centro-Oeste, os sistemas convectivos das INW são os principais responsáveis pelas chuvas de verão, com as passagens da FPA. A ZCAS tem um papel importante nas chuvas de verão nas regiões Sudeste e Centro-Oeste. O máximo de precipitação (Fig. 6.5 – Verão) de Noroeste para Sudeste está associado à ZCAS.

Na Amazônia central, as chuvas mais intensas de verão (superiores a 521 mm médios mensais) decorrem da forte atividade convectiva regional promovida pelos aquecimentos locais gerados na MEC, pela interação da convecção tropical da Amazônia com a zona de convergência intertropical (ZCIT). Esta última, associada aos ventos de leste/nordeste da massa equatorial do atlântico norte (MEAN), gera também índices pluviométricos elevados no setor atlântico da região Norte. Ao alcançar sua posição média mais meridional no outono, a atuação da ZCIT garante, a praticamente toda a região Norte e ao setor setentrional da Nordeste, índices de chuva iguais ou superiores aos de verão.

No inverno, com exceção da faixa litorânea da região Nordeste, da porção que se estende do sul dos Estados de Mato Grosso do Sul e de São Paulo até o extremo sul do Rio Grande do Sul, e também do setor NW da Amazônia, os demais setores do País apresentam uma sensível redução nas chuvas, com valores médios mensais inferiores a 125 mm, o que caracteriza o período de estiagem.

Contudo, a dinâmica e as particularidades dos sistemas geradores de chuvas em tão vasto território validam as diferenças regionais de pluviosidade encontradas.

A interiorização da massa tropical atlântica (MTA), cuja menor umidade hibernal é reforçada pelo seu avanço para oeste, associada ao ramo subsidente das massas equatoriais que agem a partir dos alísios de nordeste e de leste, é a principal responsável pela diminuição das chuvas dessa faixa nas regiões Norte e Centro-Oeste.

A escassez, assim como a frequente e prolongada ausência das chuvas no sertão nordestino durante o inverno, está associada ao desempenho vertical da massa equatorial do atlântico sul (MEAS), que atua por meio dos ventos alísios de sudeste, e estes são, paradoxalmente, os responsáveis pelas chuvas de outono e inverno de até 500 mm da faixa litorânea úmida da região. Segundo Nimer (1989, p. 10), a MEA compõe-se de duas correntes, uma inferior fresca e úmida carregada de umidade oriunda da evaporação do oceano, e outra superior quente e seca, de direção idêntica, mas separada por uma inversão de temperatura, a qual não permite o fluxo vertical do vapor. Entretanto, em suas bordas, no doldrum ou no litoral do Brasil, a descontinuidade térmica se eleva e enfraquece bruscamente, permitindo a ascensão conjunta de ambas as camadas de alísios. Desse modo, a massa torna-se aí instável, causando as fortes chuvas equatoriais e as da costa leste do continente.

Em contraposição ao restante do País, a região Sul e o setor meridional de São Paulo e do Mato Grosso do Sul apresentam índices pluviométricos médios sazonais superiores a 251 mm mensais, como consequência da atuação da FPA ao longo de todo o ano. As frentes que causam chuvas e ventos fortes na região Sul tembém estão associadas aos ciclones extratropicais e aos vórtices ciclônicos em altos níveis. Este último sistema também atua no Nordeste durante os meses de verão.

A FPA é a principal agente promotora das chuvas nesse setor do território e, quando não é a responsável direta, dinamiza as linhas de instabilidade descritas anteriormente, causadoras de chuvas também nessa porção do País.

## 6.4 Os climas

O Brasil apresenta uma considerável tipologia climática, decorrente diretamente de sua extensão geográfica e da conjugação entre os elementos atmosféricos e os fatores geográficos particulares da América do Sul e do próprio País. Entre os principais fatores que determinam os tipos climáticos brasileiros, destacam-se:

🍂 a *configuração geográfica*, manifestada na disposição triangular do território, cuja maior extensão dispõe-se nas proximidades da Linha do Equador, afunilando-se em direção sul;

🍂 a *maritimidade/continentalidade*, pois o litoral tem uma considerável extensão e é banhado por águas quentes – particularmente a corrente sul equatorial e a corrente do Brasil – e frias – corrente das Malvinas (ou Falklands). A disposição geográfica do "continente Brasil" apresenta uma expressiva disposição continental interiorana, ou seja, uma expressiva extensão de terras que se encontra consideravelmente afastada da superfície marítima, formando um amplo *interland*;

🍂 as *modestas altitudes do relevo*, expressas em cotas relativamente baixas e cujos pontos extremos atingem somente cerca de 3.000 m;

🍂 a *extensão territorial*, que compreende uma área de cerca de 8.511 milhões de km$^2$, localizada entre 5°16'20" de latitude norte e 33°44'32" de latitude sul, e 34°47'30" e 73°59'32" de longitude oeste de Greenwich, disposta em sua grande maioria no hemisfério Sul – o hemisfério das águas;

🍂 as *formas do relevo*, notadamente a distribuição dos grandes compartimentos de serras, planaltos e planícies, que formam verdadeiros corredores naturais para o desenvolvimento dos sistemas atmosféricos em grandes extensões, principalmente de movimentação norte-sul;

🍂 a *dinâmica das massas de ar e frentes*, das quais as que mais interferem no Brasil são a equatorial (continental e atlântica), a tropical (continental e atlântica) e a polar atlântica.

Além desses fatores, deve-se salientar o papel da vegetação e das atividades humanas na definição dos tipos climáticos do Brasil, pois a interação destes com o balanço de radiação e a atmosfera dá origem a particularidades climáticas regionais e locais no cenário brasileiro.

A considerável evapotranspiração das áreas com vegetação exuberante, como a Amazônia e a serra do Mar, além da alteração provocada na atmosfera pelas extensas regiões de agricultura e de localidades de expressiva espacialização urbano-industrial, como as áreas metropolitanas na porção litorânea e centro-sul, devem ser mencionadas ao se arrolar os fatores geográficos dos climas do Brasil.

Pelas características da atmosfera e, de maneira especial, pelas condições estáticas e dinâmicas particulares ao território brasileiro, pode-se constatar a existência de cinco grandes compartimentos climáticos. Essa divisão, baseada principalmente na distribuição da temperatura e da pluviosidade registradas no conjunto da Nação, associada às características geográficas e à dinâmica das massas de ar (Fig. 6.6), é acrescida aqui de outras características e de climatogramas que realçam os subtipos de cada um dos grandes tipos climáticos brasileiros.

Os cinco principais tipos climáticos do País detêm um elevado grau de generalização dos elementos climáticos, notadamente de suas médias, em relação à considerável extensão dos territórios aos quais são atribuídos. Esses grandes domínios abarcam uma infinidade de subtipos climáticos particulares que, uma vez analisados, permitem conhecer a diferenciação interna de cada um dos grandes tipos aqui apresentados. Assim, ao se fazer a caracterização genérica dos cinco grandes domínios climáticos brasileiros, detalhando-os em vários subtipos, faz-se uma aproximação à realidade climática do Brasil – a evidência de alguns de seus detalhes é apresentada em climatogramas e nos controles atmosféricos relativos a cada subtipo.

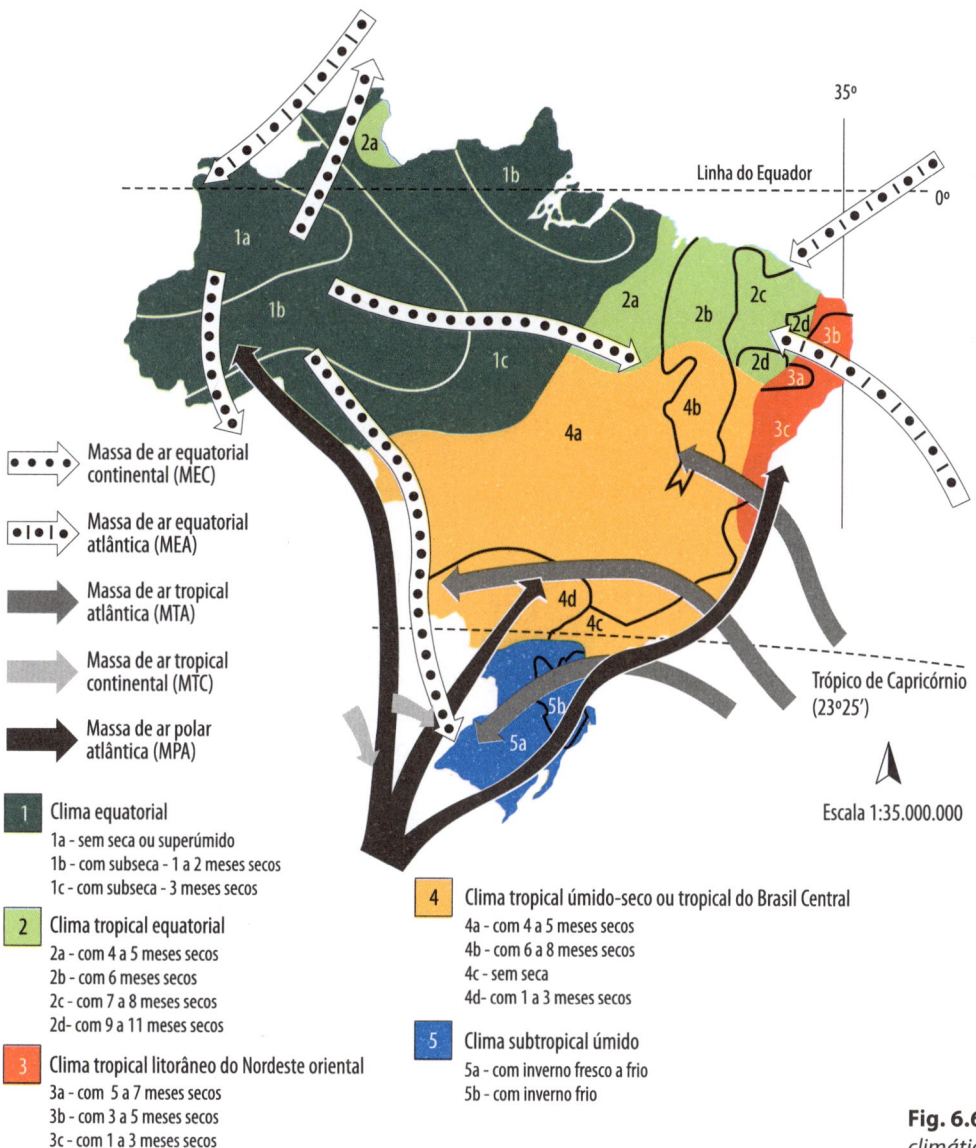

6 – BRASIL: ASPECTOS TERMOPLUVIOMÉTRICOS E TIPOS CLIMÁTICOS

**Fig. 6.6** *Domínios climáticos do Brasil e principais subtipos*

**Legenda do mapa:**

- Massa de ar equatorial continental (MEC)
- Massa de ar equatorial atlântica (MEA)
- Massa de ar tropical atlântica (MTA)
- Massa de ar tropical continental (MTC)
- Massa de ar polar atlântica (MPA)

**1 Clima equatorial**
- 1a - sem seca ou superúmido
- 1b - com subseca - 1 a 2 meses secos
- 1c - com subseca - 3 meses secos

**2 Clima tropical equatorial**
- 2a - com 4 a 5 meses secos
- 2b - com 6 meses secos
- 2c - com 7 a 8 meses secos
- 2d - com 9 a 11 meses secos

**3 Clima tropical litorâneo do Nordeste oriental**
- 3a - com 5 a 7 meses secos
- 3b - com 3 a 5 meses secos
- 3c - com 1 a 3 meses secos

**4 Clima tropical úmido-seco ou tropical do Brasil Central**
- 4a - com 4 a 5 meses secos
- 4b - com 6 a 8 meses secos
- 4c - sem seca
- 4d - com 1 a 3 meses secos

**5 Clima subtropical úmido**
- 5a - com inverno fresco a frio
- 5b - com inverno frio

Escala 1:35.000.000

Os cinco macrotipos climáticos do Brasil e seus diferentes subtipos são:

### 6.4.1 Clima equatorial

O clima predominante na porção norte do Brasil (compreendida pelos Estados do Amazonas, Pará, Acre, Rondônia, Amapá, e parte de Mato Grosso e Tocantins, área que coincide com a floresta amazônica), controlado por sistemas atmosféricos equatoriais (MEC, MEA e ZCIT) e tropicais e pertencente ao Grupo I de A. Strahler (climas de latitudes baixas), foi denominado genericamente, por Carlos Augusto de Figueiredo Monteiro (1968), de *clima equatorial úmido da Frente Intertropical* (FIT). Edmond Nimer (1989) classificou-o como pertencente ao *domínio climático quente* (evidência da latitude, altitude e maritimidade-continentalidade), com três subdivisões relacionadas à variabilidade da umidade do ar. O IBGE (1997) nominou-o *clima equatorial*. A temperatura média anual desse tipo climático fica entre 24°C e 26°C; portanto, é clima quente, cujos valores mais baixos, encontrados nas regiões serranas, e os mais elevados, ao longo do vale do rio Amazonas, chegam a ultrapassar essas médias. A área é considerada de expressiva homogeneidade térmica, sem grande amplitude térmica diária ou sazonal devido à umidade atmosférica e à intensa nebulosidade muito elevadas. Setembro e outubro são considerados os meses mais quentes do ano. Em algumas localidades a oeste-sudoeste da porção norte do Brasil, a temperatura pode atingir 40°C.

Nos meses de junho a agosto, a temperatura apresenta uma pequena queda em relação aos totais anuais, pois as penetrações de frentes frias pelo seu ramo continental podem provocar quedas bruscas da temperatura, ocasionando o fenômeno regionalmente denominado friagem, quando a temperatura pode chegar a 8°C no sudoeste da região.

Em termos de pluviosidade, a porção norte do País, embora considerada bastante úmida e onde se encontram os mais expressivos totais pluviométricos, apresenta uma distribuição heterogênea, tanto espacial quanto temporalmente. Em algumas áreas, o total médio anual está acima de 3.000 mm (extremos leste e oeste), ao passo que em outras não passa de 1.600 mm (a noroeste e sudoeste). Ao norte da área, o período chuvoso ocorre nos meses de inverno, enquanto no restante da região se dá principalmente no verão. Segundo Nimer (1989, p. 390),

> tratando-se de suas características hídricas, verificamos que a Amazônia possui numerosos fácies cuja distinção varia desde a inexistência de mês seco até a existência de 3 meses secos, normalmente.

Os três subtipos do clima equatorial apresentam elevadas temperaturas e quase nenhuma variabilidade térmica sazonal; é a variação da pluviosidade ao longo do ano que permite identificá-los.

### a) Clima equatorial sem seca ou superúmido

No extremo oeste do Estado do Amazonas, forma-se um subtipo climático em que todos os meses apresentam elevadas temperaturas e umidade/pluviosidade. Além da elevada evaporação e evapotranspiração regional, baixa latitude e forte continentalidade, contribui para a definição desse subtipo o acúmulo de umidade trazida pelas incursões da MEAN que, deslizando pela planície amazônica e aproximando-se das elevações do relevo, culmina na cordilheira dos Andes, concentrando ali a umidade proveniente do oceano. A força de atrito do relevo sobre a MEAN faz com que o ar se eleve, se condense e caia em forma de chuva naquela região, que apresenta considerável nebulosidade. Os climatogramas de duas localidades (Fig. 6.7) do extremo oeste amazônico ilustram esse subtipo climático (Tab. 6.1).

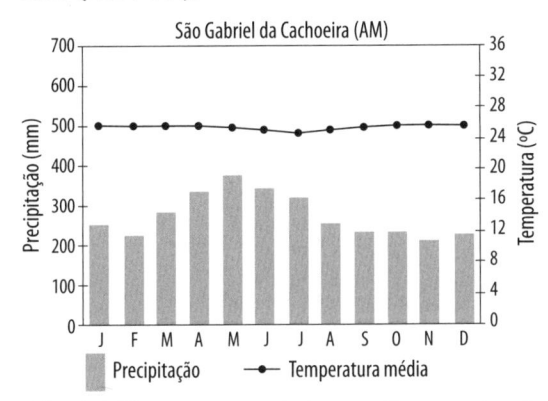

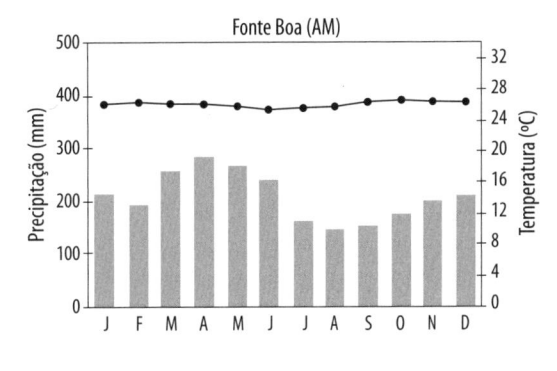

**Fig. 6.7** *Climatogramas relativos ao clima equatorial sem seca ou superúmido*
Fonte: Inmet.

- São Gabriel da Cachoeira (AM) apresenta uma expressiva regularidade térmica e uma pequena variação pluviométrica ao longo do ano: máximo de 400 mm no mês de maio e mínimo de 200 mm nos meses de novembro e fevereiro. De maneira geral, o outono é chuvoso, e a primavera, menos chuvosa.

- Fonte Boa (AM) apresenta regularidade térmica e pequena variação pluviométrica ao longo do ano. O período de julho a setembro é o menos chuvoso (agosto com 160 mm), e o outono é mais chuvoso: abril é o mês de maior pluviosidade, com um total médio de cerca de 300 mm.

**Tab. 6.1** *Clima equatorial sem seca*

| LOCALIDADE | TEMPERATURA MÍNIMA (°C) | TEMPERATURA MÉDIA (°C) | TEMPERATURA MÁXIMA (°C) | PRECIPITAÇÃO PLUVIOMÉTRICA (mm) |
|---|---|---|---|---|
| São Gabriel da Cachoeira (AM) | 21,4 | 25,5 | 31,2 | 3.416,5 |
| Fonte Boa (AM) | 22,0 | 25,9 | 30,9 | 2.496,7 |

Fonte: Inmet, 1961-2000.

### b) Clima equatorial com subseca – um a dois meses secos

Distribui-se pela porção centro-oeste do Estado do Amazonas, centro-oeste do Estado do Acre e sudoeste do Estado de Roraima, bem como pela porção nordeste da região (centro-oeste do Estado do

Amapá e norte-nordeste do Estado do Pará). Esse subtipo apresenta elevadas temperaturas em todos os meses do ano, com um a dois meses menos chuvosos ou de subseca. Nessa porção do território, observam-se os mesmos fatores que influenciam o subtipo anterior, todavia, o efeito da força de atrito do relevo pré-andino não se faz notar nesse subtipo, sendo substituído, na porção nordeste da região, pela maritimidade. Ali a atuação das massas equatoriais continental e marítima (MEC e MEAN) é bastante pronunciada, além da ZCIT. Esse subtipo apresenta variações que podem ser observadas nos climatogramas das cinco seguintes localidades (Fig. 6.8 e Tab. 6.2).

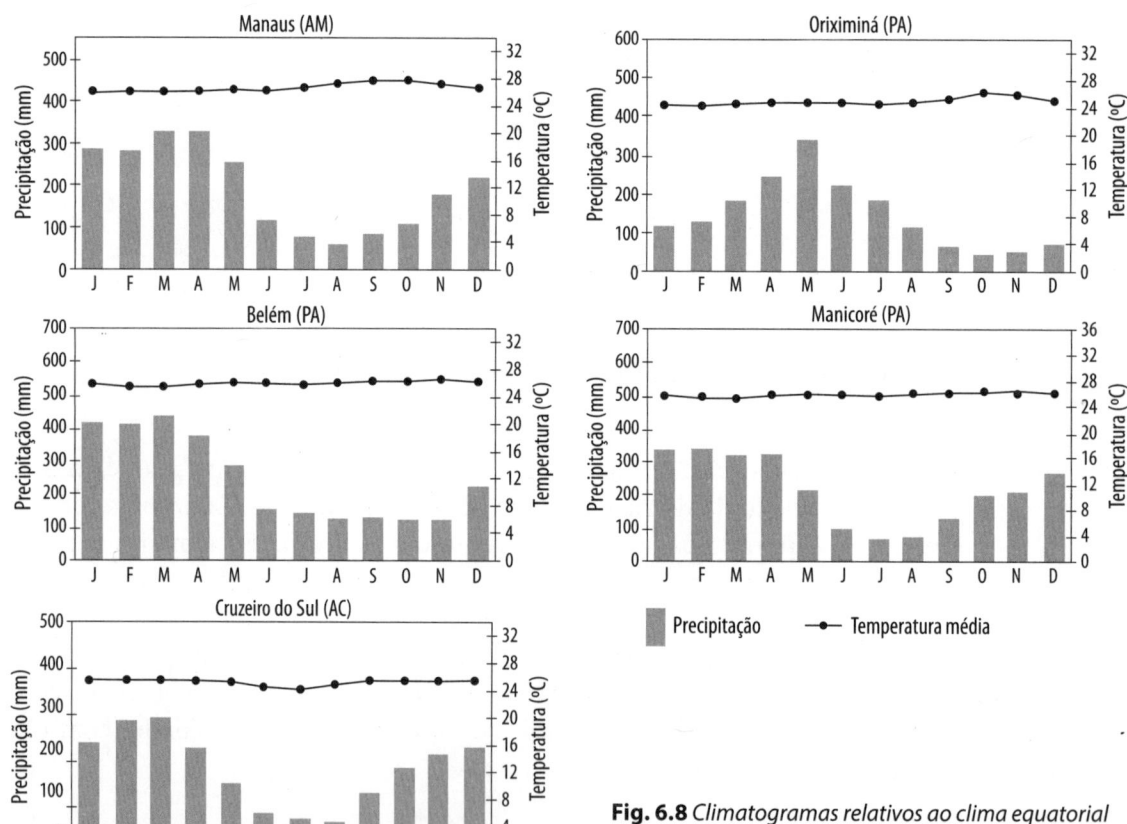

**Fig. 6.8** Climatogramas relativos ao clima equatorial com subseca (um a dois meses secos)
Fonte: Inmet.

**Tab. 6.2** Clima equatorial com subseca (um a dois meses secos)

| Localidade | Temperatura mínima (°C) | Temperatura média (°C) | Temperatura máxima (°C) | Precipitação pluviométrica (mm) |
|---|---|---|---|---|
| Manaus (AM) | 22,8 | 26,7 | 31,5 | 2.311,9 |
| Belém (PA) | 22,3 | 26,1 | 31,6 | 2.980,4 |
| Cruzeiro do Sul (AC) | 19,0 | 25,3 | 31,5 | 2.195,2 |
| Oriximiná (PA) | 21,0 | 24,8 | 30,4 | 1.720,4 |
| Manicoré (AM) | 20,5 | 26,0 | 32,0 | 2.566,1 |

Fonte: Inmet, 1961-2000.

## 6 – Brasil: aspectos termopluviométricos e tipos climáticos

🌳 Manaus (AM) apresenta regularidade térmica anual, com pequena alteração na primavera e considerável variação pluviométrica ao longo do ano. Junho a outubro é o período menos chuvoso (agosto é o de menor pluviosidade, com 60 mm), e março a abril caracteriza-se como o período chuvoso (350 mm). Os meses de maior temperatura coincidem com aqueles de menor pluviosidade.

Manaus (Tab. 6.3) evidencia a condição de homogeneidade térmica do norte do Brasil, pois apresenta pequena amplitude térmica anual, chegando a um máximo de cerca de 10°C de diferença entre a média máxima das temperaturas máximas e a média mínima das mínimas. Mesmo registrando temperatura mínima absoluta próxima aos 18°C, esta difere da máxima absoluta em um máximo de 20°C. O período de mais elevadas temperaturas de Manaus ocorre entre agosto e novembro, coincidindo em parte com os meses de menor pluviosidade.

**Tab. 6.3** *Temperatura do ar em Manaus (AM)*

|  | Média compensada (°C) | | Média das máximas (°C) | | Média das mínimas (°C) | | Absoluta (°C) |
|---|---|---|---|---|---|---|---|
|  | Anual | Mensal | Anual | Mensal | Anual | Mensal |  |
|  | 27,6 |  | 31,4 |  | 23,3 |  |  |
| Máxima |  | 27,6 |  | 32,9 |  | 23,7 | 38,2 |
|  |  | Outubro |  | Setembro |  | Outubro | 4/3/83 |
| Mínima |  | 26 |  | 30,4 |  | 22,7 | 17,7 |
|  |  | Fevereiro |  | Fevereiro |  | Julho | 20/7/81 |

*Fonte: Normais Climatológicas do Brasil, 1961-1990.*

🌳 Em Belém (PA), observa-se regularidade térmica anual com expressiva variação pluviométrica ao longo do ano: junho a novembro é o período menos chuvoso, destacando-se o mês de outubro (120 mm); o mês mais chuvoso é março (430 mm). Em Belém, nota-se claramente o regime de seis meses chuvosos e seis com redução do total de chuvas.

Comparativamente a Manaus, Belém evidencia uma maior homogeneidade térmica diária e sazonal devido à sua localização no estuário do rio Amazonas, área de mais expressiva umidade do ar que aquela, em razão da maior influência da maritimidade no seu clima. Nessa porção do Estado do Pará, os totais pluviométricos anuais excedem 3.000 mm, e as chuvas são bem distribuídas durante o ano todo, com maior destaque nos meses de verão e outono.

A diferença entre as temperaturas médias e as máximas e mínimas (Tab. 6.4) atinge, em Belém, cerca de 10°C, porém os extremos absolutos são inferiores a Manaus em cerca de 2°C na amplitude observada no período; a amplitude térmica geral de Belém é também inferior à de Manaus. A linha representativa da temperatura média do ar da cidade de Belém (Fig. 6.14) retrata a tênue sazonalidade térmica da cidade, levemente inclinada para baixo em fevereiro e março, meses de menores médias térmicas anuais. De maneira geral, a temperatura é levemente mais elevada entre outubro e janeiro (entre 26,4°C e 26,6°C).

**Tabela 6.4** *Belém (PA): temperatura do ar*

| | Média compensada (°C) | | Média das máximas (°C) | | Média das mínimas (°C) | | Absoluta (°C) |
|---|---|---|---|---|---|---|---|
| | Anual | Mensal | Anual | Mensal | Anual | Mensal | |
| | 25,9 | | 31,4 | | 21,9 | | |
| Máxima | | 26,7 | | 32,3 | | 22,6 | 37,3 |
| | | Abril | | Novembro | | Maio | 30/3/82 |
| Mínima | | 24,5 | | 30,4 | | 21,6 | 18,5 |
| | | Fevereiro | | Março | | Outubro | 26/8/84 |

Fonte: Normais Climatológicas do Brasil, 1961-1990.

🌱 Cruzeiro do Sul (AC) apresenta as mesmas características que a cidade de Belém, porém, junho a agosto é o período menos chuvoso; julho é o de menor quantidade de chuvas (70 mm), e fevereiro/março é o bimestre mais chuvoso (300 mm). O período de maior concentração das chuvas é de outubro a abril.

🌱 A regularidade térmica anual de Oriximiná (PA) possui pequena alteração em outubro, sendo este o mês mais quente e também o menos chuvoso. Observa-se uma considerável variação pluviométrica anual: setembro a dezembro é o período de menor pluviosidade, outubro é o menos chuvoso com cerca de 40 mm e maio é o mais chuvoso (350 mm). Os meses de maior temperatura coincidem com os de menor pluviosidade.

🌱 Como nas outras localidades desse subtipo climático, em Manicoré (AM) também se observa uma considerável regularidade térmica anual e variação pluviométrica ao longo do ano: no período menos chuvoso, destaca-se o mês de agosto, com 50 mm, e fevereiro e março como os mais chuvosos (março com 300 mm).

### c) Clima equatorial com subseca – três meses secos

Em algumas localidades de clima equatorial, particularmente nas fronteiras deste domínio climático com o clima tropical úmido-seco do Brasil central e no centro do Estado do Pará, um subtipo forma-se, principalmente pela redução de pluviosidade em três meses do ano, mesmo mantendo os índices térmicos e pluviométricos bastante elevados. O efeito da continentalidade sobressai nesse subtipo climático, bem como a evaporação-evapotranspiração; todavia, os efeitos da maritimidade e do relevo pré-andino não são marcantes.

A atuação da MEC, MEAN e ZCIT é definidora desse subtipo, que pode ser observado nos climatogramas das localidades a seguir (Tab. 6.5 e Fig. 6.9).

**Tab. 6.5** *Clima equatorial com subseca (três meses secos)*

| LOCALIDADE | TEMPERATURA MÍNIMA (°C) | TEMPERATURA MÉDIA (°C) | TEMPERATURA MÁXIMA (°C) | PRECIPITAÇÃO PLUVIOMÉTRICA (mm) |
|---|---|---|---|---|
| Porto Velho (RO) | 21,3 | 25,4 | 31,5 | 2.267,3 |
| Rio Branco (AC) | 19,5 | 25 | 31,4 | 1.941,5 |
| Parintins (AM) | 23,9 | 27,3 | 32 | 2.343,9 |

*Fonte: Inmet, 1961-2000.*

🍂 Porto Velho (RO) apresenta clima quente, com boa regularidade térmica anual, porém com pequena queda nos meses de junho, julho e agosto, os menos chuvosos, chegando a um índice de cerca de 20 mm em julho. Todavia, o verão é bastante chuvoso, e janeiro é o mês de maiores índices pluviométricos (370 mm).

🍂 Rio Branco (AC) caracteriza-se por clima quente e reguralidade térmica anual; porém, apresenta queda mais prolongada que no subtipo de Porto Velho, cuja extensão vai de maio a setembro. O período de julho a agosto compreende os meses menos chuvosos, com um índice de cerca de 20 mm em junho. Todavia, o verão é bastante chuvoso, e janeiro e fevereiro são os meses de maiores índices pluviométricos (300 mm).

🍂 Parintins (AM) é quente e com boa regularidade térmica anual; porém, apresenta pequena elevação dos totais mensais médios em outubro, o mês mais quente. Os meses mais quentes coincidem com os de menor pluviosidade média mensal; setembro é o menos chuvoso (cerca de 40 mm). Os meses de verão e outono são bastante chuvosos, destacando-se março, com índices que atingem 360 mm.

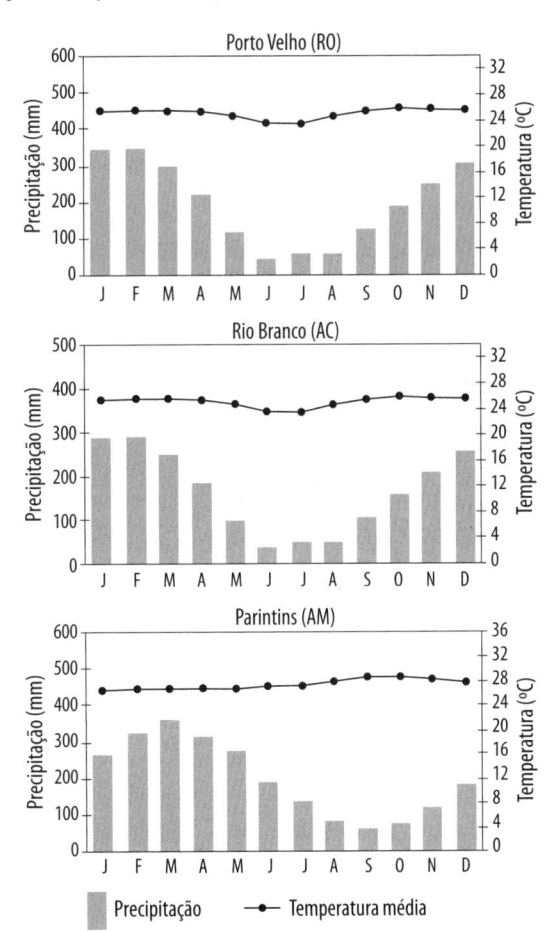

**Fig. 6.9** *Climatogramas relativos ao clima equatorial com subseca (três meses secos)*
*Fonte: Inmet.*

## 6.4.2 Clima tropical-equatorial

O tipo climático tropical-equatorial distribui-se por parte das regiões Norte (centro-norte do Estado do Tocantins) e Nordeste (quase todo o Estado do Maranhão, parte dos Estados do Piauí, Bahia, Pernambuco, Paraíba e Rio Grande do Norte, e todo o Estado do Ceará). Nesse domínio climático quente, observa-se a formação de subtipos definidos tanto pela sazonalidade térmica quanto pela pluviométrica, nos quais se encontram variações úmidas e semi-úmidas (pertencentes ao Grupo I de A. Strahler). A atuação da ZCIT é bastante importante na porção do extremo norte da região, enquanto as massas MEC, MEAN, MEAS, MTA e MPA atuam mais na porção centro-sul da área.

Esse tipo climático associa-se à vegetação de transição entre a floresta amazônica e a caatinga, denominada *mata de cocais*, nos Estados do Maranhão, Piauí e Ceará, além de parte da própria floresta amazônica na área da Amazônia legal (Estado do Tocantins) e da caatinga, nos Estados do Piauí, Ceará, Paraíba, Rio Grande do Norte, Bahia e oeste de Pernambuco. Essa associação reflete a variabilidade pluviométrica do domínio climático, que apresenta localidades tanto com índices elevados, como a cidade de São Luís do Maranhão (com aproximadamente 2.300 mm), quanto com índices pouco expressivos, como a localidade de Campos Sales, no Ceará (com cerca de 620 mm anuais).

A temperatura apresenta também considerável variabilidade espacial e temporal, mesmo que toda a área se enquadre no âmbito dos climas quentes. Observa-se uma temperatura média entre 24°C e 27°C anuais, porém, a média das máximas pode atingir 33°C em algumas localidades, como é o caso de Mossoró (RN), e a média das mínimas pode baixar até 18°C, na cidade de Monteiro (PB). As temperaturas máximas absolutas normalmente ultrapassam 40°C em várias localidades, enquanto as mínimas caem para menos de 10°C em algumas outras.

A influência do relevo da porção oriental da região, além da expressiva continentalidade no sentido leste-oeste, da zona de *doldrums* ao norte e da atuação das ondas de leste, associa-se às atividades humanas na definição de áreas com reduzidos totais pluviométricos em diferentes localidades desse domínio climático, cujos quatro subtipos são apresentados a seguir:

### a) Clima tropical-equatorial com quatro a cinco meses secos
Subtipo de clima quente e úmido que se caracteriza tanto pela influência da maritimidade quanto da continentalidade. As temperaturas,

mesmo elevadas ao longo do ano, apresentam pequena variação sazonal e a pluviosidade, maior variação que os índices térmicos. Três localidades (Fig. 6.10 e Tab. 6.6) podem ser destacadas como exemplos desse subtipo:

🌣 Porto Nacional (TO) apresenta clima quente, com variação térmica anual evidenciando elevação nos totais médios mensais de agosto a novembro, atingindo 28°C. A pluviosidade varia sazonalmente e explicita dois períodos distintos ao longo do ano: um, com totais elevados entre outubro e abril (dezembro e fevereiro são os meses mais chuvosos, com cerca de 280 mm) e o outro, o trimestre de junho a agosto, mais seco, com totais em torno de 10 mm. O momento mais quente do ano ocorre logo após o período mais seco.

🌣 Boa Vista (RR) apresenta pequena variação térmica anual, com leve queda nos totais médios mensais de junho e julho. O inverno coincide com o período mais chuvoso do ano. A pluviosidade varia evidenciando dois períodos sazonais distintos: o primeiro, com totais elevados entre maio e agosto (junho e julho são os mais chuvosos, com 300 mm), e o segundo, de novembro a março, mais seco, com totais em torno de 10 mm.

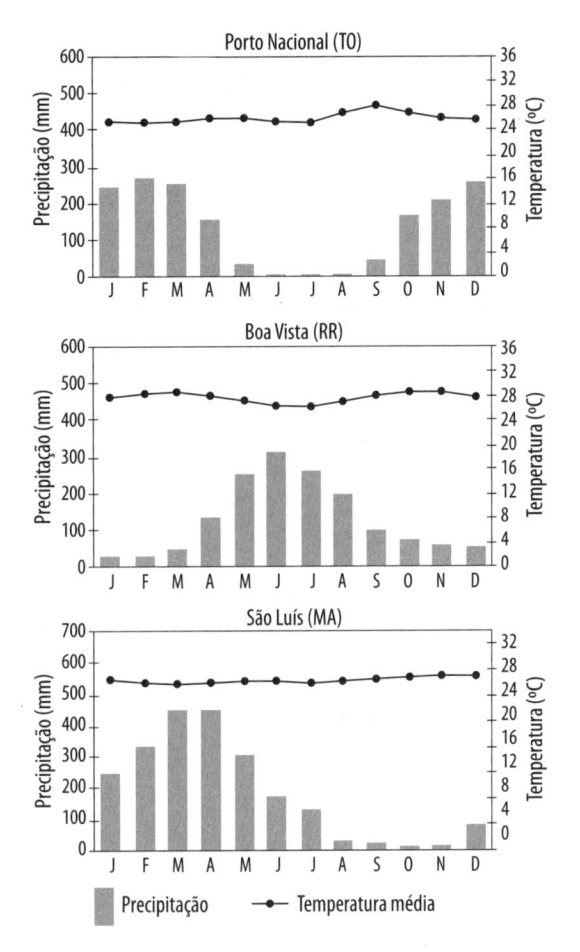

**Fig. 6.10** *Climatogramas relativos ao clima Tropical-Equatorial com quatro a cinco meses secos*
*Fonte: Inmet.*

🌣 Em São Luís (MA) observa-se uma expressiva regularidade térmica ao longo do ano, como efeito da maritimidade. Todavia, a pluviosidade apresenta dois períodos bem distintos: verão e outono chuvosos (principalmente março e abril, com cerca de 450 mm cada mês) e inverno e primavera pouco chuvosos ou secos, com destaque para outubro e novembro, com cerca de 5 mm cada mês.

**Tab. 6.6** *Clima tropical-equatorial com quatro a cinco meses secos*

| LOCALIDADE | TEMPERATURA MÍNIMA (°C) | TEMPERATURA MÉDIA (°C) | TEMPERATURA MÁXIMA (°C) | PRECIPITAÇÃO PLUVIOMÉTRICA (mm) |
|---|---|---|---|---|
| Porto Nacional (TO) | 21 | 26,1 | 33 | 1.656,4 |
| Boa Vista (RR) | 23,1 | 27,6 | 32,7 | 1.507,8 |
| São Luís (MA) | 23,5 | 26,3 | 30,6 | 2.199,9 |

*Fonte: Inmet, 1961-2000.*

b) Clima tropical-equatorial com seis meses secos

A cidade de Teresina (PI) é um bom exemplo desse subtipo climático, pois apresenta um período seco com duração de seis meses, podendo se prolongar a sete ou oito. A pluviosidade da área é de cerca de 1.678 mm, com chuvas concentradas em seis meses do ano (aproximadamente 1.250 mm entre novembro e maio). Fevereiro e julho são os meses de mais baixos índices térmicos da cidade, com média compensada mínima de 23,6°C no primeiro, e média das mínimas de 20,4°C no segundo (Tab. 6.7). A aridez relativa desse clima reflete-se diretamente na elevada amplitude térmica do período em análise, apresentando cerca de 25°C de diferença entre a máxima e a mínima absolutas registradas.

**Tab. 6.7** *Teresina (PI): temperatura do ar*

|  | Média compensada (°C) | | Média das máximas (°C) | | Média das mínimas (°C) | | Absoluta (°C) |
|---|---|---|---|---|---|---|---|
|  | Anual | Mensal | Anual | Mensal | Anual | Mensal |  |
|  | 26,5 |  | 33,1 |  | 22,1 |  |  |
| Máxima |  | 29 |  | 36,4 |  | 23,1 | 40,3 |
|  |  | Outubro |  | Outubro |  | Dezembro | 4/3/83 |
| Mínima |  | 23,6 |  | 30,1 |  | 20,4 | 15 |
|  |  | Fevereiro |  | Fevereiro |  | Julho | 27/7/76 |

*Fonte: Normais Climatológicas do Brasil, 1961-1990.*

As temperaturas médias mais elevadas de Teresina são registradas entre os meses de setembro e novembro. Outubro é o mês mais representativo, embora a máxima absoluta registrada entre 1961 e 1991, de 40,3°C, tenha ocorrido em março. Posteriormente a esse período, já foi registrada a temperatura de 44°C na cidade.

A temperatura média de Teresina permite identificar a formação de dois períodos térmicos durante o ano: um mais longo, de janeiro a agosto, no qual as temperaturas situam-se entre 24°C (junho) e 26,7°C (janeiro); e outro mais curto e mais quente, de setembro a dezembro, com temperaturas de 28°C (dezembro) a 29°C (outubro).

Nesse subtipo de clima quente, os índices pluviométricos apresentam-se menores em uma maior parte do ano, em comparação ao subtipo com quatro a cinco meses secos. Essa sazonalidade termopluviométrica explicita uma característica mais próxima da condição de tropicalidade da área, que pode ser observada nos subtipos representados nos climatogramas das seguintes localidades (Tab. 6.8 e Fig. 6.11):

**Tab. 6.8** *Clima tropical-equatorial com seis meses secos*

| LOCALIDADE | TEMPERATURA MÍNIMA (°C) | TEMPERATURA MÉDIA (°C) | TEMPERATURA MÁXIMA (°C) | PRECIPITAÇÃO PLUVIOMÉTRICA (mm) |
|---|---|---|---|---|
| Floriano (PI) | 19,5 | 28 | 35,5 | 1.093,4 |
| Parnaíba (PI) | 21 | 27,2 | 33,5 | 1.375,5 |
| Colinas (MA) | 21,1 | 26 | 32,5 | 1.303,6 |

*Fonte: Inmet, 1961-2000.*

🍂 Floriano (PI) caracteriza-se pelo clima quente ao longo do ano, porém, com uma pequena elevação dos totais térmicos mensais nos meses de agosto a novembro (32°C em setembro). As chuvas são concentradas entre outubro e maio, e muito pouco presentes entre junho e setembro. Março é o mês mais chuvoso, com aproximadamente 220 mm, e agosto, o mais seco, com cerca de 5 mm.

🍂 Parnaíba (PI) apresenta clima quente o ano todo, com expressiva regularidade térmica anual. Quanto à pluviosidade, as chuvas são concentradas entre janeiro e maio, e muito pouco presentes entre julho e novembro, chegando a 0 mm em setembro. Março e abril são os meses mais chuvosos, com cerca de 320 mm.

🍂 Colinas (MA) também apresenta clima quente ao longo do ano todo, porém, com uma pequena elevação nos totais térmicos mensais nos meses de setembro a novembro. No que concerne à pluviosidade, as chuvas são concentradas entre outubro e maio, e muito pouco presentes de junho a setembro. Março é o mês mais chuvoso, com cerca de 280 mm, e agosto, o mais seco, com aproximadamente 5 mm.

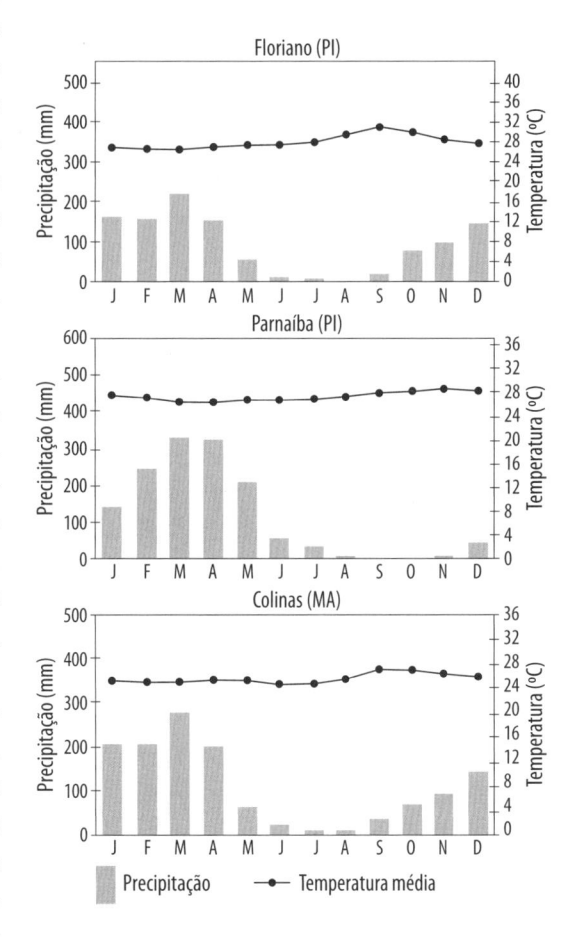

**Fig. 6.11** *Climatogramas relativos ao clima tropical-equatorial com seis meses secos*
*Fonte: Inmet.*

### c) Clima tropical-equatorial com sete a oito meses secos

Esse subtipo climático do domínio tropical-equatorial é também classificado como *semiárido*. Durante a maior parte do ano, apresenta redução dos totais pluviométricos mensais e elevadas temperaturas. A variação sazonal da temperatura média não é tão expressiva, o que leva à formação de áreas em que se observam quedas térmicas pouco expressivas na situação de inverno. Os climatogramas das localidades a seguir (Fig. 6.12 e Tab. 6.9) ilustram esse subtipo.

**Tab. 6.9** *Clima tropical-equatorial com sete a oito meses secos*

| Localidade | Temperatura mínima (°C) | Temperatura média (°C) | Temperatura máxima (°C) | Precipitação pluviométrica (mm) |
|---|---|---|---|---|
| Quixeramobim (CE) | 20,7 | 27,5 | 34,5 | 831,3 |
| Mossoró (RN) | 20,4 | 28 | 35,5 | 766,8 |

Fonte: Inmet, 1961-2000.

🍂 Quixeramobim (CE) caracteriza-se por clima quente o ano todo, embora apresente uma pequena variação, com quedas térmicas entre maio e julho. Quanto à pluviosidade, as chuvas concentram-se entre janeiro e maio, e são bem pouco presentes entre junho e janeiro, sendo chuvas típicas de verão/outono (destacam-se março e abril, com 180 mm). Entre agosto e novembro, os totais médios mensais reduzem-se bastante, com cerca de 5 a 10 mm nos meses de setembro a novembro, o que caracteriza o final do inverno e a primavera.

🍂 Mossoró (RN) apresenta regularidade térmica e variabilidade pluviométrica anuais expressivas. O outono caracteriza-se por ser mais chuvoso (a média mensal de março e abril é cerca de 180 mm), e o inverno e a primavera, menos chuvosos (chegando a 5 mm em novembro).

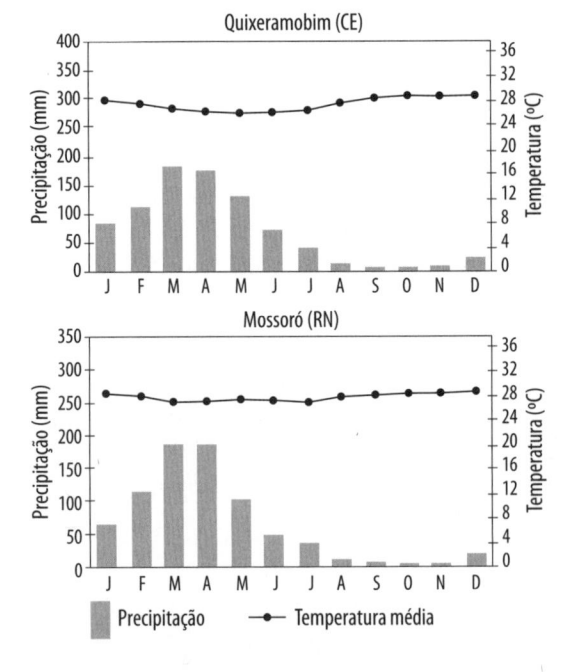

**Fig. 6.12** Climatogramas relativos ao clima tropical-equatorial com sete a oito meses secos
Fonte: Inmet.

### d) Clima tropical-equatorial com nove a onze meses secos

Nesse subtipo climático, também conhecido como *clima semiárido*, encontram-se localidades marcadas por paisagens bastante secas e quentes, apesar de alguma pluviosidade em partes do ano. Trata-se de porções do sertão do Nordeste marcadas por irregularidades pluviométricas e elevadas temperaturas, das quais dois climatogramas (Fig. 6.13) evidenciam as características principais (Tab. 6.10):

🍃 O clima da região de Petrolina (PE) apresenta pequena variação térmica anual, caracterizando um período mais quente, que coincide com a primavera (média acima de 28°C), e um menos quente (média de cerca de 25°C em junho). As chuvas marcam dois períodos distintos: inverno e primavera relativamente secos (maio a outubro – mínima em setembro com 5 mm) e verão e outono relativamente úmidos, destacando-se o mês de março com cerca de 170 mm.

🍃 O clima da região de Monteiro (PB) apresenta pequena variação térmica anual, caracterizando um período mais quente, que coincide com a primavera e o verão (média acima de 28°C), e um menos quente, o mês de julho (média de cerca de 23°C). As chuvas marcam dois períodos distintos: final do inverno e primavera relativamente secos (agosto a novembro – mínima de 10 mm em agosto, setembro e outubro) e verão, outono e início de inverno relativamente úmidos, destacando-se os meses de março e abril, com cerca de 170 mm.

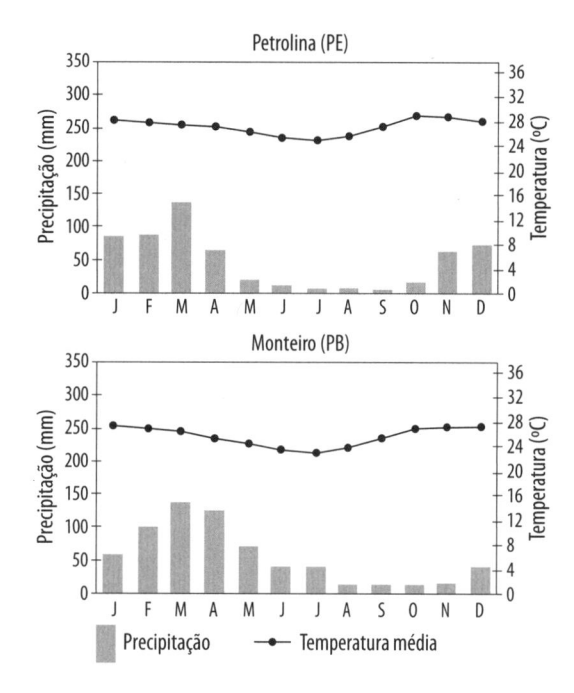

**Fig. 6.13** Climatogramas relativos ao clima tropical-equatorial com nove a onze meses secos
Fonte: Inmet.

**Tab. 6.10** Clima tropical-equatorial com nove a onze meses secos

| LOCALIDADE | TEMPERATURA MÍNIMA (°C) | TEMPERATURA MÉDIA (°C) | TEMPERATURA MÁXIMA (°C) | PRECIPITAÇÃO PLUVIOMÉTRICA (mm) |
|---|---|---|---|---|
| Petrolina (PE) | 19,4 | 27,3 | 35,2 | 559,2 |
| Monteiro (PB) | 14,5 | 25 | 33,1 | 649,7 |

Fonte: Inmet, 1961-2000.

### 6.4.3 Clima tropical litorâneo do Nordeste oriental

Uma faixa de terras que se estende do litoral atlântico oriental do Nordeste até algumas centenas de quilômetros em direção ao interior, fortemente influenciada pelas massas de ar úmidas provenientes do oceano Atlântico (MEAS, MTA e MPA) e pela ZCIT, dá origem a um tipo climático particular nessa porção do Brasil, pertencente aos climas do *Grupo I* de A. Strahler. A particularidade da área é definida pela formação de um clima úmido e quente, litorâneo, que se diferencia dos climas mais secos do interior da região. A vegetação reflete a condição de mais elevada umidade (vegetação litorânea, zona da mata e agreste), especialmente aquela que se desenvolve na porção a barlavento do planalto da Borborema e da serra Geral, quando comparada à porção a sotavento, na qual se formam as paisagens do sertão nordestino.

A unidade climática desse domínio é também garantida pelas temperaturas elevadas durante o ano todo, com pequena queda nos meses de inverno, e pela concentração da pluviosidade entre o final do verão e o inverno, com grande destaque para o outono. A temperatura média desse tipo climático oscila entre 23°C e 26°C, e a média das máximas pode atingir 30°C, com máximas absolutas de até 42°C em Campina Grande (PB), e a das mínimas, 18°C, com mínimas absolutas de até 10°C em Garanhuns (PE). A pluviosidade média anual situa-se entre cerca de 700 mm, em Arcoverde (PE), e 2.500 mm, em Recife (PE), com seis meses de expressiva redução pluviométrica.

Ilustram esse tipo climático nove localidades (Fig. 6.14 e Tab. 6.11) distribuídas em diferentes pontos desse domínio: Natal (RN), Campina Grande (PB), Arcoverde (PE), João Pessoa (PB), Recife (PE), Porto de Pedras (AL), Aracaju (SE), Propriá (SE) e Salvador (BA).

**Tabela 6.11** *Clima tropical litorâneo do Nordeste oriental*

| LOCALIDADE | TEMPERATURA MÍNIMA (°C) | TEMPERATURA MÉDIA (°C) | TEMPERATURA MÁXIMA (°C) | PRECIPITAÇÃO PLUVIOMÉTRICA (mm) |
|---|---|---|---|---|
| Campina Grande (PB) | 17,7 | 23,3 | 30,1 | 810,2 |
| Arcoverde (PE) | 16,2 | 24 | 32 | 791,6 |
| Natal (RN) | 20 | 26,6 | 30,5 | 1.584,6 |
| João Pessoa (PB) | 20,7 | 26,8 | 30,5 | 1.977,9 |
| Recife (PE) | 19,6 | 26,1 | 30,5 | 2.363,8 |
| Porto de Pedras (AL) | 20 | 25,7 | 29,9 | 1.923,9 |
| Aracaju (SE) | 23 | 26 | 28,7 | 1.519,7 |
| Salvador (BA) | 22,9 | 25,4 | 28,4 | 2.046,8 |
| Propriá (SE) | 21,5 | 25,5 | 30,9 | 1.082,6 |

Fonte: Inmet, 1961-2000.

Essas localidades podem ser agrupadas, com base na sazonalidade pluviométrica, em três subgrupos distintos:

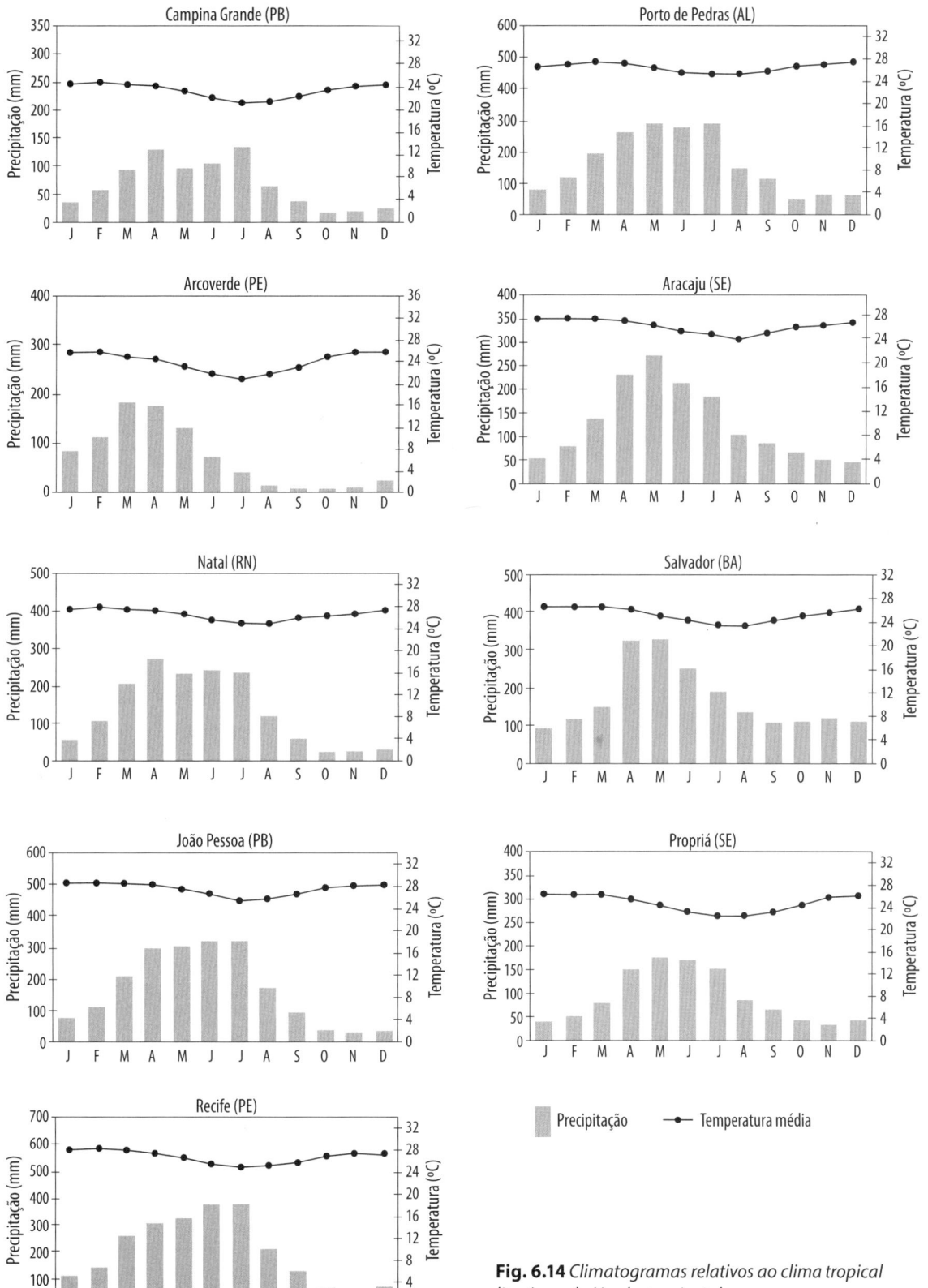

6 – Brasil: aspectos termopluviométricos e tipos climáticos

**Fig. 6.14** Climatogramas relativos ao clima tropical litorâneo do Nordeste oriental
Fonte: Inmet.

🌲 Campina Grande, Arcoverde e Natal são localidades de climas quentes, com pequena queda de temperatura no inverno e totais pluviométricos mensais que atingem um máximo de 270 mm no mês de abril, um dos mais chuvosos da área. Observa-se nessas localidades uma expressiva redução das chuvas na primavera e no início do verão, bastante pronunciada em Arcoverde, onde pode atingir 5 mm nos meses de setembro a dezembro.

🌲 Em João Pessoa, Recife, Porto de Pedras, Aracaju e Salvador, a pluviosidade acontece em todos os meses do ano, não apresentando estação seca, mas uma redução dos totais pluviométricos no período que vai de outubro a fevereiro. A variação térmica sazonal é bastante tênue, e a pluviosidade média mensal, que ocorre principalmente entre os meses de março e julho, pode ser superior a 350 mm, particularmente em Recife, nos meses de junho e julho.

Com relação à cidade de Recife, em particular, observa-se que seu clima é controlado pelos sistemas atmosféricos equatorial (MEAS) e tropical (MTA), e também sofre a influência do extra-tropical (MPA). A área apresenta elevado índice pluviométrico anual (cerca de 2.500 mm), com concentração nos meses de março a agosto (superiores a 200 mm), e o restante é registrado nos outros meses do ano, com um total médio de cerca de 48 mm em novembro. A temperatura média mensal apresenta pequena variação ao longo do ano; o mês de agosto é o de mais baixas temperaturas (cerca de 23°C) e a estação de verão, entre novembro e março, a mais aquecida (temperaturas médias superiores a 26°C).

A participação dos sistemas atmosféricos equatorial, tropical e polar no clima de Recife propicia a ocorrência de temperaturas absolutas, com extremos que superam uma diferença de 20°C (Tab. 6.12), mesmo com a média compensada de 25,5°C. A amplitude térmica anual da área é consideravelmente inferior à de Teresina.

🌲 Situada no interior do Estado de Sergipe, a localidade de Propriá reflete uma situação de transição entre o clima úmido litorâneo e o clima semiárido do sertão nordestino. Nessa área, com maior variabilidade térmica sazonal que as demais

**Tabela 6.12** *Recife (PE): temperatura do ar*

|  | MÉDIA COMPENSADA (°C) | | MÉDIA DAS MÁXIMAS (°C) | | MÉDIA DAS MÍNIMAS (°C) | | ABSOLUTA (°C) |
|---|---|---|---|---|---|---|---|
|  | Anual<br>25,5 | Mensal | Anual<br>29,2 | Mensal | Anual<br>21,8 | Mensal |  |
| Máxima |  | 26,6<br>Janeiro/fevereiro |  | 30,2<br>Dezembro/fevereiro |  | 22,7<br>Março | 35,1<br>21/3/88 |
| Mínima |  | 23,9<br>Agosto |  | 27,3<br>Dezembro |  | 20,6<br>Agosto | 14<br>16/11/90 |

*Fonte: Normais Climatológicas do Brasil, 1961-1990.*

do mesmo domínio climático, os índices pluviométricos mensais também são mais modestos. As chuvas são mais concentradas em quatro meses do ano, 180 mm em maio, e nos demais atingem cerca de 40 a 50 mm, sem haver meses totalmente secos. Os mais baixos índices térmicos mensais coincidem, nesta localidade, com os mais elevados índices pluviométricos.

### 6.4.4 Clima tropical úmido-seco ou tropical do Brasil central

Área "core" do domínio morfoclimático do cerrado (Ab'Sáber, 1967), paisagem transicional entre aquelas florestadas ao norte e ao leste-sul, o Centro-Oeste brasileiro manifesta também uma expressiva condição de transição climática. Devido à sua posição geográfica, é controlado por sistemas atmosféricos equatoriais (MEC) e tropicais (MTA e MTC), além de contar com considerável atuação extra-tropical (MPA). Essas características implicam uma multiplicidade de tipos de tempo durante o ano, os quentes e úmidos concentrados no verão e os quentes e secos, no inverno, embora com quedas pontuais e médias de temperatura nesta última estação. Nessa classificação, encontram-se os subtipos climáticos de grande parte da região Sudeste do Brasil, englobados nas características de tropicalidade úmida-seca.

É essa expressiva sazonalidade, com exuberante ritmo anual definido por duas estações, o inverno e o verão, que permite identificar a mais clara evidência da tropicalidade dos climas do Brasil. Monteiro (1968), na sua macroclassificação dos climas do País, denominou o clima do Centro-Oeste brasileiro de *clima tropical alternadamente úmido e seco*, enquanto Nimer (1989) identificou dois tipos, quente e subquente, com três subdivisões cada, segundo a quantidade de meses secos, também admitidos pelo IBGE (1997).

Contrariamente ao Norte do País, essa área apresenta forte heterogeneidade térmica, expressa em médias térmicas anuais que vão de 20°C, na porção sul, a 26°C, na porção centro-norte. A média das máximas pode atingir 36°C em setembro, o mês mais quente na região, quando as temperaturas máximas absolutas ultrapassam 40°C. No inverno, a média das mínimas pode atingir 8°C na parte meridional. As chuvas são concentradas no verão, e cerca de 70% do total médio de 2.000 a 3.000 mm da área precipitam-se entre novembro e março.

Embora o cerrado seja o principal bioma ao qual se associa o tipo climático do Brasil central, este não apresenta características de homogeneidade, pois o próprio bioma, o relevo e os sistemas atmosféricos, para se restringir aos fatores principais, são bastante heterogêneos nessa grande área. Na classificação aqui apresentada, estão incluídas nesse domínio climático as fronteiras ou áreas de transição entre o cerrado e o complexo do pantanal (sudoeste e oeste), a floresta amazônica (noroeste e norte), a caatinga (nordeste) e a mata atlântica (leste, sudeste e sul). A esse mosaico de formações vegetais associa-se uma considerável pluralidade de subtipos do clima tropical propriamente dito, ou alternadamente úmido e seco, que caracteriza a porção central do Brasil.

Situada no extenso *interland* central do País, entre os domínios climáticos quentes e úmidos ou subúmidos do Norte e Nordeste e o subtropical úmido do Sul, a parte interiorana do Brasil apresenta um expressivo jogo de influências dos diferentes fatores geográficos do clima, que se evidencia na expressiva variação térmica entre o inverno e o verão, acompanhada de uma considerável variabilidade sazonal da umidade. A ação das massas equatorial continental (MEC), tropical marítima (MTA), tropical continental (MTC) e polar atlântica (MPA), que marca o clima da área também pela atuação das linhas de instabilidade de noroeste (INW), das ondas de calor de noroeste e de frio de leste e sudeste, e de processos frontogenéticos (FPA), responde pela formação de invernos secos e verões úmidos nos subtipos climáticos desse domínio.

Considerada uma grande área de transição entre os climas predominantemente quentes e úmidos, ao norte, e subtropical úmido, ao sul, a área de domínio do clima úmido-seco apresenta características próprias, todavia, diferenciadas em sua extensa área de domínio. A mais explícita característica comum a todos os subtipos desse macrotipo é a associação sazonal entre a temperatura e a umidade. Nos momentos mais quentes do ano, observa-se a concentração das chuvas, enquanto, nos menos quentes, nota-se a redução da pluviosidade; a sazonalidade térmica e pluviométrica desse domínio climático é bastante evidente. Embora nenhum dos meses do ano apresente 0 mm de pluviosidade, as médias mensais de junho e agosto aproximam-se bastante desse valor em muitas localidades, particularmente nas porções mais elevadas do Planalto Central, com destaque para a região do Distrito Federal/Brasília. No verão, ao contrário, a pluviosidade média mensal pode atingir 300 mm em Paranaíba (MS), Machado (MG), Goiânia (GO) e Paracatu (MG), por exemplo.

Os processos frontogenéticos são mais presentes na porção sul e sudeste dessa grande área, onde respondem pelas mais expressivas quedas sazonais das condições térmicas, enquanto no norte, devido à continentalidade e à atuação dos sistemas tropicais-equatoriais, os índices térmicos são mais elevados.

Devido à complexidade deste grande domínio climático, faz-se necessário abordá-lo a partir de seus quatro principais subtipos.

### a) Clima tropical do Brasil central sem seca

Apresenta chuva em todos os meses do ano, com maior concentração na estação de verão e redução na estação de inverno. No verão as temperaturas são elevadas e, no inverno, reduzidas. As localidades desse subtipo climático são bastante influenciadas pelos sistemas atmosféricos oceânicos tropicais (MTA) e polares (MPA), que respondem pela pluviosidade em todos os meses do ano, assim como pela variabilidade dos índices térmicos. Para ilustrar esse subtipo, são apresentadas cinco localidades (Tab. 6.13 e Fig. 6.15).

**Tab. 6.13** *Clima tropical do Brasil central sem seca*

| LOCALIDADE | TEMPERATURA MÍNIMA (°C) | TEMPERATURA MÉDIA (°C) | TEMPERATURA MÁXIMA (°C) | PRECIPITAÇÃO PLUVIOMÉTRICA (mm) |
|---|---|---|---|---|
| Caravelas (BA) | 20,9 | 24,4 | 28,2 | 1.420,4 |
| Vitória (ES) | 21,4 | 24,3 | 28,5 | 1.281,5 |
| Seropédica (RJ) | 19,3 | 23,4 | 29,2 | 1.240,7 |
| Avaré (SP) | 14,9 | 19,8 | 26,4 | 1.410,1 |
| São Paulo (SP) | 15,1 | 19,5 | 25,2 | 1.517,1 |

*Fonte: Inmet, 1961-2000.*

🍂 Embora úmido o ano todo, o subtipo climático da área de Caravelas (BA) apresenta uma considerável variação anual da pluviosidade. As estações de primavera e outono são as mais úmidas, destacando-se os meses de novembro (cerca de 200 mm) e abril (cerca de 160 mm) como os mais chuvosos, e agosto (60 mm) e fevereiro (60 mm) como os de menores índices pluviométricos. As estações de verão e inverno apresentam diferença térmica pouco expressiva nas médias mensais, variando a temperatura ao longo do ano de 24°C a 28°C.

🍂 Situada no litoral do Estado do Espírito Santo, Vitória representa a influência da maritimidade. As estações de verão e inverno caracterizam-se por uma diferença térmica nas médias mensais pouco expressiva, sendo fevereiro o mês mais quente (aproximadamente 28°C) e julho, o menos quente (cerca de 23°C). Esse subtipo climático apresenta-se úmido o ano todo (influência da maritimidade), e os totais pluviométricos mais expressivos vão de novembro a janeiro, destacando-se novembro e dezembro, quando registram cerca de 170 mm.

🍂 O gráfico da área de Seropédica (RJ) evidencia uma perfeita interação do desenho da curva das temperaturas com o da curva da pluviosidade média ao longo do ano.

O verão, período mais quente do ano, apresenta os mais elevados totais pluviométricos; o contrário observa-se no inverno, com destaque para o mês de julho, o menos úmido (cerca de 50 mm) e o menos quente do ano (média térmica de 20°C aproximadamente); no verão, o mês mais chuvoso é janeiro, com cerca de 200 mm, e o mais quente é fevereiro, com cerca de 28°C.

🌳 O subtipo climático da região de Avaré (SP) apresenta característica marcante do clima tropical alternadamente úmido e seco, ou seja, inverno fresco (média mensal em torno de 18°C) e verão quente (cerca de 24°C). Com o aumento da temperatura, a pluviosidade também eleva-se ao longo do ano. O clima apresenta-se úmido o ano todo, embora as chuvas sejam mais concentradas entre outubro e janeiro. Dezembro é o mês mais chuvoso (cerca de 280 mm) e julho e agosto, os menos chuvosos (aproximadamente 20 mm).

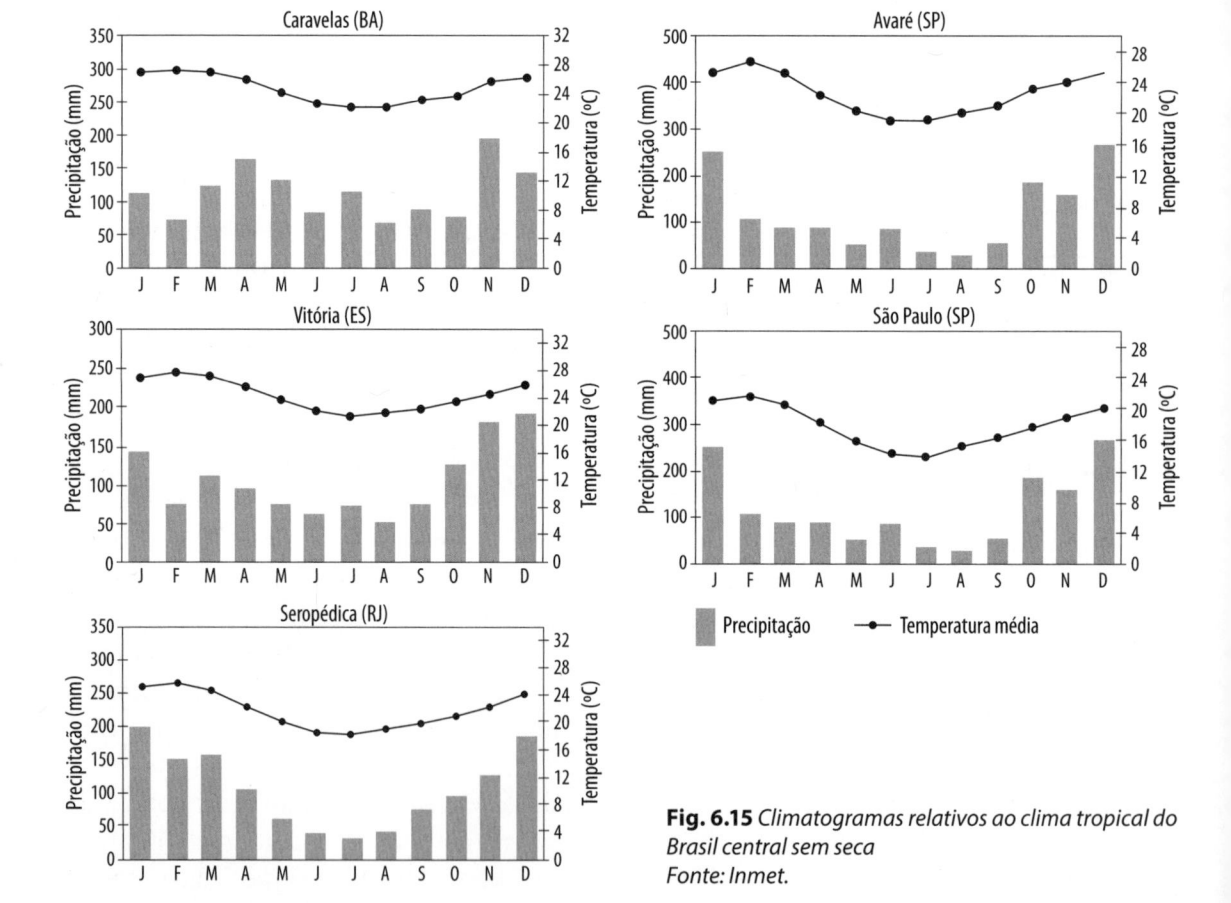

**Fig. 6.15** Climatogramas relativos ao clima tropical do Brasil central sem seca
Fonte: Inmet.

O subtipo climático da cidade de São Paulo (SP) é marcadamente tropical (alternam o úmido e seco): inverno fresco (média mensal em torno de 16°C) e verão quente (cerca de 24°C). Com o aumento da temperatura, a pluviosidade também apresenta elevação ao longo do ano.

O clima em São Paulo apresenta-se úmido o ano todo, embora as chuvas sejam mais concentradas entre outubro e março, destacando-se o período que vai de dezembro a março (particularmente janeiro, com cerca de 260 mm), e os meses de julho e agosto (cerca de 30 a 40 mm), os menos chuvosos. As atividades humanas, todavia, desempenham considerável influência no clima da região Metropolitana de São Paulo, atestando processos pluviais concentrados que geram inundações catastróficas na área urbana, episódios de chuvas ácidas, formação de intensas ilhas de calor e de frescor, concentração da poluição do ar etc. Esses eventos marcam negativamente a vida do habitante da cidade de São Paulo (a maior do Brasil e uma das maiores do mundo), o que evidencia a insana pressão humana sobre os recursos naturais nos espaços urbanizados do Planeta.

A cidade de São Paulo situa-se sobre o relevo elevado do sudeste brasileiro (serra do Mar), o que, associado à maritimidade e à atuação da FPA, confere-lhe condições climáticas com temperaturas mais amenas que as das cidades de planície litorânea de mesma latitude. A área paulistana encontra-se em uma posição de transição entre climas quentes e climas subquentes superúmidos sem estação seca (IBGE, 1997); precipitam ali cerca de 1.450 mm anuais de chuva, mais concentrados nos meses de dezembro a fevereiro (cerca de 50%), e somente cerca de 40 mm em agosto, o mês mais seco do ano.

A média térmica anual da cidade de São Paulo é de 19,3°C (Tab. 6.14); as temperaturas médias máximas são de aproximadamente 24,9°C e as mínimas, de 15,5°C. O clima apresenta médias máximas mensais em fevereiro (28°C) e mínimas em julho (11,7°C), com temperaturas máximas absolutas que podem atingir 35°C e mínimas de 1,2°C.

A cidade do Rio de Janeiro, segundo centro urbano mais importante do Brasil, situa-se em uma área cujo tipo climático predominante é

**Tab. 6.14** *São Paulo (SP): temperatura do ar*

| | MÉDIA COMPENSADA (°C) | | MÉDIA DAS MÁXIMAS (°C) | | MÉDIA DAS MÍNIMAS (°C) | | ABSOLUTA (°C) |
|---|---|---|---|---|---|---|---|
| | Anual | Mensal | Anual | Mensal | Anual | Mensal | |
| | 19,3 | | 24,9 | | 15,5 | | |
| Máxima | | 22,4 | | 28 | | 18,8 | 35,3 |
| | | Fevereiro | | Fevereiro | | Fevereiro | 15/11/85 |
| Mínima | | 15,8 | | 21,8 | | 11,7 | 1,2 |
| | | Julho | | Junho/Julho | | Julho | 1/6/79 |

Fonte: Normais Climatológicas do Brasil, 1961-1990.

o tropical litorâneo úmido. Esse tipo climático, dominado por massa tropical marítima, apresenta de um a dois meses secos e constitui outro bom exemplo do domínio climático tropical úmido-seco. As chuvas são bem distribuídas durante o ano, apresentando um mínimo mensal em agosto (50,5 mm) e um máximo em dezembro (169 mm).

A atenuação das grandes amplitudes térmicas diárias e sazonais, aspecto bastante expressivo nos climas tropicais úmidos, é consequência direta da elevada umidade atmosférica anual do Rio de Janeiro. A média térmica anual da cidade é de 23,7°C (Tab. 6.15), e a diferença entre as médias das máximas e das mínimas é de apenas cerca de 6°C. Enquanto a média das máximas atinge 30,2°C, em fevereiro, a das mínimas chega a 18,4°C, em julho, evidenciando uma pequena variação anual, o que caracteriza um inverno úmido, de quente a fresco. Janeiro e fevereiro são os meses mais quentes do ano, e também muito chuvosos, enquanto julho é o mês de menores índices térmicos.

**Tab. 6.15** *Rio de Janeiro (RJ): temperatura do ar*

| | Média compensada (°C) | | Média das máximas (°C) | | Média das mínimas (°C) | | Absoluta (°C) |
|---|---|---|---|---|---|---|---|
| | Anual 23,7 | Mensal | Anual 27,2 | Mensal | Anual 21 | Mensal | |
| Máxima | | 26,5 Janeiro/Fevereiro | | 30,2 Fevereiro | | 23,5 Fevereiro | 38,2 9/11/84 |
| Mínima | | 21,3 Julho | | 25 Setembro | | 18,4 Julho | 11,1 19/5/90 |

*Fonte: Normais Climatológicas do Brasil, 1961-1990.*

**b) Clima tropical do Brasil central com um a três meses secos**
Os três meses menos chuvosos do ano nesse subtipo climático são junho, julho e agosto. Nesse trimestre, observa-se também uma redução das temperaturas, embora os totais médios mensais não a explicitem tão claramente, pois as quedas são mais observadas durante a noite, enquanto os dias são bastante aquecidos. Nas outras partes do ano, as temperaturas são mais elevadas, assim como os índices pluviométricos médios mensais, o que pode ser observado nos climatogramas das localidades indicadas na Tab. 6.16 e na Fig. 6.16.

♣ A variabilidade térmica sazonal da região de Campo Grande (MS) está entre 20°C e 25°C, caracterizando o inverno e o verão da área, respectivamente. As chuvas apresentam sazonalidade, com inverno seco (cerca de 20 a 30 mm em junho e julho) e verão chuvoso (cerca de 280 mm em janeiro).

🍂 A sazonalidade térmica da região de Ivinhema (MS) oscila entre 19°C, no inverno, e 25°C, no verão. As chuvas também apresentam explícita sazonalidade, sendo o clima mais úmido que o de Campo Grande. O inverno é relativamente úmido, com exceção de julho, que apresenta baixa umidade (de 20 a 30 mm), e o verão é chuvoso (dezembro com cerca de 280 mm). Todavia, a umidade é bem distribuída ao longo do ano.

🍂 Em Presidente Prudente (SP), a pluviosidade distribui-se em dois períodos distintos ao longo do ano: o verão é mais úmido, com concentração das chuvas (destaca-se o

**Tab. 6.16** *Clima tropical do Brasil central com um a três meses secos*

| LOCALIDADE | TEMPERATURA MÍNIMA (°C) | TEMPERATURA MÉDIA (°C) | TEMPERATURA MÁXIMA (°C) | PRECIPITAÇÃO PLUVIOMÉTRICA (mm) |
|---|---|---|---|---|
| Campo Grande (MS) | 17,4 | 23,3 | 29,9 | 1.579,7 |
| Ivinhema (MS) | 16,8 | 22,4 | 29,3 | 1.372,3 |
| Presidente Prudente (SP) | 17,1 | 22,9 | 29,1 | 1.332,9 |
| Paranaíba (MS) | 17,8 | 24,5 | 31,4 | 1.423,5 |
| Machado (MG) | 14,3 | 19,9 | 26,7 | 1.589,3 |

*Fonte: Inmet, 1961-2000.*

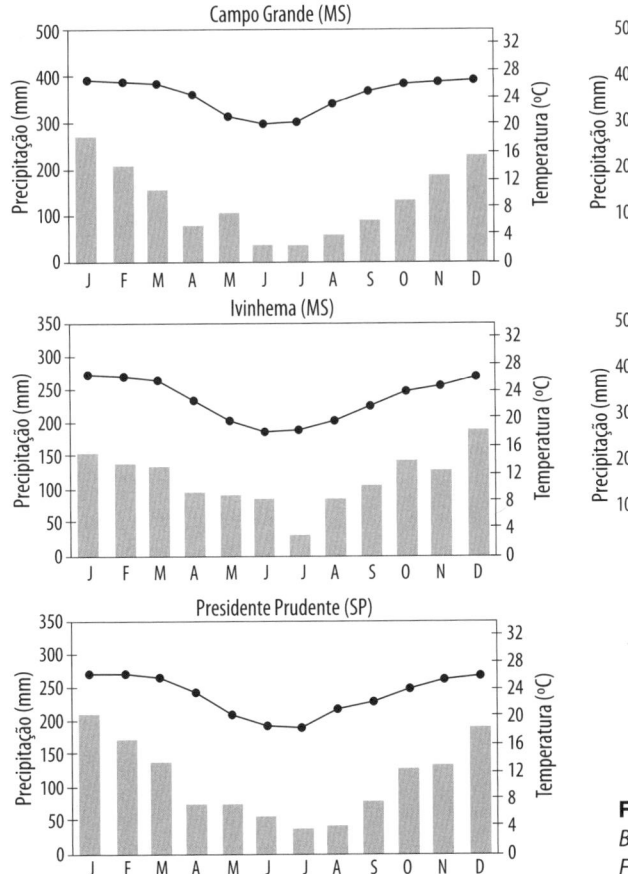

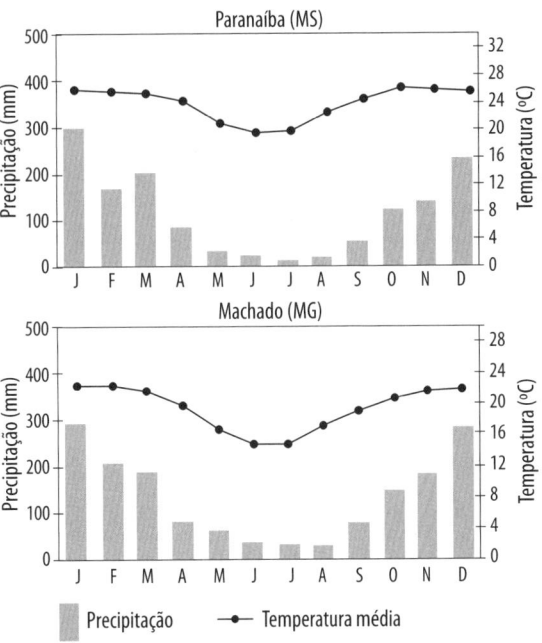

**Fig. 6.16** *Climatogramas relativos ao clima tropical do Brasil com um a três meses secos*
*Fonte: Inmet.*

período de outubro a março, e janeiro, com cerca de 210 mm), e o inverno, menos chuvoso, particularmente de julho e agosto, sendo o primeiro mês mais seco (cerca de 50 mm). As temperaturas do ar também oscilam bastante ao longo do ano, atingindo a temperatura média de cerca de 19°C, em julho, e 27°C, em janeiro.

🍂 Na região de Paranaíba (MS), a oscilação sazonal da pluviosidade é mais explícita do que a da temperatura média mensal. Os meses de maio a agosto apresentam totais mensais de chuva bastante reduzidos, destacando-se julho como o mês menos chuvoso (cerca de 10 mm). Ao contrário, os totais pluviométricos de verão são bem elevados, apresentando concentração nesta época do ano; janeiro atinge cerca de 300 mm. As temperaturas são elevadas no verão (janeiro em torno de 28°C) e caem para cerca de 21°C em junho.

🍂 Na região de Machado (MG), observa-se a formação de um subtipo climático que explicita um típico padrão do clima tropical alternadamente úmido e seco. O verão apresenta-se quente (médias mensais em torno de 24°C) e o inverno, fresco (cerca de 17°C em junho e julho). A distribuição das chuvas acompanha a oscilação térmica, concentrando-se entre outubro e março, com destaque para os meses de dezembro e janeiro como os mais úmidos (com totais médios próximos a 300 mm), e de junho a agosto como os menos úmidos (cerca de 15 a 30 mm).

### c) Clima tropical do Brasil central com quatro a cinco meses secos

Sua principal característica é uma redução dos totais pluviométricos durante a estação de inverno prolongada, e entre maio e setembro forma-se um período de considerável estiagem. O trimestre de junho, julho e agosto caracteriza-se pelos mais baixos índices pluviométricos médios – em torno de 10 mm em Goiânia (GO), Cuiabá (MT), Formosa (GO), Paracatu (MG), Goiás (GO) e Patos de Minas (MG), e mais elevado em Cáceres (MT). As chuvas são, geralmente, concentradas no verão prolongado (de outubro a abril), no qual destaca-se o trimestre dezembro, janeiro e fevereiro como o mais úmido, podendo atingir 300 mm em Patos de Minas, Paracatu e Uberaba. As médias térmicas mensais evidenciam a formação de dois períodos bem distintos: primavera e verão quentes, particularmente os meses de setembro e outubro, e o inverno com uma pequena queda térmica.

São exemplos desse subtipo os climatogramas das cidades de Cuiabá (MT), Cáceres (MT), Aragarças (GO), Goiás (GO), Goiânia (GO), Formosa (GO), Paracatu (MG), Uberaba (MG) e Patos de Minas (MG) (Fig. 6.17), como se pode observar nos dados da Tab. 6.17.

🍂 A localidade de Goiânia, um bom exemplo desse subtipo climático, apresenta temperaturas elevadas durante o ano todo (média de 23,2°C; Tab. 6.18), porém, pequena queda sazonal no inverno (a média mensal das mínimas de julho é de 13,2°C), período

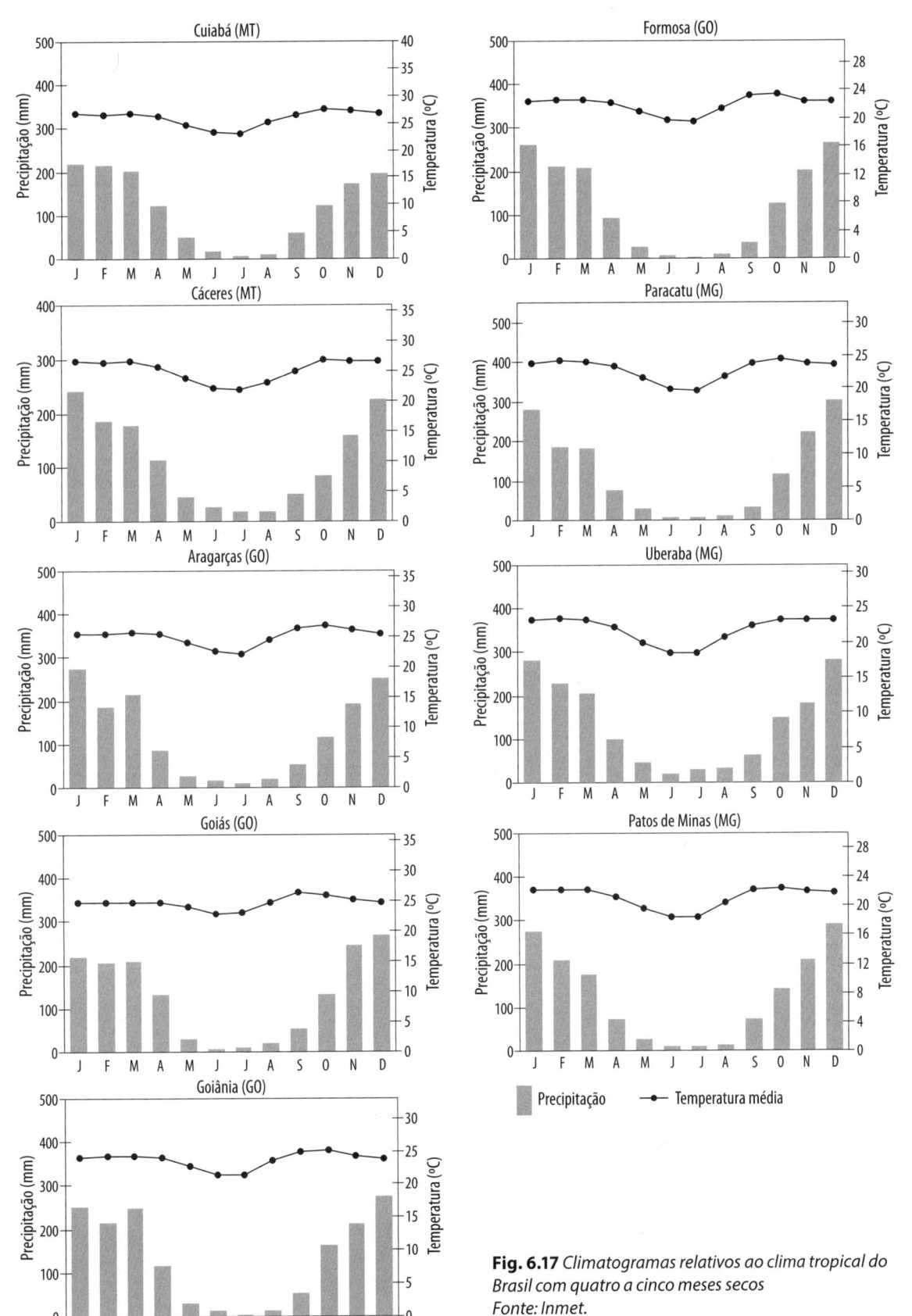

6 – BRASIL: ASPECTOS TERMOPLUVIOMÉTRICOS E TIPOS CLIMÁTICOS

**Fig. 6.17** *Climatogramas relativos ao clima tropical do Brasil com quatro a cinco meses secos*
*Fonte: Inmet.*

de estiagem anual, como resultado das invasões do sistema polar sobre o Centro-Oeste brasileiro. As mais elevadas temperaturas anuais são registradas no trimestre setembro, outubro e novembro, período em que a média mensal pode atingir 32°C e as máximas absolutas, superar 38°C.

**Tab. 6.17** *Clima tropical do Brasil central com quatro a cinco meses secos*

| LOCALIDADE | TEMPERATURA MÍNIMA (°C) | TEMPERATURA MÉDIA (°C) | TEMPERATURA MÁXIMA (°C) | PRECIPITAÇÃO PLUVIOMÉTRICA (mm) |
|---|---|---|---|---|
| Cuiabá (MT) | 17,2 | 25,9 | 36,5 | 1.399,2 |
| Cáceres (MT) | 20,3 | 25,1 | 32,2 | 1.342,4 |
| Aragarças (GO) | 20 | 25,1 | 32,2 | 1.444,6 |
| Goiás (GO) | 20 | 24,7 | 31,9 | 1.533,1 |
| Goiânia (GO) | 17,6 | 23,6 | 30,1 | 1.590,7 |
| Formosa (GO) | 17 | 21,9 | 27,8 | 1.449,2 |
| Paracatu (MG) | 17,7 | 22,9 | 29,4 | 1.454,3 |
| Uberaba (MG) | 16,6 | 21,8 | 29,2 | 1.622,1 |
| Patos de Minas (MG) | 16,4 | 21,1 | 27,8 | 1.505,5 |

*Fonte: Inmet, 1961-2000.*

**Tab. 6.18** *Goiânia (GO): temperatura do ar*

| | MÉDIA COMPENSADA (°C) | | MÉDIA DAS MÁXIMAS (°C) | | MÉDIA DAS MÍNIMAS (°C) | | ABSOLUTA (°C) |
|---|---|---|---|---|---|---|---|
| | Anual | Mensal | Anual | Mensal | Anual | Mensal | |
| | 23,2 | | 29,8 | | 17,9 | | |
| Máxima | | 24,6 | | 31,9 | | 19,7 | 38,4 |
| | | Setembro/outubro | | Setembro | | Dezembro/fevereiro | 17/9/97 |
| Mínima | | 20,8 | | 28,9 | | 13,2 | 2,8 |
| | | Junho/julho | | Dezembro | | Julho | 18/7/75 |

*Fonte: Normais Climatológicas do Brasil, 1961-1990.*

🍂 A cidade de Cuiabá, embora situada em área de mesmo tipo climático que Goiânia, apresenta condições térmicas de maior aquecimento, devido à sua condição de mais expressiva continentalidade e à posição inferior no relevo. A média térmica anual atinge 25,6°C, e a máxima absoluta pode chegar a 41,1°C (Tab. 6.19). A primavera, de setembro a novembro, é o trimestre de mais altas temperaturas, e o inverno, de maio a agosto, o período de menores índices térmicos, o que coincide com os mais baixos totais pluviométricos (média de 9,6 mm em julho). A amplitude térmica regional é bastante acentuada, notadamente nessas duas estações.

d) Clima tropical do Brasil central com seis a oito meses secos

As regiões de Barra (BA) e Bom Jesus da Lapa (BA) (Fig. 6.18) apresentam subtipo climático no qual as médias térmicas mensais

**Tab. 6.19** Cuiabá (MT): temperatura do ar

|  | Média compensada (°C) | | Média das máximas (°C) | | Média das mínimas (°C) | | Absoluta (°C) |
|---|---|---|---|---|---|---|---|
|  | Anual 25,6 | Mensal | Anual 32,5 | Mensal | Anual 20,6 | Mensal |  |
| Máxima |  | 26,7 Janeiro |  | 32,9 Março |  | 22,9 Fevereiro/março | 41,1 25/9/88 |
| Mínima |  | 22 Julho |  | 30,7 Junho |  | 16,6 Julho | 3,3 18/7/75 |

Fonte: Normais Climatológicas do Brasil, 1961-1990.

evidenciam pequena variabilidade anual. Em consequência da redução térmica de inverno (cerca de 24°C), observa-se elevação na primavera (cerca de 28°C), sendo outubro o mês mais quente. No inverno, os totais pluviométricos médios mensais também são bastante reduzidos (cerca de 0 mm em julho e agosto), e mais expressivos entre outubro e abril, destacando-se o mês de dezembro (cerca de 170 mm em Barra e 200 mm em Bom Jesus da Lapa), conforme a Tab. 6.20.

### 6.4.5 Clima subtropical úmido

Após minucioso exame das condições meteorológicas e da dinâmica e circulação atmosférica regional em sua interação com os fatores climáticos do "continente Brasil", constata-se que os climas do Sul são controlados por massas de ar tropicais e polares (MTA, MTC e MPA), sendo predominante o clima subtropical úmido das costas orientais e subtropicais dominados largamente por massa tropical marítima (MTm). A MEC também atua na formação desse tipo climático, particularmente na caracterização da estação de verão, além de a área ser palco constante da atuação de sistemas frontais ao longo de todo o ano, embora mais acentuadamente nas demais estações.

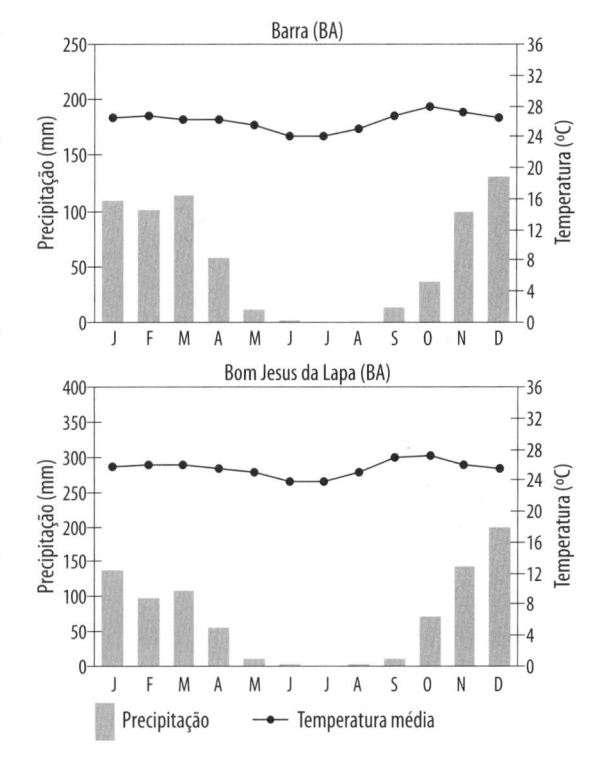

**Fig. 6.18** Climatogramas relativos ao clima tropical do Brasil com seis a oito meses secos
Fonte: Inmet.

**Tab. 6.20** Clima tropical do Brasil central com seis a oito meses secos

| Localidade | Temperatura mínima (°C) | Temperatura média (°C) | Temperatura máxima (°C) | Precipitação pluviométrica (mm) |
|---|---|---|---|---|
| Barra (BA) | 19,8 | 26 | 32,7 | 676,2 |
| Bom Jesus da Lapa (BA) | 19,4 | 25,5 | 32,2 | 845,4 |

Fonte: Inmet, 1961-2000.

Uma das principais características que distinguem os climas da porção Sul do restante do País é a maior regularidade na distribuição anual da pluviometria (entre 1.250 e 2.000 mm), associada às baixas temperaturas do inverno. Essas características são resultantes da associação entre a posição geográfica da área, seu relevo e a atuação dos sistemas atmosféricos intertropicais e polares.

A variabilidade térmica da região, contrariamente à pluviométrica, é bastante acentuada tanto espacial quanto temporalmente. As médias anuais situam-se entre 14°C e 22°C, mas podem cair para cerca de 10°C nas partes mais elevadas, onde ocorre queda de neve no inverno. Nessa época do ano, principalmente em julho, as médias mensais oscilam entre 10°C e 15°C, e normalmente são registradas temperaturas absolutas negativas. O verão apresenta temperaturas médias mensais bem mais elevadas, que variam de 26°C a 30°C, esta sobretudo nas partes mais baixas e ao norte da região; nos vales interioranos, as temperaturas absolutas podem atingir 40°C.

A atuação dos sistemas atmosféricos de origem oceânica (MTA e MPA) e equatorial (MEC, no verão) responde por um elevado índice pluviométrico regional – de 1.200 mm em Maringá (PR) até 1.950 mm em Chapecó (SC) –, sendo representativa no interior, na porção litorânea e nas elevações da serra do Mar e da serra Geral. Nesses locais, observam-se excelentes condições (luz, calor e umidade) para o desenvolvimento da vegetação, representada pela mata atlântica. Nos locais mais elevados e úmidos, desenvolve-se a floresta de araucária, que, tanto quanto a anterior, encontra-se bastante degradada pela ação humana (desmatamento, agropecuária e urbanização). Nas áreas interioranas mais baixas, onde observa-se também a participação da MEC no verão, desenvolve-se uma vegetação típica do Estado do Rio Grande do Sul, os pampas gaúchos.

Em todas as localidades que ilustraram os subtipos do clima subtropical úmido, observa-se uma considerável sazonalidade da temperatura, sendo o verão marcadamente de quente a fresco, e o inverno, de fresco a frio. A pluviosidade, todavia, apresenta-se bem distribuída durante o ano todo, mesmo que algumas diferenças possam ser observadas intradomínio climático.

🍂 As cidades de Paranaguá (PR), Curitiba (PR) e Florianópolis (SC) (Fig. 6.19a) apresentam totais pluviométricos médios mensais e anuais mais elevados que as outras, além de uma sazonalidade mais evidente, com os principais índices de pluviosidade registrados na estação de verão, reduzindo-se no inverno.

🍂 Em Lages (SC), Porto Alegre (RS), Bom Jesus (RS) e Santa Vitória do Palmar (RS) (Fig. 6.19b), os índices pluviométricos apresentam-se bem mais reduzidos (de 120 a 130 mm mensais) e são bem distribuídos o ano todo.

**Fig. 6.19a** Climatogramas relativos ao clima subtropical úmido
Fonte: Inmet.

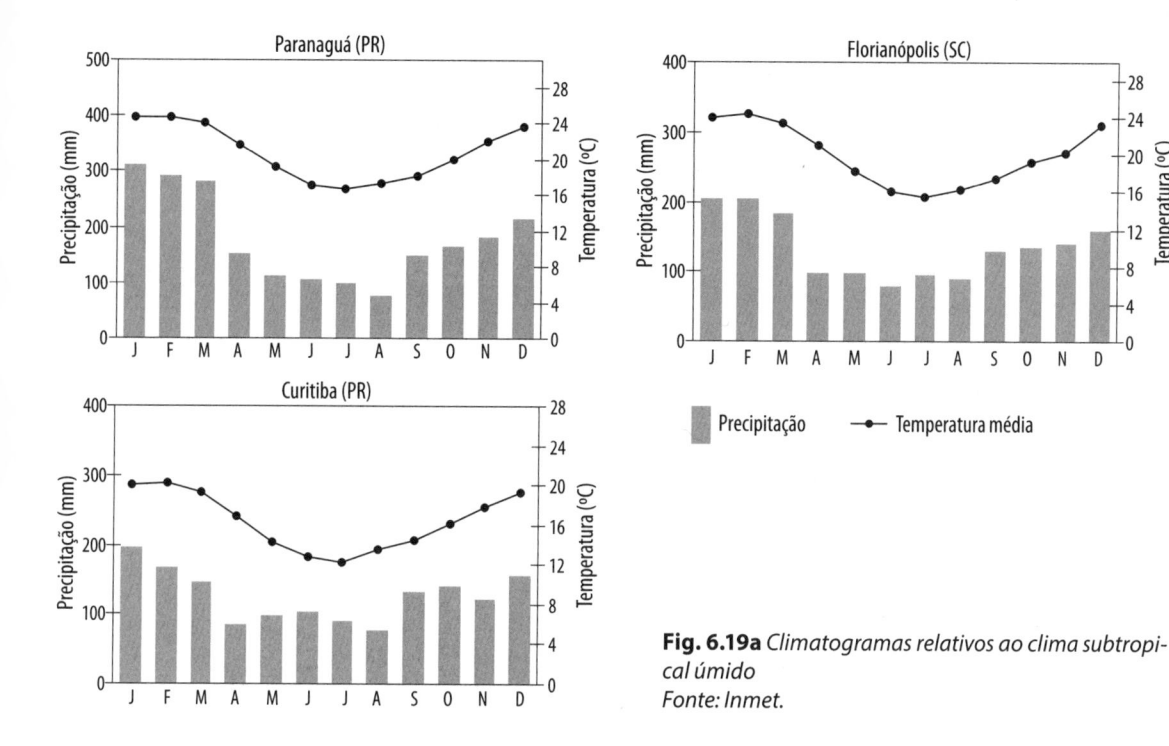

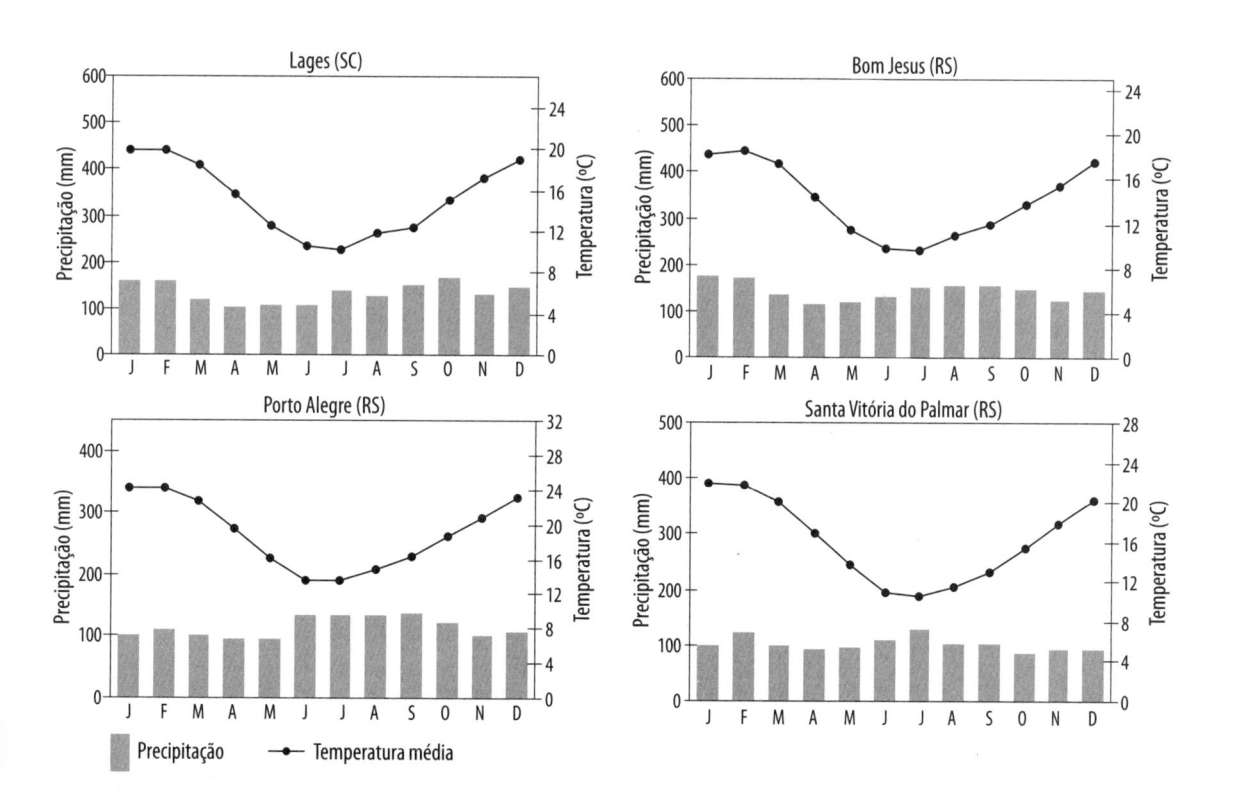

**Fig. 6.19b** Climatogramas relativos ao clima subtropical úmido
Fonte: Inmet.

☛ As localidades de Irati (PR), São Joaquim (SC) e Uruguaiana (RS) (Fig. 6.19c), devido ao efeito do relevo e da continentalidade, apresentam maior variabilidade dos índices de chuva ao longo do ano (Tab. 6.21).

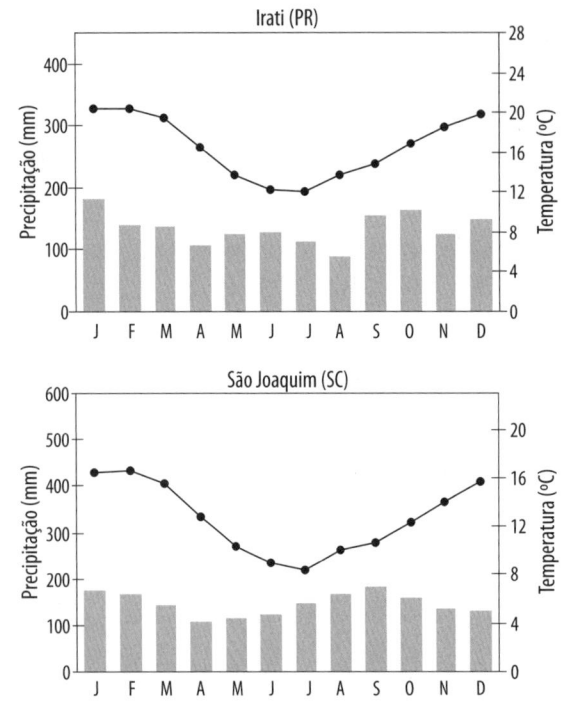

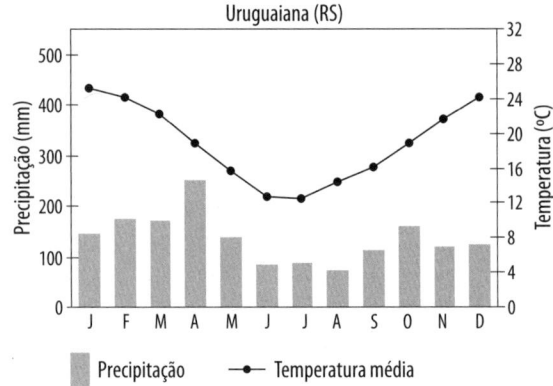

**Fig. 6.19c** Climatogramas relativos ao clima subtropical úmido
Fonte: Inmet.

**Tabela 6.21** Clima subtropical úmido

| LOCALIDADE | TEMPERATURA MÍNIMA (°C) | TEMPERATURA MÉDIA (°C) | TEMPERATURA MÁXIMA (°C) | PRECIPITAÇÃO PLUVIOMÉTRICA (mm) |
|---|---|---|---|---|
| Paranaguá (PR) | 17,8 | 20,7 | 25,3 | 2.148,8 |
| Curitiba (PR) | 12,9 | 16,4 | 22,5 | 1.515,4 |
| Florianópolis (SC) | 17,4 | 20 | 23,4 | 1.615,6 |
| Lages (SC) | 11,7 | 15,2 | 21 | 1.614,0 |
| Porto Alegre (RS) | 15,5 | 19 | 24,3 | 1.372,8 |
| Bom Jesus (RS) | 10,5 | 14,1 | 19,9 | 1.711,9 |
| Santa Vitória do Palmar (RS) | 12,9 | 16,1 | 21,3 | 1.221,9 |
| Irati (PR) | 12,5 | 16,6 | 22,9 | 1.616,8 |
| São Joaquim (SC) | 9,4 | 12,6 | 18,3 | 1.753,1 |
| Uruguaiana (RS) | 14,5 | 18,9 | 24,8 | 1.640,3 |

Fonte: Inmet, 1961-2000.

Para melhor ilustrar a configuração do clima subtropical úmido, toma-se a seguir, de maneira mais detalhada, os subtipos referentes às cidades de Curitiba (PR) e Porto Alegre (RS).

O clima de Curitiba apresenta médias térmicas que variam de 12,9°C, no mês mais frio, a 22,5°C, no mês mais quente, com temperatura média de 16,4°C (Tab. 6.22). Trata-se de um tipo climático mesotérmico, subtropical, com verões frescos, sem estação seca e com ocorrência frequente de geadas severas no inverno, quando as precipitações médias anuais atingem 160 mm.

Embora considerada de verão tipicamente fresco, a tropicalidade climática de Curitiba é evidenciada em momentos precisos, tais como a elevação das temperaturas entre novembro e março, com médias próximas dos 20°C, e as temperaturas máximas absolutas podem atingir, excepcionalmente, 38°C (novembro de 1977). O inverno, entretanto, realça a característica particular do clima tropical de altitude, cujas temperaturas são bastante baixas para os padrões tropicais do Brasil. Junho e julho são os meses mais frios do ano, nos quais a temperatura média pode chegar a 13°C e a mínima absoluta já atingiu –3,7°, em 5 de junho de 1978, e –5,2°C, em 11 de julho de 1972 (Tab. 6.22).

**Tab. 6.22** Curitiba (PR): temperatura do ar

|  | Média compensada (°C) | | Média das máximas (°C) | | Média das mínimas (°C) | | Absoluta (°C) |
|---|---|---|---|---|---|---|---|
|  | Anual | Mensal | Anual | Mensal | Anual | Mensal |  |
|  | 16,5 |  | 22,7 |  | 12,3 |  |  |
| Máxima |  | 19,9 |  | 25,8 |  | 16,3 | 35,2 |
|  |  | Fevereiro |  | Janeiro |  | Fevereiro | 16/11/85 |
| Mínima |  | 12,2 |  | 18,3 |  | 8,1 | -5,2 |
|  |  | Junho |  | Junho |  | Junho/julho | 6/6/78 |

Fonte: Normais Climatológicas do Brasil, 1961-1990.

Ao comparar-se as condições térmicas das outras capitais brasileiras com as de Curitiba, observa-se que nesta foram registradas as mais baixas temperaturas do ar no conjunto do País, o que corrobora a consideração popular de que ela é "a capital mais fria do Brasil".

Porto Alegre, capital do Estado do Rio Grande do Sul, reflete diretamente as características térmicas regionais apresentadas, como demonstra a Tab. 6.23. A cidade situa-se em uma área dominada por clima mesotérmico com verão quente ou mesotérmico brando e superúmido sem seca, com média pluviométrica anual de cerca de 1.340 mm bem distribuídos ao longo do ano.

A temperatura média anual de Porto Alegre é de 19,5°C, com temperaturas médias máximas de 30,2°C, e as máximas absolutas podem ser superiores (39,8°C). As temperaturas médias mínimas são de aproximadamente 15,6°C, e as absolutas podem atingir 0,7°C. Esses índices atestam uma considerável amplitude térmica do clima de Porto Alegre, que é fortemente evidenciada nas quedas de temperatura do inverno (média mensal de 14,3°C em junho), contrariamente à sua elevação no verão (24,7°C em fevereiro), quando as máximas absolutas podem atingir cerca de 40°C.

**Tabela 6.23** *Porto Alegre (RS): temperatura do ar*

|  | Média compensada (°C) | | Média das máximas (°C) | | Média das mínimas (°C) | | Absoluta (°C) |
|---|---|---|---|---|---|---|---|
|  | Anual | Mensal | Anual | Mensal | Anual | Mensal |  |
|  | 19,5 |  | 24,8 |  | 15,6 |  |  |
| Máxima |  | 24,7 |  | 30,2 |  | 20,8 | 39,8 |
|  |  | Fevereiro |  | Janeiro |  | Fevereiro | 16/11/85 |
| Mínima |  | 14,3 |  | 19,4 |  | 10,7 | 0,7 |
|  |  | Junho |  | Junho |  | Junho/julho | 6/6/78 |

Fonte: Normais Climatológicas do Brasil, 1961-1990.

# 7 – Tópicos especiais em Climatologia

## 7.1 A intensificação do efeito estufa planetário

O *efeito estufa* é um fenômeno natural, cuja ocorrência remete à origem da atmosfera. Ele decorre da interação de componentes da Troposfera com a energia emitida pela superfície terrestre ao se resfriar, e é um dos principais responsáveis pelo aquecimento do ar nessa capa atmosférica.

A ação desses componentes bloqueia a perda das radiações terrestres para o espaço, de modo que elas são mantidas na Troposfera, resultando em seu aquecimento (Fig. 7.1). O fato de a Terra manter uma temperatura média anual de cerca de 16,5°C decorre dessa propriedade, o que garante a manutenção da vida nela existente. A ausência da atmosfera e, em especial, da ação mantenedora de calor de sua capa mais inferior faria com que a Terra apresentasse uma temperatura de cerca de –20°C.

A conservação do calor na Troposfera ocorre a partir da perda de energia da superfície terrestre, que, ao se resfriar, emite para a atmosfera radiações de ondas longas equivalentes à faixa do infravermelho, caracterizadas como calor sensível, que as retêm pelos gases de efeito estufa. O dióxido de carbono ($CO_2$) é o principal gás responsável em reter o calor na baixa atmosfera, mas o vapor d'água, o metano, a amônia, o óxido nitroso, o ozônio e o clorofluorcarbono (conhecido como CFC, que destrói o ozônio na Tropopausa/Estratosfera) também são gases causadores do efeito estufa. Além desses gases, a nebulosidade e o material particulado em suspensão no ar são importantes contribuintes ao processo de aquecimento da Troposfera, uma vez que também atuam como barreira à livre passagem das radiações infravermelhas emitidas pela superfície.

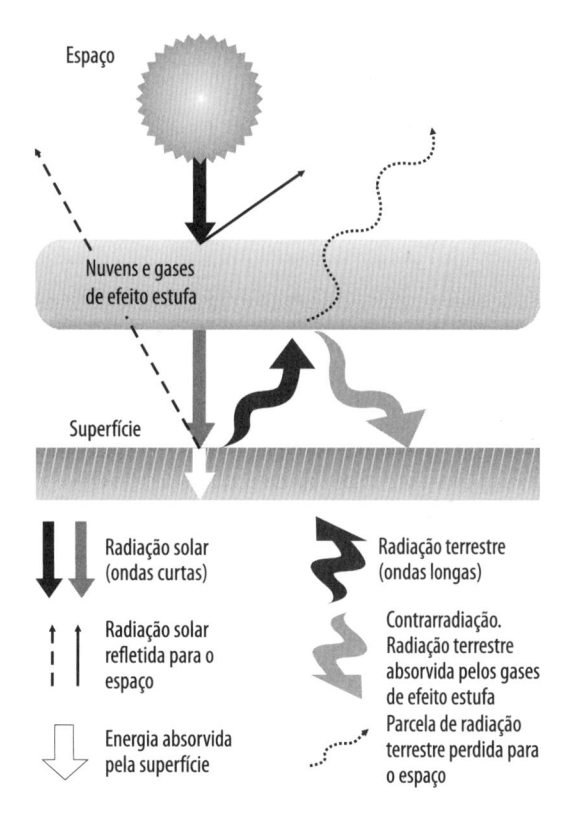

**Fig. 7.1** *Esquema de ação do efeito estufa. O calor sensível (radiações de ondas longas na faixa do infravermelho) que aquece efetivamente o ar é mantido na Troposfera pela ação absorvedora dos gases de efeito estufa e pela ação refletora da nebulosidade. Os gases e a nebulosidade agem similarmente aos vidros das estufas utilizadas em cultivos de plantas, impedindo a perda direta da energia para o espaço*

Presente naturalmente na atmosfera desde a sua formação, a concentração de $CO_2$ tem variado ao longo das eras geológicas, sempre seguida de variações na temperatura do ar, como mostra a Fig. 7.2. Desde 150 mil anos atrás, os níveis de $CO_2$ mantiveram-se em cerca de 275 partes por milhão por volume (ppmv). Entretanto, com o incremento da queima de combustíveis fósseis (petróleo, gás e carvão) decorrente da industrialização e do aumento da frota de veículos nas crescentes áreas urbanizadas do mundo, em pouco mais de um século, as concentrações de $CO_2$ alcançaram 354 ppmv na década de 1990 (Quadro 7.1), lançando-se anualmente para a atmosfera, no final do século XX, cerca de 7 bilhões de toneladas de dióxido de carbono.

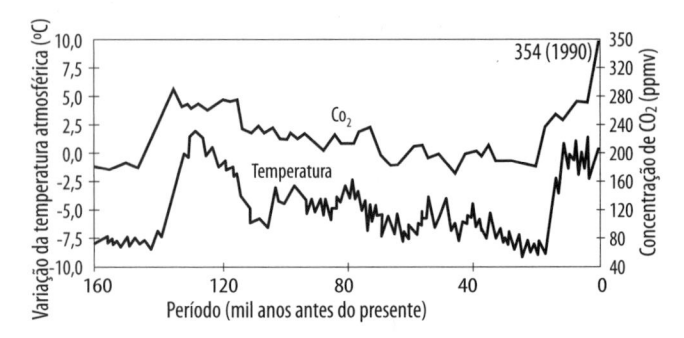

**Fig. 7.2** *Temperatura da Terra e concentração de $CO_2$. As concentrações de $CO_2$ e as variações da temperatura do ar foram deduzidas a partir da distribuição dos isótopos de deutério em amostras de gelo provenientes de Vostok. Chama-se atenção para o fato de, em 20.000 anos, o aumento de $CO_2$ na atmosfera ter sido de 160 ppmv (partes por milhão de volume) e, em cerca de apenas 90 anos, de 79 ppmv, praticamente a metade*
Fonte: Bruce, 1990.

**Quadro 7.1** *Gases causadores do efeito estufa*

|  | Gás carbônico $CO_2$ | Metano $CH_4$ | Óxido nitroso $N_2O$ | Clorofluor-carbono CFC | Ozônio $O_3$ |
|---|---|---|---|---|---|
| Tempo de permanência na atmosfera (anos) | 50-200 | 7-10 | 150 | 75-110 | horas ou dias |
| Contribuição com o efeito estufa durante o período de 1950-1985 (%) | 53 | 13 | 6 a 7 | 20 | Variável; aproximadamente 8 |
| Concentrações pré-industriais | 275 ppmv | 0,7 ppmv | 228 ppmmv | 0 | 15 ppmmv |
| Concentrações em 1990 | 354 ppmv | 1,7 ppmv | 310 ppmmv | 0,44 ppmmv | 35 ppmmv |
| Ritmo anual de crescimento da concentração na década de 1980 (%) | 0,5 | 0,9 | 0,25 | 4,5 | 1 |
| Projeção da participação das emissões acumuladas no período de 1990-2000 (%) | 61 | 15 | 4 | 11,5 | 8,5 |
| Principais fontes | Combustíveis fósseis; desmatamento | Pântanos; campos de arroz | Combustíveis fósseis; biomassa | Espumas, aerossóis; refrigeração | Veículos; indústrias |

*ppmv: partes por milhão de volume; ppmmv: partes por mil milhões de volume*
Fonte: modificada de Bruce, 1990.

Em menos de um século, a temperatura média do Planeta teve um aumento de 0,5°C, e algumas marcas recordes de temperatura foram alcançadas no final do século XX. A década de 1990 notabilizou-se por ser a mais quente desde 1860, enquanto o ano de 1998 alcançou as temperaturas mais elevadas já registradas no Planeta nos últimos 150 mil anos (Fig. 7.3).

É importante levar em conta que o incremento de 0,5°C, embora numericamente possa parecer pequeno, é muito significativo para as caracterizações climáticas locais, repercutindo em alterações no ritmo climático local. Para exemplificar, pode-se compará-lo com as diferenças de temperatura que marcaram os períodos glaciais e interglaciais do Planeta, e que correspondem a diferenças de temperatura média anual de 3°C a 6°C.

O efeito do incremento das concentrações de $CO_2$ promovido pelas atividades do homem moderno (queima de combustíveis fósseis utilizados nas indústrias e nos veículos, atividades agrícolas, queimadas e desmatamento) tem gerado o que se convencionou chamar

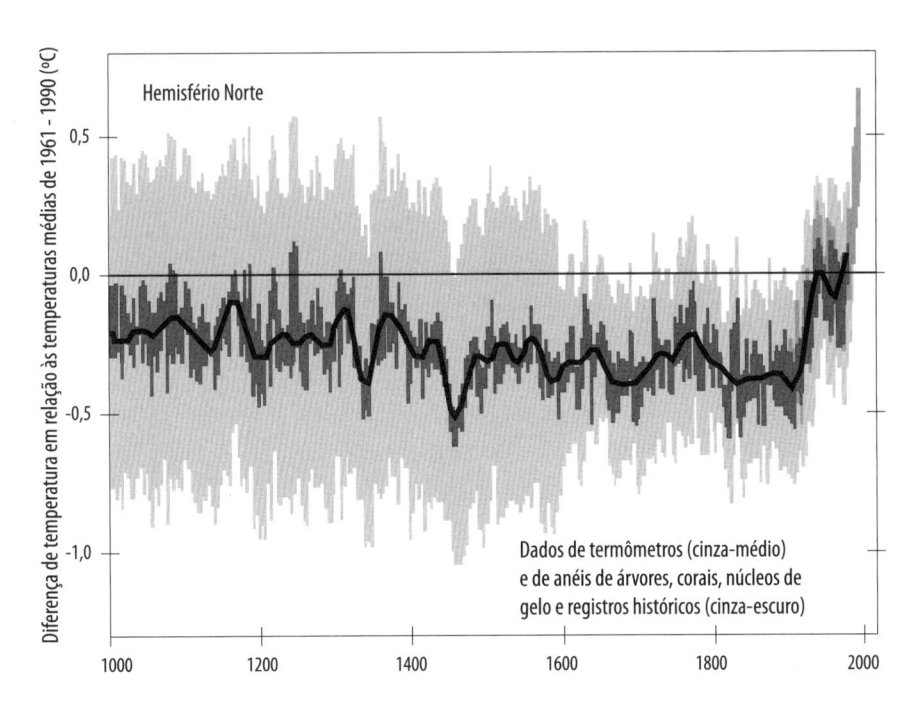

**Fig. 7.3** *Variação da temperatura no hemisfério Norte no último milênio. A variação ano a ano (linha cinza-escura) e de 50 anos (linha preta) da temperatura média da superfície no hemisfério Norte para os últimos 1.000 anos foi construída a partir de dados históricos e registros de temperatura. A região cinza representa 95% de intervalo de confiança. É provável que a década de 1990 e o ano de 1998 tenham sido o período mais quente do milênio*
Fonte: WMO/IPPUC, 2001.

de aquecimento global (AG), fenômeno decorrente da intervenção humana nos processos que caracterizam o efeito estufa, que, este sim, é um processo natural.

Desde o final do século XIX, os cientistas têm se preocupado com o lançamento contínuo e cada vez maior de gases de efeito estufa na Troposfera e sua repercussão no aquecimento do Planeta. O químico sueco Svante Arrhenius, na virada do século XX, já alertava sobre a possibilidade de a temperatura da Terra apresentar um acréscimo, como resultado do aquecimento global.

Vários são os órgãos internacionais de pesquisa da atmosfera que, na atualidade, por meio de modelos computacionais de simulação testados e calibrados com dados do passado, convergem para o mesmo cenário de predição a respeito do aquecimento global. Caso as atividades desenvolvidas pela humanidade mantenham a matriz energética atual de queima de combustíveis fósseis e considerando-se somente o ritmo atual de produção de $CO_2$ (7 bilhões de toneladas por ano), no final do século XXI, os níveis de $CO_2$ terão alcançado o dobro dos valores atuais, repercutindo na elevação de 1°C a 4°C na temperatura da Terra.

Com base em tais efeitos de aquecimento global, as principais consequências climáticas previstas pelos modelos de simulação indicam a acentuação de secas nas áreas continentais, a intensificação de situações climáticas adversas como vendavais e chuvas, e a ampliação territorial da faixa tropical e subtropical, entre outras. Entretanto, os cientistas que estudam o aquecimento global alertam que, apesar de terem cerca de 95% de certeza de que o incremento de 0,5°C na temperatura da Terra, no século XX, é decorrente do aquecimento global, as previsões de suas repercussões estão ainda no campo das probabilidades.

Os cientistas têm observado sinais que, em conjunto, poderiam indicar prováveis efeitos desse fenômeno, notadamente relacionados ao derretimento das calotas polares:
- diminuição da cobertura do gelo ártico desde 1978;
- surgimento de enormes fendas na geleira de Wordie, na Antártida, também a partir do final dos anos 1970;
- recuo das geleiras de algumas áreas montanhosas do mundo;
- queda, no oceano, de um pedaço de gelo de cerca de 4.200 km² desmembrado da geleira de Larsen, na Antártida;
- intensificação de eventos climáticos extremos em muitas partes do globo.

As incertezas dos cientistas com relação às simulações climáticas e ambientais futuras decorrem da impossibilidade dos modelos contemporâneos preverem a atuação de todos os mecanismos de autorregulação do globo, que podem tanto minimizar quanto intensificar os efeitos do aquecimento global.

A civilização atual tem consciência de estar alterando de forma significativa a composição e a temperatura do ar; contudo, não tem certeza dos resultados que essas ações trarão ao Planeta e, consequentemente, a ela própria.

Na conferência sobre o meio ambiente realizada no Rio de Janeiro em 1992, a Eco ou Rio 92, as questões sobre o aquecimento global e as mudanças climáticas foram amplamente discutidas. Dentre os resultados desse evento, configurou-se a Convenção-Quadro das Nações Unidas sobre Mudança do Clima, ou simplesmente Convenção do Clima, que tem como finalidade estabilizar as concentrações de gases-estufa na atmosfera, para minimizar os impactos sobre os climas e aqueles passíveis de gerar mudanças climáticas. A Convenção-Quadro reúne cerca de 180 países.

As reuniões anuais da Convenção do Clima são chamadas de Conferência das Partes (COP). Em 1997, foi realizada em Kyoto, no Japão, a COP-3, que estabeleceu entre os países membros um acordo denominado Protocolo de Kyoto, cujo principal item era a redução, em 5,2%, das emissões dos gases de efeito estufa pelos países industrializados, tomando-se como referência as emissões de 1990. Essas reduções deveriam entrar em vigor na COP-8, em 2002, porém, isso não ocorreu, principalmente em decorrência da política adotada pelo governo norte-americano de não ratificar o Protocolo. O grupo de 41 países industrializados com compromisso de controlar suas emissões nos moldes do Protocolo é denominado Anexo 1, e dele fazem parte os países integrantes do ex-bloco socialista europeu. O Brasil não pertence ao Anexo 1.

Para que o Protocolo de Kyoto fosse cumprido, era necessário que fosse ratificado por pelo menos 55 países, que totalizassem 55% das emissões do Anexo 1. Até a COP-10, em 2004, somente 35 países tinham firmado compromisso com o Protocolo, e grande parte das negociações depende da postura do Grupo do Guarda-Chuva (*Umbrella Group*) – nome dado ao grupo de países (Austrália, Canadá, Japão, Noruega e Nova Zelândia) que, capitaneados pelos

Estados Unidos da América, apresentaram posições semelhantes à política desse país sobre mudanças climáticas. Entretanto, com a posição adotada pela Rússia em ratificar o Protocolo de Kyoto, houve uma significativa virada nas negociações internacionais, e o Protocolo acabou entrando em vigor em 16 de fevereiro de 2005, quando todos os seus signatários comprometeram-se em respeitar os índices de redução das emissões de gases de efeito estufa até o ano de 2010.

O Brasil teve uma participação de destaque na COP-3, no Protocolo de Kyoto, ao sugerir a criação do Mecanismo de Desenvolvimento Limpo (MDL ou, em inglês, CDM). O MDL prevê que países do Anexo 1 possam comprar reduções certificadas de emissões de países subdesenvolvidos, financiando projetos que lhes garantam desenvolvimento e crescimento econômico sem aumentar suas emissões. A eficiência dos MDLs, entretanto, depende de como tais ações serão conduzidas internacionalmente e pelos países beneficiados.

A preocupação com as consequências do aquecimento global levou à criação do Painel Intergovernamental sobre Mudança Climática (IPCC), apoiado pela ONU, o qual congrega mais de mil cientistas de variadas nacionalidades que se dedicam a estudar os efeitos desse aquecimento sobre os climas do mundo e sobre os oceanos, sendo, na atualidade, um órgão de referência sobre o aquecimento global e as mudanças climáticas.

A modelagem dos possíveis efeitos climáticos do aquecimento global tem gerado vários cenários que apontam para possíveis alterações climáticas futuras, sem haver, contudo, consenso entre esses resultados, em virtude da complexidade dos processos que envolvem a interação oceano-atmosfera. Entretanto, deve-se levar em conta alguns aspectos importantes, como:

- o aquecimento global é validado pelo IPCC como um fato consolidado;
- o fato de não se conhecer exatamente as consequências sobre os climas e, por extensão, sobre as atividades e sistemas de vida das sociedades mundiais, a responsabilidade das nações sobre as questões relativas ao AG torna-se maior;
- há ainda alguma confusão em relação à conceituação de mudança climática, o que não diminui a importância dos impactos do AG. As mudanças climáticas ocorrem em um padrão temporal de referência dado em termos de alguns milhões de anos, como mostra o Quadro 7.2. Na verdade, tem-se denominado mudanças climáticas as distintas alterações que muitos parâmetros climáticos vêm apresentando em várias partes do mundo, inclusive com repercussão nos níveis dos oceanos, como consequência do AG.

**Quadro 7.2** *Hierarquização das modificações globais dos climas*

| Termo | Duração | Causas prováveis |
|---|---|---|
| Revolução climática | Superior a 10 milhões de anos | Atividade geotectônica e possíveis variações polares |
| Mudança climática | 10 milhões a 100 mil anos | Mudança na órbita de translação e na inclinação do eixo terrestre |
| Flutuação climática | 100 mil a 10 anos | Atividades vulcânicas e mudanças na emissão solar |
| Interação climática | Inferior a 10 anos | Interação atmosfera-oceano |
| Alteração climática | Muito curta | Atividade antrópica, urbanização, desmatamento, armazenamento de água etc. |

Fonte: Conti, 1998.

## 7.2 El Niño e La Niña

O El Niño é um fenômeno oceânico caracterizado pelo aquecimento incomum das águas superficiais nas porções central e leste do oceano Pacífico, nas proximidades da América do Sul, mais particularmente na costa do Peru. A corrente de águas quentes que ali circula, em geral, na direção sul no início do verão, somente recebe o nome de El Niño quando a anomalia térmica atinge proporções elevadas (1°C) ou muito elevadas (de 4°C a 6°C) acima da média térmica, que é de 23°C. Trata-se de uma alteração da dinâmica normal da Célula de Walker (ver Cap. 4).

Em termos sazonais, o fenômeno inicia-se com mais frequência no período que antecede o Natal, o que explica a origem do nome em espanhol, que, em português, significa O Menino, uma alusão a Jesus Cristo, cujo nascimento é celebrado em 25 de dezembro.

O El Niño faz-se notar com maior evidência nas costas peruanas, pois as águas frias provenientes do fundo oceânico (fenômeno conhecido como ressurgência) e da corrente marinha de Humboldt são interceptadas por águas quentes oriundas do norte e oeste. Essa alteração regional assume dimensões continentais e planetárias à medida que provoca desarranjos de toda ordem em vários climas da Terra.

O fato de o El Niño ser mais conhecido popularmente como um fenômeno climático decorre da forte influência das condições oceânicas no clima, donde se fala da interação oceano-atmosfera e, particularmente nesse caso, de ENOS, que corresponde à abreviação de El Niño/Oscilação Sul.

As águas superficiais do Pacífico interagem com a atmosfera e geram uma espécie de gangorra barométrica entre as porções leste

(Taiti e Polinésia Francesa) e oeste (Darwin, Austrália) do oceano Pacífico, denominada oscilação Sul. O El Niño está associado ao enfraquecimento da alta subtropical do Pacífico Sul (pressões anormalmente baixas) e ao enfraquecimento do sistema de baixa pressão na porção oeste do Pacífico (pressões anormalmente baixas). (Fig. 7.4).

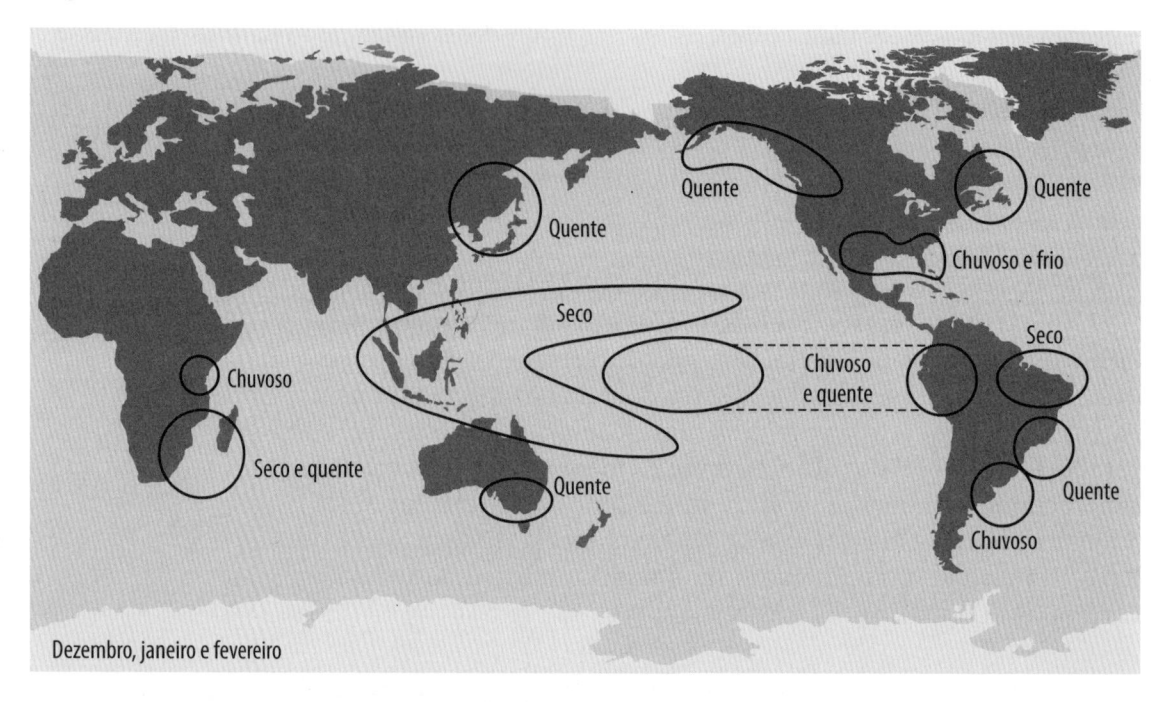

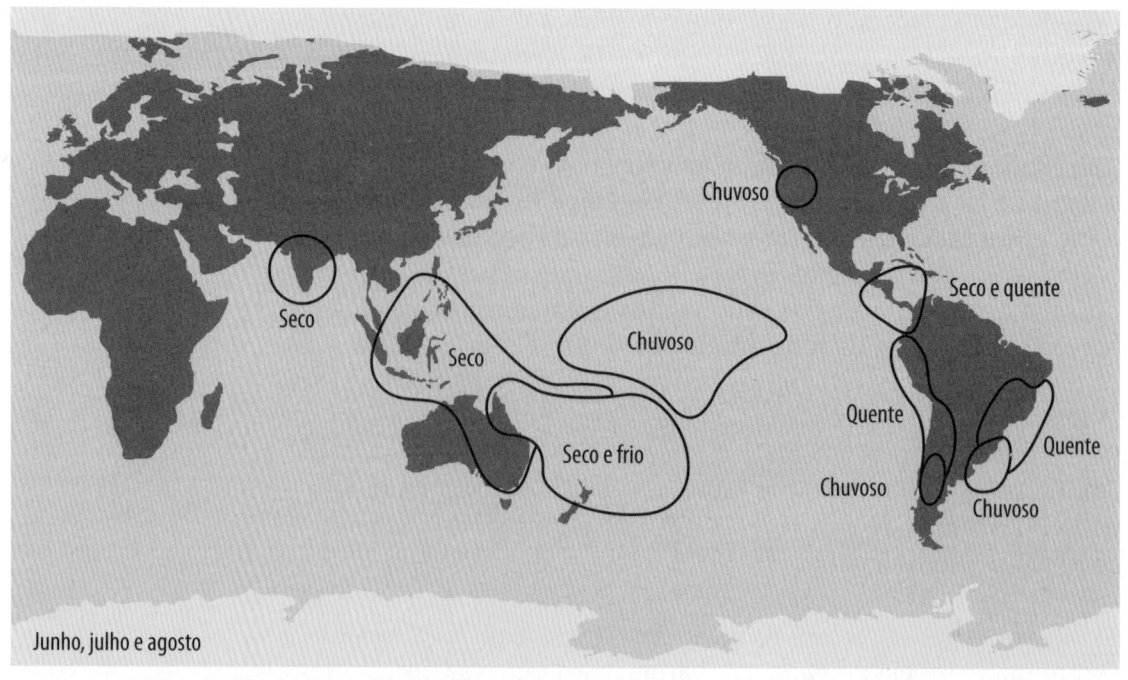

**Fig. 7.4** *Repercussões normais do fenômeno El Niño nos climas da Terra*

O Anti-El Niño, também chamado de La Niña, é representado pelo resfriamento atípico das águas do Pacífico e desempenha considerável impacto nas atividades humanas. O La Niña efetiva-se quando a porção leste do Pacífico (Taiti) fica sujeita ao aumento anômalo de suas pressões, habitualmente elevadas, ou seja, quando a situação barométrica padrão da Célula de Walker acentua-se.

## As origens do El Niño

O El Niño é um fenômeno bem descrito na atualidade e, embora haja muita controvérsia quanto à sua origem, os registros de sua manifestação são conhecidos ao longo da história desde pelo menos o século XVI. Relatos de conquistadores em viagens de veleiros permitem identificar deslocamentos entre Panamá e Lima em pouco mais de 20 dias, impulsionados por ventos fortes de oeste, quando o normal seria realizá-los em vários meses. O nome, entretanto, somente foi conhecido a partir do final do século XIX, atribuído por marinheiros de Paita, no norte do Peru.

As pesquisas desenvolvidas até o presente apontam quatro possíveis origens do fenômeno:

*A tese dos oceanógrafos*: a origem do El Niño é interna ao próprio oceano Pacífico. Para os oceanógrafos, o fenômeno seria resultante do acúmulo de águas quentes na porção oeste desse oceano, devido a uma intensificação prolongada dos ventos de leste nos meses que antecedem o El Niño, o que faz com que o nível do mar se eleve ali em alguns centímetros. Com o enfraquecimento dos alíseos de sudeste, a água desliza para leste, bloqueando o caminho das águas frias provenientes do sul.

*A tese dos meteorologistas*: a origem do fenômeno é externa ao oceano Pacífico, pois o estudo da atmosfera tropical mostra uma propagação em direção leste das anomalias de pressão em altitude. Essa propagação estaria relacionada a um aumento das quedas térmicas sobre a Ásia Central, o que reduz a intensidade da monção de verão na Índia, resultando na formação de condições de baixas pressões mais expressivas sobre o oceano Índico. Os ventos alíseos do leste do Índico e do oeste do Pacífico tornam-se, assim, menos ativos e criam condições para a formação do El Niño.

*A tese dos geólogos*: o fenômeno El Niño resulta de erupções vulcânicas submarinas e/ou continentais. Coincidentemente, os eventos ocorridos em 1982, 1985 e 1991 estiveram relacionados a erupções no México (El Chichón), na Colômbia (El Nevado del Ruiz) e nas Filipinas (Pinatubo), respectivamente. A influência das erupções vulcânicas continentais sobre o El Niño estaria ligada, sobretudo, às cinzas vulcânicas injetadas na Troposfera, o que gera alteração do balanço de radiação na superfície e perturba a circulação atmosférica.

*A tese dos astrônomos*: o El Niño está ligado aos ciclos solares de 11 anos.

Essas teses, além de outras de menor difusão, revelam o estágio de elevada especulação em torno da origem do El Niño. Assim, pode-se imaginar que todas essas origens sejam possíveis e apresentem uma interação.

### A periodicidade e os impactos do El Niño

As primeiras investigações sobre o El Niño concluíram que o fenômeno ocorre, geralmente, em cada sete de um período de 14 anos. Todavia, com o avanço do conhecimento sobre sua manifestação, observou-se que essa regularidade não era assim tão evidente. No século XX, foram registrados 12 eventos, nas seguintes datas: 1941-1942, 1951, 1953, 1957-1958, 1965, 1969, 1972-1973, 1976, 1982-1983, 1986, 1991, e 1997-1998; e mais um no século XXI, em 2002-2003 (Fig. 7.5).

Por afetar a dinâmica climática em escala global, a ocorrência do fenômeno provoca bruscas alterações climáticas no mundo, com impactos generalizados sobre as atividades humanas, gerados por inúmeras catástrofes ligadas a severas secas, inundações e ciclones.

Seu efeito mais imediato é notado na queda brutal da produtividade da pesca e do guano na costa do Peru, devido a uma brusca redução da quantidade de fitoplânctons trazidos para a superfície pela água ressurgente do fundo oceânico e pela corrente fria de Humboldt. Estes alimentam os cardumes de anchovas da região e, quando ocorre o bloqueio térmico, os cardumes afastam-se da área por um período de até 18 meses, desencadeando a morte dos pássaros produtores de guano.

Além de atuar na costa pacífica da América do Sul, o El Niño provoca graves perturbações climáticas (secas anormais ou, ao contrário, ciclones e chuvas com totais pluviométricos extremamente elevados em relação às normais locais e regionais) em regiões habitualmente isentas de tais eventos.

Alguns exemplos de seus impactos, em termos planetários, foram observados nos anos de:

- 1957-1958: morte de cerca de 20 milhões de pássaros na costa peruana.
- 1982-1983 (o mais violento do século): Austrália, Indonésia e África austral e saheliana (60 mil mortos na Etiópia) passaram por uma seca extrema, com

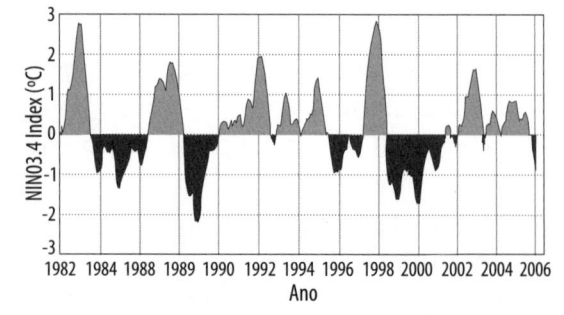

**Fig. 7.5** *Índice histórico da temperatura da superfície do Pacífico*

incêndios de forte impacto sobre a vegetação, enquanto verdadeiras trombas d'água caíam sobre as costas orientais do Pacífico, até na Califórnia, e ciclones assolaram a Polinésia francesa. Cerca de 95% dos pássaros das ilhas Christmas desapareceram, e as fábricas de farinha de peixe do Peru pararam, ao mesmo tempo que epidemias assolaram a região. Houve dez mil mortos e trinta mil desabrigados na América do Sul, boa parte ligada às fortes inundações no centro-sul do Brasil (Quadro 7.3).

**Quadro 7.3** *Impactos mundiais do El Niño de 1982-1983*

| Localização | Fenômenos | Vítimas | Perdas (US$) |
|---|---|---|---|
| Estados Unidos: Estados montanhosos e do Pacífico | Tempestade | 45 mortos | 1,1 bilhão |
| Estados do Golfo | Enchente | 50 mortos | 1,1 bilhão |
| Havaí | Furacão | 1 morto | 230 milhões |
| Nordeste dos EUA | Tempestade | 66 mortos | — |
| Cuba | Enchente | 15 mortos | 170 milhões |
| México e América Central | Seca | — | 600 milhões |
| Equador e norte do Peru | Enchente | 600 mortos | 650 milhões |
| Sul do Peru e oeste da Bolívia | Seca | — | 240 milhões |
| Sul do Brasil, norte da Argentina e leste do Paraguai | Enchente | 600 evacuados, 170 mortos | 3 bilhões |
| Bolívia | Enchente | 50 mortos, 2.600 desabrigados | 300 milhões |
| Taiti | Furacão | 1 morto | 50 milhões |
| Austrália | Secas e fogo | 71 mortos, 8.000 desabrigados | 2,5 bilhões |
| Indonésia | Seca | 340 mortos | 500 milhões |
| Filipinas | Seca | — | 450 milhões |
| Sul da Índia e Sri Lanka | Seca | — | 150 milhões |
| Sul da China | Chuva excessiva | 600 mortos | 600 milhões |
| Oriente Médio, principalmente Líbano | Frio e neve | 65 mortos | 50 milhões |
| Sul da África | Seca | Doentes e famintos | 1 bilhão |
| Península Ibérica e norte da África | Seca | — | 200 milhões |
| Europa Ocidental | Enchente | 25 mortos | 200 milhões |

Fonte: Moura (apud Molion, 1987).

☁ 1997-1998: fortes inundações no centro-norte da Europa e inverno muito quente na América do Sul.

Na América do Sul, os efeitos do El Niño são notados em todo seu território (Fig. 7.6).

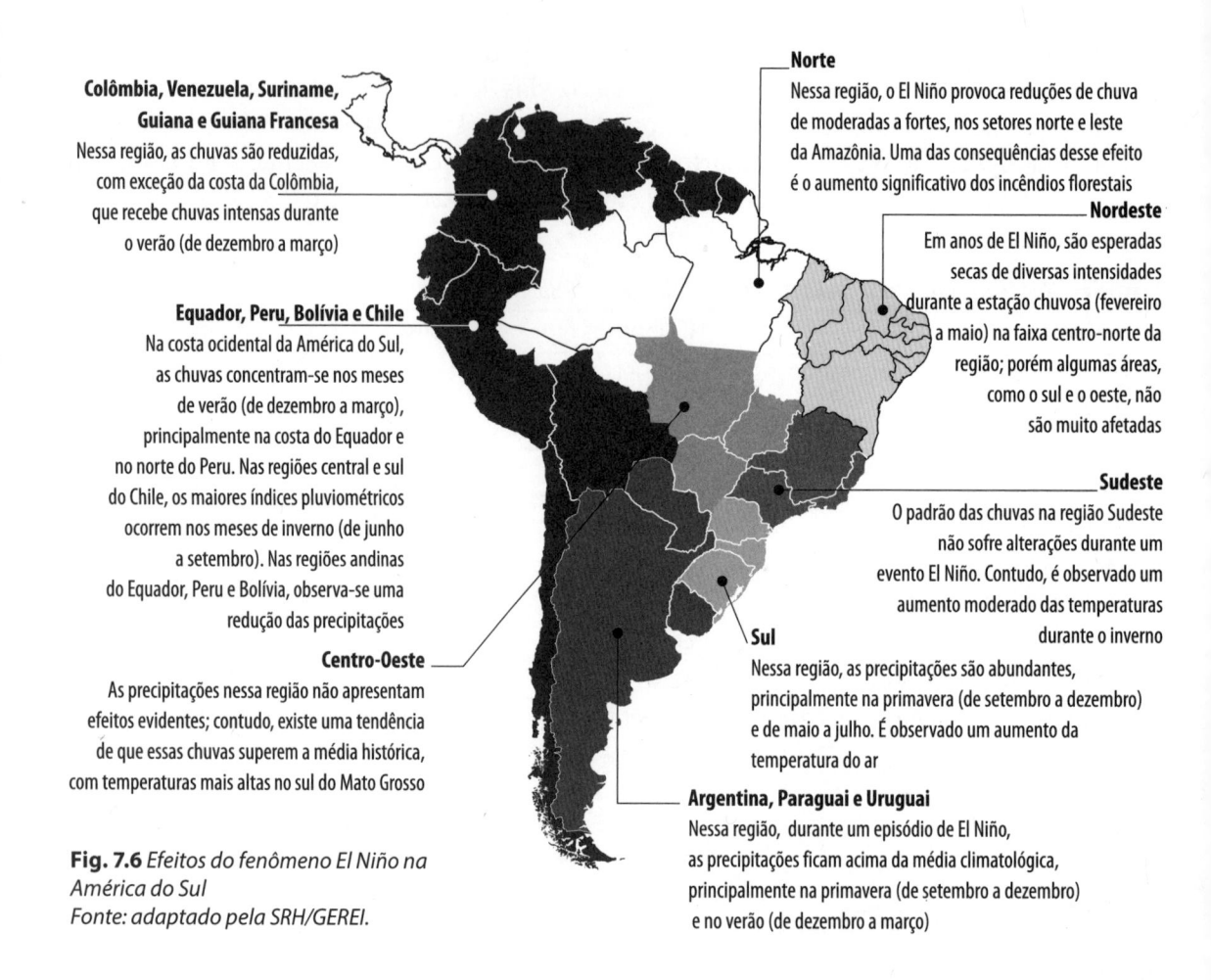

**Colômbia, Venezuela, Suriname, Guiana e Guiana Francesa**
Nessa região, as chuvas são reduzidas, com exceção da costa da Colômbia, que recebe chuvas intensas durante o verão (de dezembro a março)

**Equador, Peru, Bolívia e Chile**
Na costa ocidental da América do Sul, as chuvas concentram-se nos meses de verão (de dezembro a março), principalmente na costa do Equador e no norte do Peru. Nas regiões central e sul do Chile, os maiores índices pluviométricos ocorrem nos meses de inverno (de junho a setembro). Nas regiões andinas do Equador, Peru e Bolívia, observa-se uma redução das precipitações

**Centro-Oeste**
As precipitações nessa região não apresentam efeitos evidentes; contudo, existe uma tendência de que essas chuvas superem a média histórica, com temperaturas mais altas no sul do Mato Grosso

**Norte**
Nessa região, o El Niño provoca reduções de chuva de moderadas a fortes, nos setores norte e leste da Amazônia. Uma das consequências desse efeito é o aumento significativo dos incêndios florestais

**Nordeste**
Em anos de El Niño, são esperadas secas de diversas intensidades durante a estação chuvosa (fevereiro a maio) na faixa centro-norte da região; porém algumas áreas, como o sul e o oeste, não são muito afetadas

**Sudeste**
O padrão das chuvas na região Sudeste não sofre alterações durante um evento El Niño. Contudo, é observado um aumento moderado das temperaturas durante o inverno

**Sul**
Nessa região, as precipitações são abundantes, principalmente na primavera (de setembro a dezembro) e de maio a julho. É observado um aumento da temperatura do ar

**Argentina, Paraguai e Uruguai**
Nessa região, durante um episódio de El Niño, as precipitações ficam acima da média climatológica, principalmente na primavera (de setembro a dezembro) e no verão (de dezembro a março)

**Fig. 7.6** *Efeitos do fenômeno El Niño na América do Sul*
Fonte: adaptado pela SRH/GEREI.

## 7.3 O processo de desertificação

A grande seca que se abateu sobre a região saheliana no final dos anos 1960 e início dos anos 1970 vitimou um enorme contingente populacional, resultando em considerável parcela de mortos. Essa catástrofe chamou a atenção do mundo inteiro para os problemas sociais provenientes da degradação da natureza e associados às catástrofes naturais, sendo que a seca, nesse caso em particular, passou a constituir um dos temas de preocupação internacional.

A noção de seca está associada ao fato de a vegetação cultivada ou nativa de um determinado lugar não atingir o estágio de maturidade por serem as chuvas tardias ou insuficientes. Embora muitas vezes os totais de chuvas sejam compatíveis com as médias normais pluviométricas, a forma e a distribuição das chuvas podem conduzir à não maturação da vegetação, o que liga a concepção de seca à quantidade de água da chuva útil ao desenvolvimento da vegetação.

A partir dessa definição, ressalta-se, uma vez mais, a importância da água no ecossistema/geossistema e a sua influência no desenvolvimento da flora e da fauna, em especial da sua falta em quantidades capazes de assegurar o desenvolvimento normal dos seres vivos. Todavia, os problemas relacionados à seca se fazem sentir sobre o Planeta há muito tempo, embora sua gravidade tenha se acentuado nos últimos anos, principalmente em consequência do aumento populacional em áreas com baixa capacidade produtiva. Somam-se a essa condição a inexistência de políticas públicas nos países não desenvolvidos, ou do Sul, que atuem na promoção da melhoria de vida da população ou as débeis políticas de aumento da produção de alimentos e do combate à fome.

Os processos de desertificação de origem climática são típicos do período Quaternário, embora tenham apresentado em diferentes épocas do Pleistoceno feições regionais distintas. Os processos de desertificação climática que ora se manifestam nas franjas dos desertos tropicais tiveram seu início, de maneira geral, em suas porções setentrionais, e somente a partir do segundo milênio a.C. se desenvolveram nas meridionais (Dresch, apud Mendonça, 1990).

Com base em uma etapa mais atual da ocorrência da desertificação, Emmanuel de Martonne elaborou, em 1928, uma tipologia dos desertos do mundo por meio de um mapa, após ter apresentado, dois anos antes, uma definição de índice de aridez climática. Mais tarde, em 1948, Thornthwaite também propôs um índice de aridez do clima, desta vez baseado na evapotranspiração.

Segundo Jean Dresch (apud Mendonça, 1990), mapeamentos mais recentes têm apresentado menos lacunas de informação, uma vez que se tem usado os índices de Penman (1948) e de Budyko aperfeiçoados, além de não terem sido baseados somente naqueles princípios de aridez climática. A carta de regiões áridas do mundo apresentada por Dresch (1978), ainda hoje utilizada, evidencia que grande parte das terras emersas do globo enquadra-se nesse conceito, variando de locais subúmidos até hiperáridos.

Depreende-se, a partir de uma leitura do referido mapa, que, no continente americano, destacam-se como *áreas semidesérticas a desérticas* quase toda a porção oeste (os desertos de Atacama, no Chile, Sechura, no Peru, do Norte, no México, e da Califórnia, nos EUA), além de uma extensão na porção nordeste brasileira. No continente africano, compreende toda a porção centro-norte (deserto do Saara), o leste (Sudão, Etiópia, Somália) e o sul (deserto do Kalahari), enquanto na Ásia ocupa toda a porção ocidental (península Arábica) e central (deserto de Gobi) e grande parte da Austrália. A distribuição das áreas sujeitas a condições diferenciadas de desertificação, em níveis que vão do fraco ao muito severo, pode ser observada na Fig. 7.7.

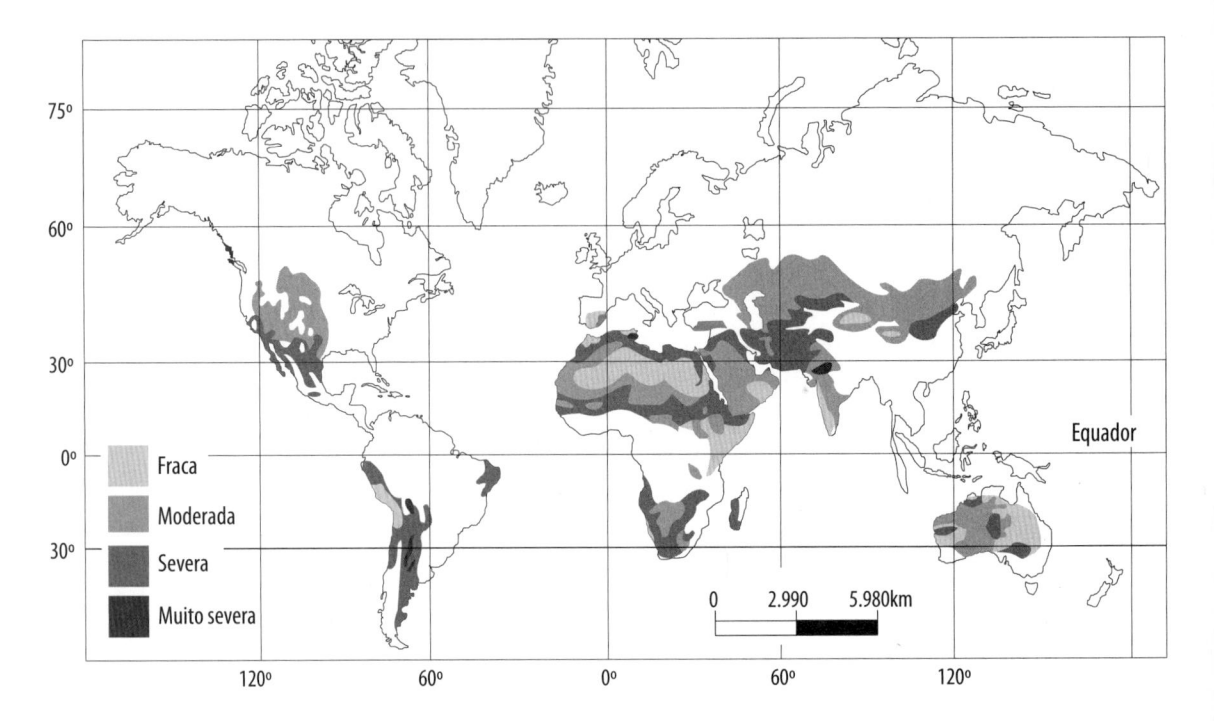

**Fig. 7.7** *Desertificação de terras áridas no mundo*
Fonte: Dregne (apud Conti, 1998).

A distribuição das áreas desérticas atuais pelo mundo permitiu o desenvolvimento da abordagem de diagonais desérticas da Terra, ou seja, na América do Sul, tais áreas distribuem-se na direção noroeste-sudeste e, na Ásia e na África, na direção nordeste-sudoeste. Tal distribuição é explicada pela circulação atmosférica geral do Planeta (notadamente nos ventos planetários) e por sua relação com o relevo. Segundo Conti (1998), a distribuição geográfica das regiões desérticas no mundo responde a quatro aspectos geográficos especiais:

- *Cinturões de anticiclones subtropicais* em ambos os hemisférios: as áreas de subsidência atmosférica ou de altas pressões, nas quais o movimento de descida do ar frio e seco na alta Troposfera gera, na superfície, áreas divergentes com baixos índices de umidade (ver Cap. 4).

- *Continentalidade*: quanto maior a extensão de uma superfície continental, menores serão os índices de evaporação e, dependendo das características geográficas da área, também os de evapotranspiração, aspectos que concorrem para a instalação de condições desérticas no local (ver Caps. 3 e 4).

* *Fachadas ocidentais das latitudes tropicais continentais, banhadas por correntes frias*: as águas das correntes frias, por apresentarem baixo poder de evaporação, resultam em condições de ar mais seco, o que leva à formação de áreas menos úmidas ou semiáridas e desérticas. As correntes de Humboldt e das Falklands, no sul da América do Sul, podem ser citadas como exemplos dessa ocorrência e associam-se aos baixos índices de umidade do deserto do Atacama e do sul da Patagônia (ver Cap. 5).

* *Posições de sotavento*: áreas situadas no reverso de montanhas, protegidas da ação de ventos dominantes. O teor de umidade das massas de ar é, de maneira geral e em sua maior parte, devolvido à superfície na porção a barlavento das montanhas, restando menor umidade na porção a sotavento (ver Cap. 3).

O fenômeno da desertificação apareceu no cenário científico envolvido em grande controvérsia quanto à sua conceituação. Le Houérou (1977 apud Mendonça, 1990) apresentou uma das mais concisas definições para o termo:

> A palavra desertificação é usada para descrever a degradação de vários tipos de formas de vegetação, incluindo as áreas de florestas subúmidas e úmidas, que nada têm a ver com desertos, sejam físicos ou biológicos.

O autor diferencia desertificação de *desertização*, assinalando que esta última diz respeito

> às expressões de paisagem e formas tipicamente desérticas, de áreas onde isto não ocorria em passado recente; tal processo localiza-se nas margens dos desertos sob médias anuais de precipitação entre 100 e 200 mm com limites extremos entre 50 a 300 mm.

Um conceito muito utilizado ultimamente é o de Biswas e Biswas (apud Mendonça, 1990), segundo o qual

> desertificação é a diminuição ou destruição do potencial biológico da terra e pode levar, em últimas instâncias, a condições de deserto; terra de pastagens cessam de produzir pastos, agricultura em terras áridas reduzem a produção, e campos irrigados são abandonados apresentando salinização, aprofundamento do lençol freático, ou alguma outra forma de deterioração do solo. Desertificação é um processo de auto-aceleração, alimentando-se a si mesmo e [uma vez iniciado o processo] os custos para sua reabilitação elevam-se exponencialmente.

A desertificação é um fenômeno que se desenvolve sobre ecossistemas frágeis ou fragilizados, enquanto a desertização é típica das áreas de franjas de desertos. A estas últimas, somam-se aproximadamente 60 mil km² a cada ano, e sobre elas vivem de 600 a 700 milhões de habitantes.

Concebida como um fenômeno principalmente climático, a desertificação tem implicação sobretudo ecológica, daí falar-se em desertificação ecológica. Diferentemente da desertificação climática, a ecológica pode se desenvolver até mesmo em ambiente úmido, sendo que o elemento clima, importantíssimo nesse tipo de fenômeno, poderá não ter sofrido variação tão perceptível quanto aquela do manto vegetal e do solo.

Segundo Conti (apud Mendonça, 1990),

> quando se propõe uma conceituação do ponto de vista biológico (e/ou ecológico), o destaque é dado ao maior ou menor vigor da biosfera, sendo os limites estabelecidos pelo volume da biomassa presente no meio. A escassez de organismos vivos, principalmente vegetais, indicaria a incidência do ambiente desértico e o agravamento dessa deficiência, ou seja, o declínio da atividade biológica corresponderia ao avanço do processo de desertificação. Instalar-se-ia uma reação em cadeia com a mineralização do solo, agravamento do trabalho erosivo, invasão maciça das areias e outros processos que acabariam por criar uma degradação ambiental generalizada e o surgimento de condições semelhantes à dos desertos. A ação do homem estaria na origem dessa modalidade de desertificação, através da retirada predatória e em grande escala dos recursos da natureza.

Esse autor considera que

> Do ponto de vista estritamente agronômico, os desertos são vistos como áreas muito limitadas quanto ao potencial agrícola, nos quais a produção só pode ser obtida através do emprego da irrigação. Considerando o ângulo da climatologia, o deserto equivaleria à carência de água doce no sistema natural, cuja medida far-se-ia através do estudo comparativo entre precipitação e evaporação.

Assim, pode-se depreender dois tipos de desertificação: a climática e a ecológica (Quadro 7.4). Entre as causas naturais da desertificação, encontram-se os principais indícios em variações climáticas, relacionadas à própria dinâmica do clima do Planeta, no que se refere às influências astronômicas e extraterrestres que agem na atmosfera. As variações climáticas causam impactos sensíveis em extensas áreas do Planeta e expõem grande parcela da população a condições de risco e vulnerabilidade socioambiental.

A ação do homem como modificador do clima, em escala zonal ou planetária, é notada sobretudo na variação do teor de gás carbônico e ozônio presentes na atmosfera. Entretanto, pesquisas específicas ainda não apresentaram conclusões detalhadas

**Quadro 7.4** *Desertificação climática e desertificação ecológica*

|  | CLIMÁTICA | ECOLÓGICA |
|---|---|---|
| Conceito | Deficiência de água no sistema natural | Criação de condições semelhantes às dos desertos |
| Avaliação | Índices de aridez | Empobrecimento da biomassa |
| Indicadores | 1) Elevação da temperatura média<br>2) Agravamento do déficit hídrico dos solos<br>3) Aumento do escoamento superficial (torrencialidade)<br>4) Intensidade da erosão eólica<br>5) Redução das precipitações<br>6) Queda da produtividade agrícola e redução demográfica | 1) Desaparecimento de árvores e arbustos lenhosos (desmatamento)<br>2) Aumento das espécies espinhosas (xerofíticas)<br>3) Elevação do albedo; maior refletividade no infravermelho<br>4) Mineralização (perda de húmus) dos solos com mais de 20% de inclinação<br>5) Voçorocamento<br>6) Invasão de areia<br>7) Queda da produtividade agrícola e redução demográfica |
| Causas | Mudanças nos padrões climáticos | Crescimento demográfico e pressão sobre recursos |
| Exemplos | Oscilações nos cinturões áridos tropicais nas glaciações quaternárias | Desertificação no Sahel e no Sul e Norte do Brasil |

Fonte: adaptado de Conti, 1989 (apud Mendonça, 1990).

acerca da participação humana nas mudanças climáticas globais (seção 7.1). No âmbito regional e local, as atividades humanas (agricultura, pecuária, urbanização, industrialização, desmatamento etc.) têm sido diretamente responsáveis pela expansão dos desertos e, em áreas não desérticas, pela degradação ambiental generalizada, entendida como desertificação ecológica, que se traduz na incapacidade de os elementos do meio se recomporem de forma natural.

As atividades humanas constituem, assim, um dos principais agentes do processo de desertificação, e o homem e a sociedade são, ao mesmo tempo, suas principais vítimas. As inúmeras consequências do fenômeno são sensíveis, principalmente, na produção de alimentos, em um momento em que a demanda aparece como um dos mais graves problemas sociais modernos. A importância que a desertificação assume na atualidade é fruto de sua estreita ligação com a problemática da fome.

A ameaça à fauna e à flora e a redução das áreas ecumênicas do Planeta aparecem também como consequências do processo de desertificação, com destaque para a redução dos espaços agricultáveis e sua deterioração por meio das várias modalidades de erosão que se instalam concomitantemente ao processo.

Os dois tipos de desertificação mencionados podem ser observados no território brasileiro. Na região Nordeste, particularmente no chamado Polígono das Secas, desenvolve-se um processo de desertificação climática já comprovado por meio de inúmeras pesquisas. Indica-se como principal causa desse fenômeno a circulação atmosférica regional associada ao relevo e às atividades agrícolas. Aspectos detalhados dessa ocorrência podem ser obtidos nas diversas pesquisas desenvolvidas pela Fundação Cearense de Meteorologia e Recursos Hídricos (Funceme), disponíveis em <http://www.funceme.br>, e em artigos científicos e livros escritos por vários pesquisadores, entre eles, José Bueno Conti, do Departamento de Geografia da Universidade de São Paulo, e Josefa Diva Nogueira Diniz, do Departamento de Geografia da Universidade Federal do Ceará.

A desertificação ecológica que se desenvolve no Brasil já foi observada na porção meridional do Estado do Rio Grande do Sul – areais de Quaraí, também denominada de Arenização, no noroeste do Estado do Paraná e em partes da Amazônia. A respeito dessa última localidade, Ramade (apud Mendonça, 1990) comentou que,

> [a] título de exemplo, um estudo bastante recente feito sobre a Amazônia mostrou que somente três por cento da superfície total deste território atualmente coberto de florestas pluviais tropicais poderia ser desmatado e transformado em culturas. Mesmo assim, o governo brasileiro acelera o desmatamento da bacia amazônica que apresenta um grande risco de tornar-se em algumas décadas um novo Sahel.

Os exemplos brasileiros de desertificação ecológica, na sua maioria sinônimos de uma degradação ambiental generalizada, podem ser compreendidos como decorrentes da deterioração da camada superficial do solo promovida pelos desmatamentos seguidos de práticas de culturas intensivas, que levam à instalação de acelerados processos de erosões eólica e hídrica. Em consequência, tais processos conduzem à perda da matéria orgânica contida nessa fina camada superficial do solo, eliminando os elementos nutritivos que nela se concentram, o que resulta numa rápida diminuição do rendimento dos cultivos e na implantação de superfícies arenosas.

As implicações políticas do fenômeno não podem ser esquecidas, e dizem respeito aos sistemas coloniais e neocoloniais implementados nas áreas semiáridas mais sensíveis à desertificação. As ações mundiais de socorro imediato com alimentos às populações atingidas pela desertificação não dão conta da origem do problema. Da mesma forma, as ações locais imediatistas, muitas vezes atreladas a interesses políticos irresponsáveis, podem desencadear o processo ou intensificar aqueles já iniciados.

AB'SÁBER, A. N. Os domínios morfoclimáticos brasileiros e as províncias fitogeográficas do Brasil. *Revista Orientação,* USP/IGEO, n. 3, p. 45-48, 1967.

_____. *Os domínios de natureza no Brasil*: potencialidades paisagísticas. São Paulo: Ateliê Editorial, 2003.

ASSAD, E. D. (Coord.). *Chuva nos cerrados*: análise e espacialização. Brasília: Embrapa, 1994.

AYOADE, J. O. *Introdução à Climatologia para os trópicos*. São Paulo: Difel, 1986.

BARRY, R. G; CHORLEY, R. J. *Atmosphere, weather and climate*. London: Methuen & Co., 1972.

BELTRANDO, G; CHÉMERY, L. *Dictionnaire du climat*. Paris: Larousse, 1995.

BERLATO, M. A. *Modelo de relação entre rendimento de grãos de soja e o déficit hídrico para o Estado do Rio Grande do Sul*. 1987. 93 f. Tese (Doutorado) – Instituto Nacional de Pesquisas Espaciais, São José dos Campos, 1987.

BESANCENOT, J-P. *Climat et tourisme*. Paris: Masson, 1990.

_____. *Climat et santé*. Paris: PUF, 2001.

BLAIR, T. A; FITE, R. C. *Meteorologia*. Rio de Janeiro: Ao Livro Técnico, 1964.

BRANDÃO, A. M. M. P. *O clima urbano da cidade do Rio de Janeiro*. 1996. 362 f. Tese (Doutorado) – Universidade de São Paulo, São Paulo, 1996.

BRUCE, J. P. *La atmósfera de la Tierra*: planeta viviente. Genebra: OMM n. 735, 1990.

COELHO, A. G. S. *Conceituação de sensores remotos*: históricos, teorias e aplicações. São Paulo: Instituto de Geografia/USP, 1976. Aerofotogeografia, n. 23.

CONTI, J. B. *Clima e meio ambiente*. São Paulo: Atual, 1998.

DANNI-OLIVEIRA, I. M. *Aspectos temporo-espaciais da temperatura e umidade relativa em Porto Alegre em Janeiro de 1982*. Contribuição ao estudo do clima urbano. 1987. 131 f. Dissertação (Mestrado) – Universidade de São Paulo, São Paulo, 1987.

_____. *A cidade de Curitiba e a poluição do ar:* implicações de seus atributos urbanos e geoecológicos na dispersão de poluentes em período de inverno. 1999. 330 f. Tese (Doutorado) – Universidade de São Paulo, São Paulo, 1999.

DUBREUIL, V.; MARCHAND, J-P. *Le climat, l'eau et les hommes*: ouvrage en l'honneur de Jean Mounier. Rennes: PUR, 1998.

EICHENBERGER, W. *Meteorologia para aviadores*. Madrid: Paraninfo, 1976.

ESTIENNE, P.; GODARD, A. *Climatologia*. Paris: Armand Colin, 1970.

FAIRBRIDGE, R. W. *The encyclopedia of atmospheric sciences and astrogeology*: encyclopedia of earth sciences series. v. II, New York: Reinhold Pub. Co., 1967.

FRECAUT, R.; PAGNEY, P. *Climatologie et hydrologie fluviale à la surface de la Terre*. Paris: CDU SEDES, 1978. Livre 1.

GEDZELMAN, S. D. *The science and wonders of the atmosphere*. New York: John Wiley & Sons, 1980.

GEIGER, R. *Manual de microclimatologia*: o clima da camada de ar junto ao solo. 2. ed. Lisboa: Fundação Calouste Gulbenkian, 1990.

GODARD, A.; TABEAUD, M. *Les climats*: mécanismes et répartition. Paris: Armand Colin, 1998.

GONÇALVES, N. M. S. *Impactos pluviais e desorganização do espaço urbano em Salvador (BA)*. 1992. 268 f. Tese (Doutorado) – Universidade de São Paulo, São Paulo, 1992.

GRIFFITHS, J. F. *Climate and the environment*: the atmospheric impact on man. Southampton: The Camelot Press, 1976.

HENDERSON-SELLERS, A; ROBINSON, P. J. *Contempory climatology*. New York: John Wiley & Sons, 1989.

HUFTY, A. *Introduction à la climatologie*. Québec: PUL, 2001.

JOHNSTON, R. J. et al. *Geographies of global change*: remaping the world in the late twentieth century. Oxford: Blackwell Pub., 2000.

LAMARRE, D.; PAGNEY, P. *Climats et sociétés*. Paris: Armand Colin, 1999.

LOMBARDO, M. A. *Ilha de calor nas metrópoles*: o exemplo de São Paulo. São Paulo: Hucitec, 1985.

MCGREGOR, G. R.; NIEUWOLT, S. *Tropical climatology*. New York: John Wiley & Sons, 1998.

MENDONÇA, F. A. *Clima e criminalidade*: ensaio analítico da correlação entre a temperatura do ar e a criminalidade urbana. Curitiba: UFPR, 2001.

_____. *A evolução sócio-econômica do norte novíssimo do Paraná (PR) e os impactos ambientais*: desertificação? 1990. 323 f. Dissertação (Mestrado) – Universidade de São Paulo, São Paulo, 1990.

_____. *O clima e o planejamento urbano de cidades de porte médio e pequeno*: proposição metodológica para estudo e sua aplicação à cidade de Londrina (PR). 1995. 300 f. Tese (Doutorado) – Universidade de São Paulo, São Paulo, 1995.

_____. El Niño. *Boletim Mundo*: Geografia e Política internacional. São Paulo, Pangea, ano 4, n. 6, 3. trim., 1997a.

_____. O El Niño e o clima da Terra. *Boletim Mundo*: Geografia e Política internacional. São Paulo, Pangea, ano 4, n. 6, 3. trim., 1997b.

_____. et al. A intensificação do efeito-estufa planetário e a posição dos países no cenário internacional. *RA'E GA*: o espaço geográfico em análise, Curitiba, UFPR, n. 5, p. 99-124, 2001.

MINISTÉRIO DA AGRICULTURA. Escritório de Meteorologia. *Normais Climatológicas*. Rio de Janeiro, 1969, 1992. v. 4.

MOLION, L. C. B. Enos e o clima do Brasil. *Ciência hoje*, Rio de Janeiro, v. 10, n. 58, p. 22-29, 1987.

MONTEIRO, C. A. F. Da necessidade de um caráter genético à classificação climática: algumas considerações metodológicas a propósito do estudo do Brasil meridional. *Revista geográfica*, Rio de Janeiro, IBGE, v. 31, n. 57, p. 29-44, 1962.

_____. Clima. *Grande Região Sul*, Rio de Janeiro: IBGE, 1968. v. 4, t. 1, p. 114-166.

_____. *A frente polar atlântica e as chuvas de inverno na fachada sul-oriental do Brasil*: contribuição metodológica à análise rítmica dos tipos de tempo no Brasil. São Paulo: Instituto de Geografia/USP, 1969. Série Teses e Monografias, n. 1.

_____. *Análise rítmica em Climatologia*: problemas da atualidade climática em São Paulo e achegas para um programa de trabalho. São Paulo: USP, 1971. Climatologia, n. 1.

_____. *A dinâmica climática e as chuvas no Estado de São Paulo*. São Paulo: Instituto de Geografia/USP, 1973.

_____. *Fluxos polares e as chuvas de primavera-verão no Estado de São Paulo*: uma análise quantitativa do processo genético. São Paulo: Instituto de Geografia/USP, 1975.

_____. *O clima e a organização do espaço no Estado de São Paulo*: problemas e perspectivas. São Paulo: Instituto de Geografia/USP, 1976. Série Teses e Monografias, n. 28.

_____. El estudio de los climas urbanos en las regiones tropicales de America del Sur: la contribución brasileña. *Conferencia técnica sobre Climatología urbana y sus aplicaciones con especial referencia a las regiones tropicales*. México: OMM, 1984.

_____. Por um suporte teórico e prático para estimular estudos geográficos do clima urbano no Brasil. *GeoSul*, Florianópolis, UFSC, v. 5, n. 9, p. 7-19, 1990a.

_____. A cidade como processo derivador ambiental e estrutura geradora de um "clima urbano". *GeoSul*, Florianópolis, UFSC, v. 5, n. 9, p. 80-114, 1990b.

_____. *Clima e excepcionalismo*: conjecturas sobre o desempenho da atmosfera como fenômeno geográfico. Florianópolis: UFSC, 1991.

_____; TARIFA, J. R. *Contribuição ao estudo do clima de Marabá*: uma abordagem de campo subsidiária ao planejamento urbano. São Paulo: USP, 1977. Climatologia, n. 7.

_____; MENDONÇA, F. A. (Orgs.). *Clima urbano*. São Paulo: Contexto, 2003.

MOTA, F. S. *Meteorologia agrícola*. São Paulo: Nobel, 1985.

NIMER, E. *Climatologia do Brasil*. Rio de Janeiro: IBGE, 1989.

OKE, T. R. *Boundary layer climate*. London: Methuen & Co., 1978.

ORGANIZACÃO METEOROLÓGICA MUNDIAL. *El clima, la urbanización y el hombre*. Programa mundial sobre el clima. Genebra: OMM, 1992.

PAGNEY, P. *La Climatologie*. Paris: PUF, 1973.

_____. *Les climats de la Terre*. Paris: Masson, 1976.

PEDELABORDE, P. *Introduction à l'étude scientifique du climat*. Paris: SEDES, 1970.

PINTO, J. E. S. S. *Os reflexos da seca no Estado de Sergipe*. Aracaju: NPGEO/UFS, 1999.

RIBEIRO, A. G. As escalas do clima. *Boletim de Geografia Teorética*, Rio Claro, AGETEO, v. 23, n. 45-49, p. 288-294, 1993.

ROTH, G. *Meteorología*. Barcelona: Omega, 1979.

SANT'ANNA NETO, J. L. (Org.). *Os climas das cidades brasileiras*. Presidente Prudente: Unesp, 2002.

_____. História da Climatologia no Brasil: gênese e paradigmas do clima como fenômeno geográfico. *Cadernos Geográficos*, Florianópolis, UFSC, n. 7, maio 2004.

SETTE, D. M. *O clima urbano de Rondonópolis (MT)*. 1996. Dissertação (Mestrado) – Universidade de São Paulo, São Paulo, 1996.

STRAHLER, A. N. *The earth sciences*. New York: Harper & Row, 1971.

_____; STRAHLER, A. H. *Geography and man's environment*. New York: John Wiley & Sons, 1977.

_____; STRAHLER, A. H. *Modern physical Geography*. New York: John Wiley & Sons, 1978.

TANNEHILL, I. R. *A Meteorologia*. Rio de Janeiro: Record, 1953.

TARIFA, J. R. *Fluxos Polares e as chuvas de primavera-verão no Estado de São Paulo:* uma análise quantitativa do processo genético. 1975. 93 f. Tese (Doutorado) – Universidade de São Paulo, São Paulo, 1975.

_____; AZEVEDO, T. R. (Orgs.). Os climas da cidade de São Paulo: teoria e prática. São Paulo: GEOUSP 4, 2001.

TREWARTHA, G. T.; HORN, L. H. *An introduction to climate*. New York: McGraw-Hill, 1968.

TUBELIS, A.; NASCIMENTO, F. J. L. *Meteorologia descritiva*: fundamentos e aplicações brasileiras. São Paulo: Nobel, 1984.

VIDE, J. M. *Fundamentos de climatologia analítica*. Madrid: Sintesis, 1991.

VIERS, G. *Climatologia*. Barcelona: Oikos-Tau S/A, 1975.

WILLIANS, J. *The weather book*. New York: Vintage 7, 1997.

ZAVATTINI, J. A. O paradigma da análise rítmica e a Climatologia geográfica brasileira. *Revista Geografia*, Rio Claro, v. 25, n. 3, p. 25-43, 2000.

Este livro foi editado em 2007.
Miolo impresso em papel offset (90g/m²)
Capa em Supremo (250g/m²)
CTP, impressão e acabamento – BMF Gráfica e Editora